U0906647

中国气象灾害年鉴

中国气象局

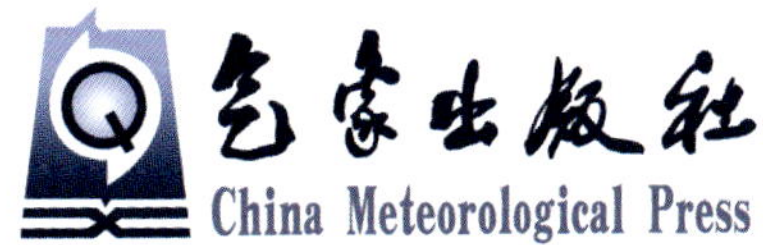

内 容 简 介

本年鉴是中国气象局主要业务产品之一。全书共分为六章，第1章重点描述和分析2017年重大气象灾害和异常气候事件；第2章按灾种分析年内对我国国民经济产生较大影响的干旱、暴雨洪涝、热带气旋、局地强对流、沙尘暴、低温冷冻害和雪灾、雾和霾、雷电、高温热浪、酸雨、农业气象灾害、森林草原火灾、病虫害等发生的特点、重大事例，并对其影响进行评估；第3章、第4章分别从月和省(区、市)的角度概述气象灾害的发生情况；第5章分析2017年全球气候特征、重大气象灾害；第6章介绍2017年中国气象局防灾减灾重大事例。本年鉴附录给出气象灾害灾情统计资料和月、季、年气候特征分布图以及港澳台地区的部分气象灾情。本书比较全面地总结分析了2017年我国气象灾害特点及其影响，可供从事气象、农业、水文、地质、地理、生态、环境、保险、人文、经济、社会其他行业以及灾害风险评估管理等方面的业务、科研、教学和管理决策人员参考。

图书在版编目(CIP)数据

中国气象灾害年鉴．2018 / 中国气象局编著．— 北京：气象出版社，2019.10

ISBN 978-7-5029-7050-5

Ⅰ.①中…　Ⅱ.①中…　Ⅲ.①气象灾害-中国-2018-年鉴　Ⅳ.①P429-54

中国版本图书馆CIP数据核字(2019)第201742号

出版发行：气象出版社

地　　址：北京市海淀区中关村南大街46号　　**邮政编码**：100081

电　　话：010-68407112(总编室)　010-68408042(发行部)

网　　址：http://www.qxcbs.com　　**E-mail**：qxcbs@cma.gov.cn

责任编辑：张　斌　　**终　　审**：吴晓鹏

责任校对：王丽梅　　**责任技编**：赵相宁

封面设计：王　伟

印　　刷：北京中科印刷有限公司

开　　本：889 mm×1194 mm　1/16　　**印　　张**：15.5

字　　数：428千字

版　　次：2019年10月第1版　　**印　　次**：2019年10月第1次印刷

定　　价：150.00元

中国气象灾害年鉴(2018)

编辑部

主　编：宋连春

副主编：钟海玲　张颖娴

编写人员（以姓氏拼音字母为序）：

安　炜　蔡雯悦　陈大刚　陈跃浩　戴　娟　戴　升　段丽洁　高　歌
郭安红　韩丽娟　何　亮　贺芳芳　洪健昌　侯　威　胡菊芳　黄大鹏
黄雪松　黄　卓　贾小芳　李　晶　李　倩　李荣庆　李亚滨　李艳春
李　莹　廖要明　刘昌义　刘绿柳　刘　清　柳　苗　吕厚荃　梅　梅
孟　青　邵佳丽　宋艳玲　孙　劭　汤　洁　唐力生　王纯枝　王　飞
王冠岚　王记芳　王　娜　王启祎　王有民　吴秀兰　袭祝香　谢　萍
邢开瑜　徐良炎　叶殿秀　易灵伟　尹宜舟　游立军　于凤鸣　于　群
俞亚勋　翟建青　张立生　张素云　郑　伟　钟海玲　周德丽　周小兴
朱晓金

序　言

气象灾害是指由气象原因直接或间接引起的，给人类和社会经济造成损失的灾害现象。20 世纪 90 年代以来，在全球气候变暖背景下，气象灾害呈明显上升趋势，对经济社会发展的影响日益加剧，给国家安全、经济社会、生态环境以及人类健康带来了严重威胁。随着我国社会经济发展进程的加快，气象灾害的风险越来越大，影响范围也越来越广。因此，必须把加强防灾减灾作为重要的战略任务，不断提高气象服务水平和服务手段，加强气象灾害的监测、分析、预警能力和水平，为我国经济社会可持续发展提供科技支撑。

气象灾害信息是气象服务的重要组成部分，也是气象灾害预测与评估的基础资料。中国气象局立足于经济社会发展，为适应提高防灾抗灾能力、保护人民生命财产安全和构建和谐社会的需求，发挥气象部门优势，从 2005 年开始组织国家气候中心、国家气象中心、中国气象科学研究院、国家卫星气象中心以及各省（区、市）气象局共同编撰出版《中国气象灾害年鉴》。《中国气象灾害年鉴》为研究自然灾害的演变规律、时空分布特征和致灾机理等提供了宝贵的基础信息，为开展灾害风险综合评估、科学预测和预防气象灾害提供了有价值的参考。

2017 年，暴雨过程频繁、重叠度高、极端性强；登陆台风多、时间集中，登陆点重叠；高温日数多，北方高温出现早、南方高温强度大；干旱影响较轻，但区域性和阶段性明显；低温冷冻害及雪灾影响较轻；强对流天气多，损失较轻；春季北方沙尘天气少，影响偏轻；年初霾天气持续时间长，对空气质量和人体健康影响大。2017 年，全国因气象灾害及其次生、衍生灾害导致受灾人口约 1.4 亿人次，死亡（含失踪）918 人，其中死亡 833 人；农作物受灾面积1847.6万公顷，绝收面积182.7万公顷；直接经济损失2850.4亿元。总体来看，2017年气象灾害直接经济损失比1990—2016年平均值略偏多，死亡（含失踪）人数和受灾面积均明显少于1990—2016年平均值。综合来看，2017年气象灾害为偏轻年份。

《中国气象灾害年鉴（2018）》系统地收集、整理和分析了2017年我国所发生的干旱、暴雨洪涝、台风、冰雹和龙卷风、沙尘暴、低温冷冻害和雪灾等主要气象灾害及其对国民经济和社会发展的影响，还收录了港澳台地区的部分气象灾情及全球重大气象灾害；给出全年主要气象灾害灾情图表、主要气象要素和天气现象特征分布图。希望通过本年鉴对2017年气象灾害的总结分析，能为有关部门加强防灾减灾工作和减少气象灾害损失提供帮助。

中国气象局副局长

余　勇

编写说明

一、资料来源

本年鉴气象资料来自我国各级气象部门的气象观测整编资料、天气气候情报分析、气候影响评估报告，灾情数据主要来源于民政部等部门会商核定的数据以及地方各级民政部门上报的数据。

二、气象灾害收录标准

1. 干旱

干旱指因一段时间内少雨或无雨，降水量较常年同期明显偏少而致灾的一种气象灾害。干旱影响到自然环境和人类社会经济活动的各个方面。干旱导致土壤缺水，影响农作物正常生长发育并造成减产；干旱造成水资源不足，人畜饮水困难，城市供水紧张，制约工农业生产发展；长期干旱还会导致生态环境恶化，甚者还会导致社会不稳定进而引发国家安全等方面的问题。

本年鉴收录整理的干旱标准为一个省（自治区、直辖市）或约 5 万平方千米以上的某一区域，发生持续时间 20 天以上，并造成农业受灾面积 10 万公顷以上，或造成 10 万以上人口生活、生产用水困难的干旱事件。

2. 暴雨洪涝

暴雨洪涝指长时间降水过多或区域性持续的大雨（日降水量 25.0～49.9 毫米）、暴雨以上强度降水（日降水量大于等于 50.0 毫米）以及局地短时强降水引起江河洪水泛滥，冲毁堤坝、房屋、道路、桥梁，淹没农田、城镇等，引发地质灾害，造成农业或其他财产损失和人员伤亡的一种灾害。

华西秋雨是我国华西地区秋季（9—11 月）连阴雨的特殊天气现象。秋季频繁南下的冷空气与暖湿空气在该地区相遇，使锋面活动加剧而产生较长时间的阴雨天气。华西秋雨的降水量虽然少于夏季，但持续降水也易引发秋汛。华西秋雨主要涉及的行政区域包括湖北、湖南、重庆、四川、贵州、陕西、宁夏、甘肃等 6 省 1 市 1 区。

本年鉴收录整理的暴雨洪涝标准为某一地区发生局地或区域暴雨过程，并造成洪水或引发泥石流、滑坡等地质灾害，使农业受灾面积达 5 万公顷以上，或造成死亡人数 10 人以上，或造成直接经济损失 1 亿元以上。

3. 台风

热带气旋是生成于热带或副热带洋面上，具有有组织的对流和确定的气旋性环流的非锋面性涡旋的统称，分为热带低压、热带风暴、强热带风暴、台风、强台风和超强台风六个等级。热带气旋底层中心附近最大平均风速达到 10.8～17.1 米/秒（风力 6～7 级）为热带低压，达到 17.2～24.4 米/秒（风力 8～9 级）为热带风暴，达到 24.5～32.6 米/秒（风力 10～11 级）为强热带风暴，达到 32.7～41.4 米/秒（风力 12～13 级）为台风，达到 41.5～50.9 米/秒（风力 14

～15 级）为强台风，达到或大于 51.0 米/秒（风力 16 级或以上）为超强台风。热带气旋尤其是达到台风强度的热带气旋具有很强的破坏力，狂风会掀翻船只、摧毁房屋和其他设施，巨浪能冲破海堤，暴雨能引发山洪。在我国，通常将热带风暴及以上强度的热带气旋统称为“台风”。

本年鉴收录整理的台风标准为中心附近最大风力大于等于 8 级，且对我国造成 10 人以上死亡或直接经济损失 1 亿元以上的热带气旋。

4. 冰雹和龙卷风

冰雹是指从发展强盛的积雨云中降落到地面的冰球或冰块，其下降时巨大的动量常给农作物和人身安全带来严重危害。冰雹出现的范围虽较小，时间短，但来势猛，强度大，常伴有狂风骤雨，因此往往给局部地区的农牧业、工矿企业、电信、交通运输以及人民生命财产造成较大损失。龙卷风是一种范围小、生消迅速，一般伴随降雨、雷电或冰雹的猛烈涡旋，是一种破坏力极强的小尺度风暴。

本年鉴收录整理的冰雹和龙卷风标准为在某一地区出现的风雹过程，使农业受灾面积 1000 公顷以上，或造成 3 人以上死亡的灾害过程。

5. 沙尘暴

沙尘暴指由于强风将地面大量尘沙吹起，使空气浑浊，水平能见度小于 1000 米的天气现象。水平能见度小于 500 米为强沙尘暴，水平能见度小于 50 米为特强沙尘暴。沙尘暴是干旱地区特有的一种灾害性天气。强风摧毁建筑物、树木等，甚至造成人畜伤亡；流沙埋没农田、渠道、村舍、草场等，使北方脆弱的生态环境进一步恶化；沙尘中的有害物及沙尘颗粒造成环境污染，危害人们的身体健康；恶劣的能见度影响交通运输，并间接引发交通事故。

本年鉴收录整理的标准是沙尘暴以上等级，并且造成 3 人及以上死亡的灾害过程。

6. 低温冷(冻)害及雪(白)灾

低温冷(冻)害包括低温冷害、霜冻害和冻害。低温冷害是指农作物生长发育期间，因气温低于作物生理下限温度，影响作物正常生长发育，引起农作物生育期延迟，或使生殖器官的生理活动受阻，最终导致减产的一种农业气象灾害。霜冻害指在农作物、果树等生长季节内，地面最低温度降至 0℃以下，使作物受到伤害甚至死亡的农业气象灾害。冻害一般指冬作物和果树、林木等在越冬期间遇到 0℃以下（甚至－20℃以下）或剧烈变温天气引起植株体冰冻或丧失一切生理活力，造成植株死亡或部分死亡的现象。雪灾指由于降雪量过多，使蔬菜大棚、房屋被压垮，植株、果树被压断，或对交通运输及人们出行造成影响，导致人员伤亡或经济损失的现象。白灾是草原牧区冬春季由于降雪量过多或积雪过厚，加上持续低温，雪层维持时间长，积雪掩埋牧场，影响牲畜放牧采食或不能采食，造成牲畜饿冻或因而染病、甚至发生大量死亡的一种灾害。

本年鉴收录整理的低温冷(冻)害及雪(白)灾标准为影响范围 1 万平方千米以上并造成农业受灾面积 1000 公顷以上，或造成 2 人以上死亡，或造成死亡牲畜 1 万头(只)以上，或造成经济损失 100 万元以上的灾害过程。

7. 雾和霾

雾是指近地层空气中悬浮的大量水滴或冰晶微粒的乳白色的集合体，使水平能见度降到 1 千米以下的天气现象。雾使能见度降低会造成水、陆、空交通灾难，也会对输电、人们日常生活等造成影响。

霾是一种对视程造成障碍的天气现象，大量极细微的干尘粒等均匀地浮游在空中，使水平能见度小于10千米，造成空气普遍浑浊。由于霾发生时，气团稳定，污染物不易扩散，严重威胁人体健康。

本年鉴收录整理的雾、霾标准为影响范围1万平方千米以上，持续时间2小时以上；并因雾、霾造成2人以上死亡，或造成经济损失100万元以上的灾害过程。

8. 雷电

雷电是在雷暴天气条件下发生于大气中的一种长距离放电现象，具有大电流、高电压、强电磁辐射等特征。雷电多伴随强对流天气产生，常见的积雨云内能够形成正负的荷电中心，当聚集的电量足够大时，形成足够强的空间电场，异性荷电中心之间或云中电荷区与大地之间就会发生击穿放电，这就是雷电。雷电导致人员伤亡，建筑物、供配电系统、通信设备、民用电器的损坏，引起森林火灾，造成计算机信息系统中断，致使仓储、炼油厂、油田等燃烧甚至爆炸，危害人民财产和人身安全，同时也严重威胁航空航天等运载工具的安全。

本年鉴所收集整理的雷电灾害事件标准为雷击死亡3人及以上的灾害过程。

9. 高温热浪

本年鉴将日最高气温大于或等于35℃定义为高温日；连续5天以上的高温过程称为持续高温或“热浪”天气。高温热浪对人们日常生活和健康影响极大，使与热有关的疾病发病率和死亡率上升；加剧土壤水分蒸发和作物蒸腾作用，加速旱情发展；导致水电需求量猛增，造成能源供应紧张。

本年鉴收录整理的标准为对人体健康、社会经济等产生较大影响的高温热浪过程。

10. 酸雨

pH值小于5.6的降雨、冻雨、雪、雹、露等大气降水称为酸雨。酸雨的形成是大气中发生的错综复杂的物理和化学过程，但其最主要因素是二氧化硫和氮氧化物在大气或水滴中转化为硫酸和硝酸所致。酸雨的危害包括森林退化，湖泊酸化，导致鱼类死亡，水生生物种群减少，农田土壤酸化、贫瘠，有毒重金属污染增强，粮食、蔬菜、瓜果大面积减产，使建筑物和桥梁损坏，文物遭受侵蚀等。

本年鉴按照大气降水pH值≥5.6为非酸性降水、4.5≤pH值<5.59为弱酸性降水、pH值<4.5为强酸性降水的标准对酸雨基本情况进行分析和整理。

11. 农业气象灾害

农业气象灾害是指不利的气象条件给农业生产造成的危害。农业气象灾害按气象要素可分为单因子和综合因子两类。由温度要素引起的农业气象灾害，包括低温造成的霜冻害、冬作物越冬冻害、冷害、热带和亚热带作物寒害以及高温造成的热害；由水分因子引起的有旱害、涝害、雪害和雹害等；由风力异常造成的农业气象灾害，如大风害、台风害、风蚀等；由综合气象要素引起的农业气象灾害，如干热风、冷雨害、冻涝害等。此外，广义的农业气象灾害还包括畜牧气象灾害（如白灾、黑灾、暴风雪等）和渔业气象灾害等。

本年鉴所收集整理的农业气象灾害标准为对农作物生长发育、产量形成造成不利影响，导致作物减产、品质降低、农田或农业设施损毁等影响较大的灾害过程或事件。

12. 森林草原火灾

森林草原火灾指失去人为控制，并在森林内或草原上自由蔓延和扩展，对森林草原生态系统和人类带来一定危害和损失的火灾过程。

本年鉴收录整理的森林草原火灾标准为造成森林草原受灾面积100公顷以上，或造成人员伤亡，或造成经济损失100万元以上森林草原火灾事件。

13. 病虫害

病虫害是农业生产中的重大灾害之一，指虫害和病害的总称，它直接影响作物产量和品质。虫害指作物生长发育过程中，遭到有害昆虫的侵害，使作物生长和发育受到阻碍，甚至造成枯萎死亡；病害指植物在生长过程中，遇到不利的环境条件，或者某种寄生物侵害，而不能正常生长发育，或是器官组织遭到破坏，表现为植物器官上出现斑点、植株畸形或颜色不正常，甚至整个器官或全株死亡与腐烂等。

本年鉴收录整理的病虫害标准为与气象条件相关的，造成受灾面积100万公顷以上病虫害。

三、港澳台地区灾情

全国气象灾情统计数据未包含香港、澳门特别行政区和台湾省，港澳台地区的部分灾情摘录于新闻媒体。

四、主要灾情指标解释

受灾人口

本行政区域内因自然灾害遭受损失的人员数量(含非常住人口)。

因灾死亡人口

以自然灾害为直接原因导致死亡的人员数量(含非常住人口)。

因灾失踪人口

以自然灾害为直接原因导致下落不明，暂时无法确认死亡的人员数量(含非常住人口)。

紧急转移安置人口

指因自然灾害造成不能在现有住房中居住，需由政府进行安置并给予临时生活救助的人员数量(包括非常住人口)，包括受自然灾害袭击导致房屋倒塌、严重损坏(含应急期间未经安全鉴定的其他损坏房)造成无房可住的人员；或受自然灾害风险影响，由危险区域转移至安全区域，不能返回家中居住的人员。安置类型包含集中安置和分散安置。对于台风灾害，其紧急转移安置人口不含受台风灾害影响从海上回港但无需安置的避险人员。

因旱饮水困难需救助人口

指因旱灾造成饮用水获取困难，需政府给予救助的人员数量(含非常住人口)。具体包括以下情形：①日常饮水水源中断，且无其他替代水源，需通过政府集中送水或出资新增水源的；②日常饮水水源中断，有替代水源，但因取水距离远、取水成本增加，现有能力无法承担需政府救助的；③日常饮水水源未中断，但因旱造成供水受限，人均用水量连续15天低于35升，需政府予以救助的。因气候或其他原因导致的常年饮水困难的人口不统计在内。

农作物受灾面积

因灾减产1成以上的农作物播种面积，如果同一地块的当季农作物多次受灾，只计算一次。农作物包括粮食作物、经济作物和其他作物，粮食作物是稻谷、小麦、薯类、玉米、高粱、谷子、其他杂粮和大豆等粮食作物的总称，经济作物是棉花、油料、麻类、糖料、烟叶、茶叶、水果等经济作物的总称，其他作物是蔬菜、青饲料、绿肥等作物的总称。

农作物成灾面积

农作物受灾面积中，因灾减产 3 成以上的农作物播种面积。

农作物绝收面积

农作物受灾面积中，因灾减产 8 成以上的农作物播种面积。

倒塌房屋

指因灾导致房屋整体结构塌落，或承重构件多数倾倒或严重损坏，必须进行重建的房屋数量。以具有完整、独立承重结构的一户房屋整体为基本判定单元（一般含多间房屋），以自然间为计算单位；因灾遭受严重损坏，无法修复的牧区帐篷，每顶按 3 间计算。

损坏房屋

包括严重损坏和一般损坏房屋两类。严重损坏房屋指因灾导致房屋多数承重构件严重破坏或部分倒塌，需采取排险措施、大修或局部拆除的房屋数量。一般损坏房屋指因灾导致房屋多数承重构件轻微裂缝，部分明显裂缝；个别非承重构件严重破坏；需一般修理，采取安全措施后可继续使用的房屋间数。以自然间为计算单位，不统计独立的厨房、牲畜棚等辅助用房、活动房、工棚、简易房和临时房屋；因灾遭受严重损坏，需进行较大规模修复的牧区帐篷，每顶按 3 间计算。

直接经济损失

受灾体遭受自然灾害后，自身价值降低或丧失所造成的损失。直接经济损失的基本计算方法是受灾体损毁前的实际价值与损毁率的乘积。

目　录

2018

2018

概　述

2017年，中国年平均气温10.4℃，较常年(9.6℃)偏高0.8℃，为1961年以来第三高值，仅次于2015年和2007年(图1)；除10月气温较常年同期略偏低外，其余各月均偏高，1月和2月偏高分别达1.6℃和1.7℃，7月和9月为1961年以来同期最高值。中国平均年降水量641.3毫米，比常年(629.9毫米)偏多1.8%，较2016年(730.0毫米)偏少12%(图2)；2月、5月、11月和12月降水偏少，其中12月偏少49%；3月、6月、8月和10月降水偏多；其余月份降水接近常年同期。

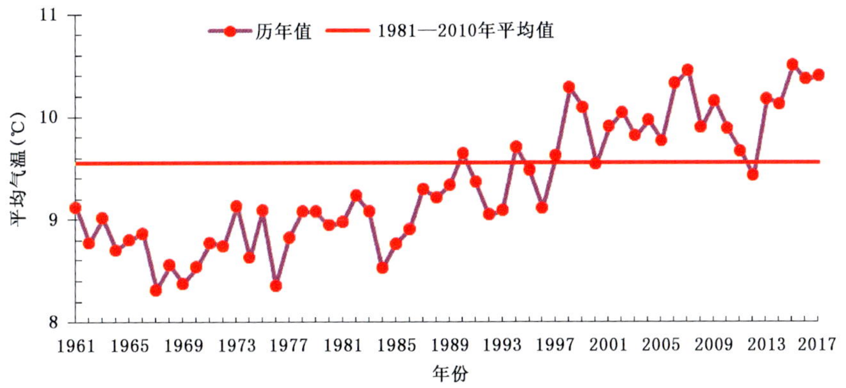

图1　1961—2017年全国年平均气温变化

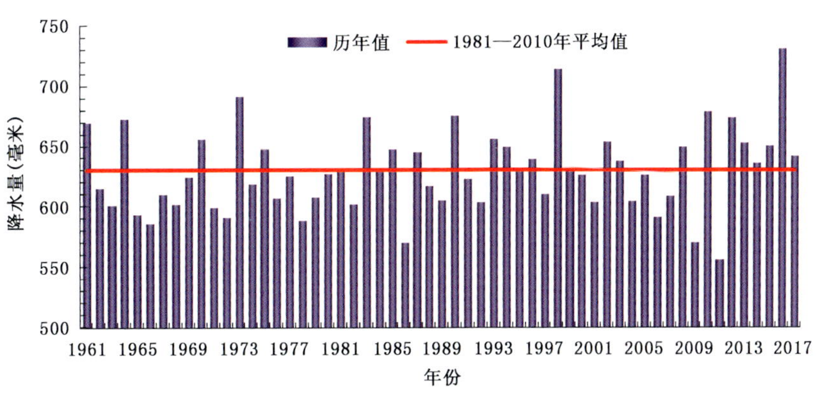

图2　1961—2017年全国平均年降水量变化

2017年，暴雨过程频繁、重叠度高、极端性强；登陆台风多、时间集中、登陆点重叠；高温日数多，北方高温出现早、南方高温强度大；干旱影响偏轻，但区域性和阶段性明显；低温冷冻害及雪灾影响偏轻；强对流天气多，损失偏轻；春季北方沙尘天气少，影响偏轻；年初霾天气持续时间长，对空气质量和人体健康影响大。

2017 年，全国因气象灾害及其次生、衍生灾害导致受灾人口约 1.4 亿人次，死亡失踪 918 人，其中死亡 833 人；农作物受灾面积 1847.6 万公顷，绝收面积 182.7 万公顷；直接经济损失 2850.4 亿元（图 3）。总体来看，2017 年气象灾害直接经济损失比 1990—2016 年平均值略偏多，死亡（含失踪）人数和受灾面积均明显少于 1990—2016 年平均值。综合来看，2017 年气象灾害为偏轻年份。

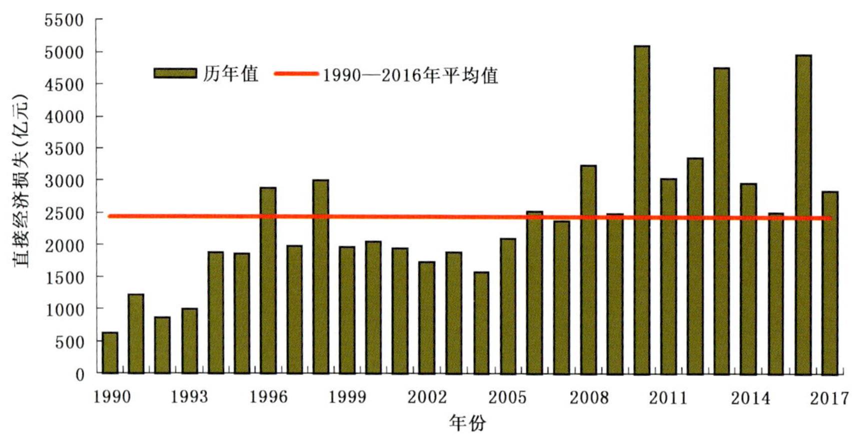

图 3　1990—2017 年全国气象灾害直接经济损失直方图

图 4 给出 2017 年全国主要气象灾害各项损失占总损失的比例。直接经济损失中，暴雨洪涝灾害所占比例最高，为 67.0%，其次为干旱，然后为热带气旋。受灾人口、死亡人口和倒塌房屋方面，暴雨洪涝灾害所占比例均为最高，分别为 48.3%、81.4%、95.8%；受灾面积和绝收面积方面，干旱所占比例最高，分别为 53.4%、41.2%，其次为暴雨洪涝灾害。

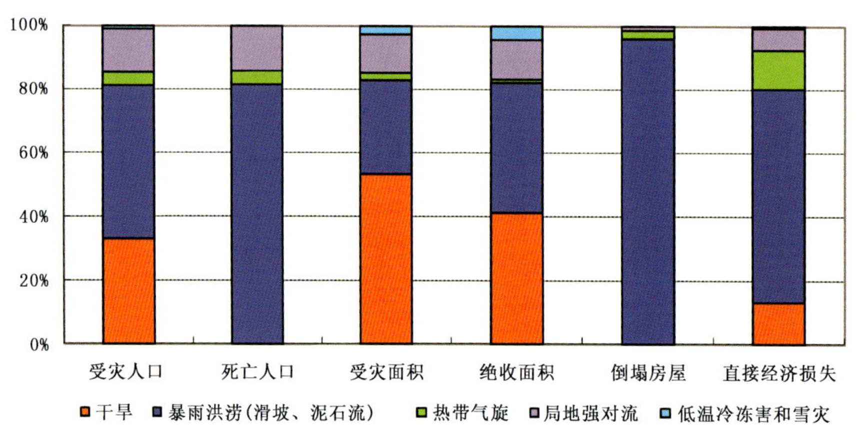

图 4　2017 年全国主要气象灾害各项损失指标比例图

与 2016 年相比，2017 年主要气象灾害造成的直接经济损失和死亡人数均偏少（图 5）。

2017 年主要气象灾害概述：

干旱　2017 年，中国干旱受灾面积 987.5 万公顷，较 1990—2016 年平均值明显偏小，为 1990 年以来第三少值（图 6）。2017 年属干旱灾害偏轻年份，但区域性和阶段性干旱明显。年内，华北北部、东北西部、内蒙古东部出现春夏连旱，江淮、江汉等地发生伏旱。

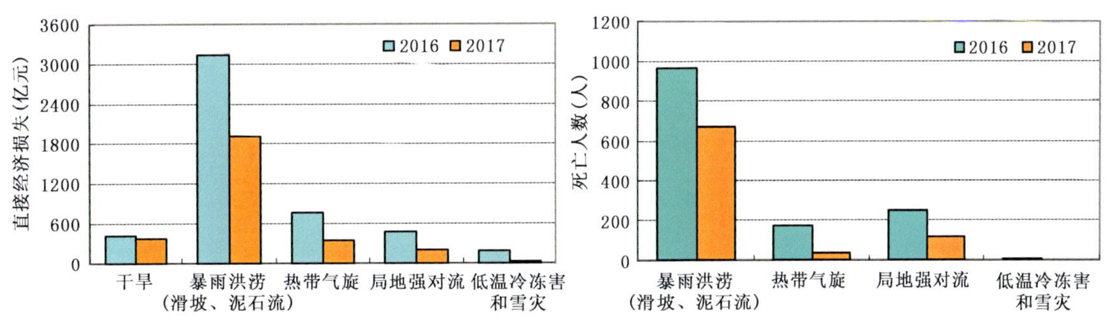

图 5　2017 年全国主要气象灾害直接经济损失(左)和死亡人数(右)与 2016 年比较

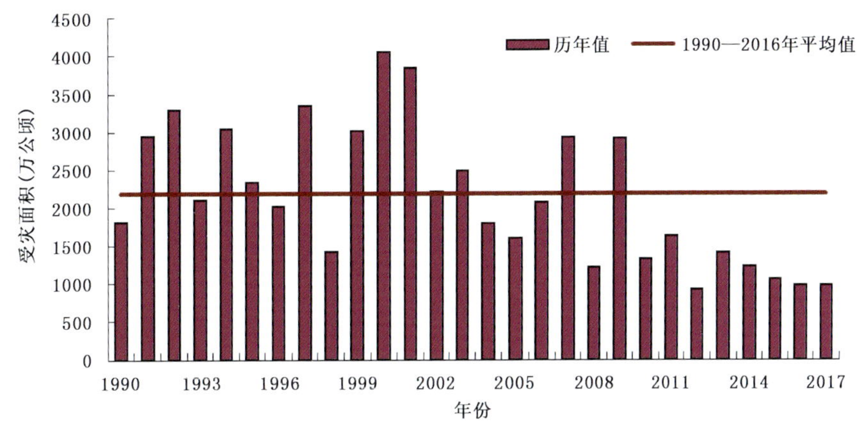

图 6　1990—2017 年全国干旱受灾面积直方图

暴雨洪涝(及其引发的滑坡和泥石流)　2017 年汛期,全国共出现 36 次暴雨过程,暴雨落区重叠度高、极端性强。年内暴雨洪涝和地质灾害造成的直接经济损失偏轻。夏季,南方持续性暴雨引发流域汛情和区域洪涝;6 月 22 日至 7 月 2 日,南方大部连续遭受 2 次大范围强降水过程;7 月中下旬至 8 月上旬,东北、西北等地接连出现强降水过程;9—10 月,江淮大部及汉江流域秋雨明显,秋雨雨量大、雨日多、影响重。全国暴雨洪涝受灾面积 541.5 万公顷,死亡 674 人,直接经济损失 1909.9 亿元图 7;与 1990—2016 年平均值相比,受灾面积、死亡或失踪人数均偏少,直接经济损失略偏多。总体来看,2017 年属暴雨洪涝灾害略偏轻年份(图 7)。

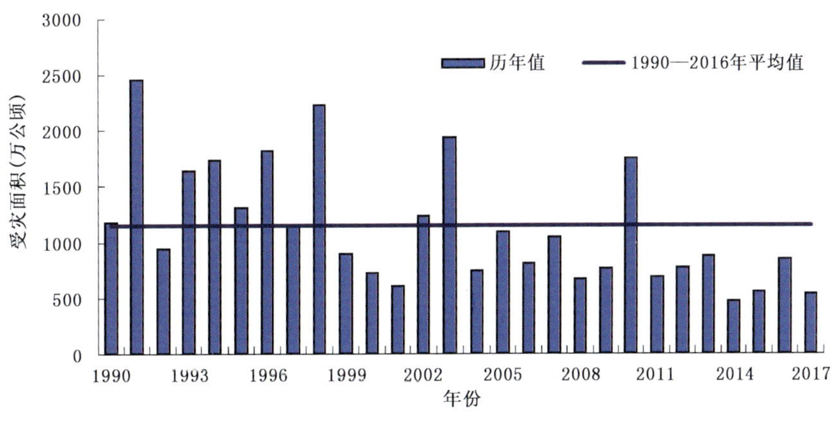

图 7　1990- 2017 年全国暴雨洪涝受灾面积直方图

热带气旋(台风) 2017 年,在西北太平洋和中国南海共有 27 个台风(中心附近最大风力≥8 级)生成,较常年(25.5 个)偏多 1.5 个。其中 9 个登陆中国,登陆个数较常年(7.2 个)偏多 1.8 个。初台登陆时间较常年偏早 13 天,终台登陆时间偏晚 10 天;登陆台风生成和登陆时间集中、登陆地点重叠。2017 年,影响中国的台风共造成 35 人死亡(含失踪),直接经济损失 346.2 亿元(图 8);与 1990—2016 年平均值相比,2017 年台风造成的直接经济损失偏少,死亡人数也明显偏少。总体而言,2017 年热带气旋灾情偏轻。

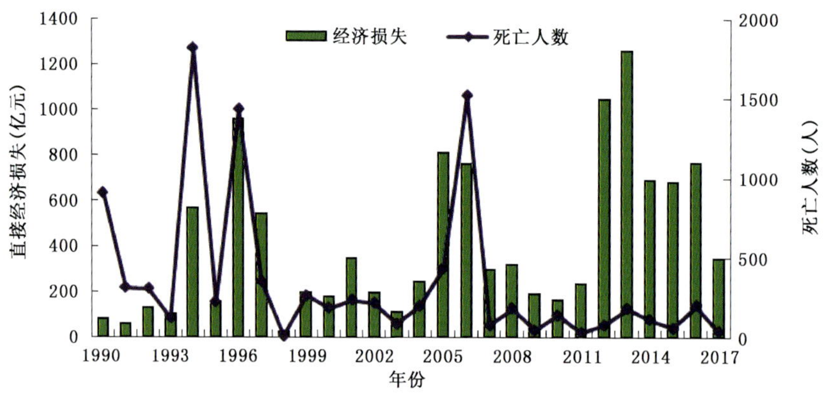

图 8 1990—2017 年全国热带气旋直接经济损失和死亡人数直方图

局地强对流(大风、冰雹、龙卷及雷电等) 2017 年,风雹灾害共造成我国农作物受灾 226.8 万公顷,124 人死亡,直接经济损失 200.4 亿元。与近 10 年相比,2017 年风雹天气造成的农作物受灾面积和死亡人数偏少,直接经济损失偏轻。

低温冷冻害及雪灾 2017 年,中国因低温冷冻灾害和雪灾共造成农作物受灾面积 52.5 万公顷,直接经济损失 18.9 亿元,为低温冷冻灾害及雪灾偏轻年份。

沙尘暴 2017 年,我国共出现了 8 次沙尘天气过程。沙尘天气过程首发时间早。春季,出现 6 次沙尘天气过程,比常年同期(17 次)偏少 11 次,为 2000 年以来同期最少值,其中沙尘暴过程 1 次;北方地区平均沙尘日数为 1.9 天,比常年同期偏少 3.2 天,为 1961 年以来最少值。5 月 3—7 日的沙尘暴天气过程是 2017 年强度最强的一次。全年沙尘天气影响总体偏轻。

第1章 重大气象灾害和气候事件

1.1 年初霾天气持续时间长、污染重，对交通和人体健康影响大

2016年12月30日至2017年1月7日，东北地区中南部、西北地区东部、华北大部、黄淮、江淮、江汉、江南中北部、华南中部及四川盆地等地出现大范围霾，华北中南部、黄淮、江淮大部及辽宁中部、陕西关中等地出现重度霾。全国受霾影响面积达280万平方千米，$PM_{2.5}$峰值浓度超过500微克/米^3。此次过程为2017年持续时间最长、影响范围最广、污染程度最重的一次霾天气过程。受其影响，北京、天津、河北、山东、河南多地发布霾预警，多个机场出现航班大量延误或取消，多条高速公路关闭；呼吸道疾病患者增多。

1.2 2月下旬我国出现大范围寒潮天气过程，新疆遭受暴雪袭击

2月18—24日，西北大部、华北大部、黄淮、江淮、江南等地遭遇寒潮天气，黑龙江大部、吉林东部、内蒙古东部、北疆大部等地极端最低气温降至−20℃以下，极端最低气温4℃线推至南岭一带；华北西部、西北中部和东部及内蒙古中西部、黄淮、江汉大部、江南西部、华南等地最大降温幅度在8℃以上，部分地区超过12℃；西北地区东部、华北大部、黄淮大部和江汉等地累计降雪量有4～10毫米，北疆大部地区降雪量达12～25毫米，部分地区积雪深度在25厘米以上。大风降温和雨雪天气给交通及农业基础设施带来不利影响。

1.3 5月初，长江以北大部遭遇沙尘天气，局地强度大

5月初，北方大部及江淮、江汉、江南地区北部等地出现浮尘或扬沙天气，内蒙古北部出现沙尘暴、局地强沙尘暴，最低能见度约300米；沙尘强度大，导致多地空气质量指数爆表，内蒙古局地PM_{10}峰值浓度超过2000微克/米^3，北京局地超过1000微克/米^3；沙尘影响面积达235万平方千米；同时，伴有5～7级风，内蒙古和黑龙江部分地区最大阵风达9～10级。

1.4 北方高温出现早、范围广、极端性强

5月17—19日，东北、华北、黄淮等地出现2017年首次高温过程，高温过程出现早，共计68站日最高气温达到或突破当地5月历史极值，内蒙古高力板(43.6℃)、吉林洮南(42.7℃)等地超过42℃；2017年东北、华北首次高温过程是1961年以来出现最早的。7月上中旬，北方地区再受高温袭击。7月10日，35℃以上高温影响面积达215.7万平方千米，40℃以上面积达49.5万平方千米。

新疆吐鲁番(49.0℃)、陕西眉县(42.3℃)等63站日最高气温突破历史极值;北京、天津、济南等地电网最大负荷创历史新高,宁夏银川居民供水紧张,新疆吐鲁番1小时内发生4起火灾。

1.5 7月中下旬,北方局地降雨极端性强、致灾重

7月中旬,吉林中部出现2次暴雨过程,降雨中心均出现在永吉,永吉日降水量(7月13日171.3毫米;7月20日203.9毫米)两度破历史纪录,持续强降水造成永吉和吉林市城区重复内涝。7月下旬,陕西北部暴雨过程累计雨量大、极端性强、范围广。榆林连续出现2次大暴雨过程,最大累计降水量超过250毫米,黄河支流无定河发生超历史洪水,榆林境内一水库发生溃坝。

1.6 盛夏,南方高温强度强,徐家汇最高气温破百年纪录

7月中下旬,南方地区出现大范围持续高温天气。浙江、江苏、安徽、重庆、陕西南部、湖北、湖南的部分地区日最高气温超过40℃,陕西旬阳(44.7℃)、重庆江津(42.5℃)等4县市超过42℃。7月21日上海徐家汇最高气温达40.9℃,打破了徐家汇1873年以来(145年)的历史纪录。江苏、上海等省(市)用电负荷创历史新高;部分地区高温中暑病例增加;持续高温对农作物、经济作物和水产养殖等造成不利影响;江汉、江淮等地旱情发展。

1.7 8月中旬北方多地遭遇强对流

8月11—14日,华北、内蒙古中南部、东北地区中部、西北地区东部等地出现短时强降水,局地小时雨量超过50毫米;华北、内蒙古中南部、东北地区出现雷暴大风;山西、河北、内蒙古中南部、北京、辽宁、吉林、甘肃局地出现冰雹,山西出现直径超过2厘米的冰雹。8月11日15—17时,内蒙古克什克腾旗、翁牛特旗等地出现短时强降水、冰雹、龙卷等强对流天气,多地出现8级以上大风,极大风速达22.1米/秒,冰雹最大直径约2厘米,部分地区草牧场及玉米、谷子、绿豆、荞麦、蔬菜等农作物受灾严重。

1.8 初夏,南方持续性暴雨引发流域汛情和区域洪涝

6月22日至7月2日,南方大部出现2次大范围强降水过程。江南大部及贵州东南部、广西北部等地累计降水量普遍有200～400毫米,湖南、江西和广西的局地超过500毫米,湖南长沙累计降水量达536.8毫米,超过长沙常年全年降水量(1428.1毫米)的三分之一。由于降水过程持续时间长,影响范围广,部分强降水区域叠加,导致湖南、江西、广西境内江河湖库水位大幅度上涨,湘江干流全线、资水中下游、沅江干流全线、乐安河上游发生超历史水位洪水,洞庭湖区出现超警戒水位洪水,部分站点出现超历史水位洪水,多个水库超汛限水位;湖南、江西、广西等省(区)部分地区发生严重洪涝及地质灾害,著名景点“橘子洲头”被淹。

1.9 台风生成和登陆时间集中、登陆地点重叠度高

2017年共有8个台风在我国登陆,其中2个台风在福建福清市沿海登陆,4个台风在粤港澳大湾区登陆,登陆地点重叠度高。7月22—23日,两天时间内西北太平洋先后生成4个台风,生成时

间集中。7 月 30—31 日，台风“纳沙”和“海棠”先后在福建福清市沿海登陆；8 月 23- 27 日，台风“天鸽”和“帕卡”先后在广东珠海和台山登陆，登陆时间集中。

1.10 台风“天鸽”重创粤港澳大湾区

台风“天鸽”于 8 月 23 日在广东珠海南部沿海登陆，登陆时中心附近最大风力 14 级(45 米/秒)，与 1991 年第 11 号台风“Fred”并列成为 1949 年以来 8 月登陆广东的最强台风，登陆前后珠三角及沿海地区出现 11～14 级大风，局地超过 17 级。“天鸽”登陆期间恰逢天文大潮，强风带来的巨浪和天文大潮叠加造成珠江口沿岸出现 50～210 厘米的风暴增水，部分站点出现当地历史实测最高潮位。受“天鸽”风雨潮的影响，广东沿海多个海堤严重受损，珠海、东莞、南沙等市均出现了海水倒灌，广州市区多条交通要道也因珠江江水漫堤遭受严重水浸；南方电网 33 座 110 千伏及以上变电站停运、70 条 110 千伏及以上线路跳闸，影响客户 86 万户。由于“天鸽”正面袭击经济发达、人口密集的珠江口，强风及风暴潮致使粤港澳大湾区遭受严重经济损失。“天鸽”强风及风暴潮还造成澳门 8 人死亡。

1.11 江淮大部及汉江流域秋雨明显

9—10 月，江淮大部及汉江流域秋雨明显，秋雨雨量大、雨日多、影响重。重庆北部、湖北大部、河南南部、安徽北部、江苏南部等地降水量较常年同期偏多 1～2 倍，局地超过 2 倍。江淮、江汉大部雨日有 30～40 天，普遍比常年同期偏多 10～15 天。长时间降雨造成汉江流域出现明显秋汛，部分地区洪涝灾害严重，局地还引发山体滑坡、泥石流等灾害；部分地区出现阴雨寡照天气，对作物秋收秋播不利。

第 2 章 气象灾害分述

2.1 干旱

2.1.1 基本概况

2017 年，全国平均降水量 641.3 毫米，较常年(629.9 毫米)偏多 1.8%，比 2016 年(730.0 毫米)偏少 12%。2 月、5 月、11 月和 12 月降水偏少，12 月偏少 49%；3 月、6 月、8 月和 10 月降水偏多；其余月份降水接近常年同期。

2017 年，全国有 19 个省(区、市)降水量偏多，山西、宁夏均偏多 20%；12 个省(区、市)降水量偏少，辽宁偏少 22%，福建偏少 11%(图 2.1.1)。

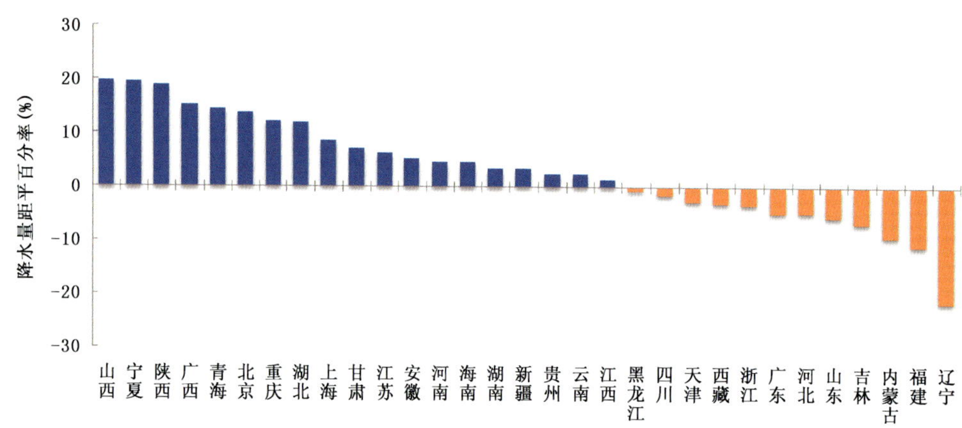

图 2.1.1 2017 年各省(区、市)平均年降水量距平百分率

Fig. 2.1.1 Percentage of annual precipitation anomalies in different provinces of China in 2017 (unit: %)

2017 年，我国没有出现大范围、持续时间长的严重干旱，属干旱灾害偏轻年份，但区域性和阶段性干旱明显。受旱面积较大或旱情较重的省份有内蒙古、黑龙江、辽宁、湖北、甘肃等。

年内，除华北北部、东北西部、内蒙古东部出现春夏连旱，以及江淮、江汉等地发生伏旱外，其余地区干旱未造成严重影响。2017 年，全国农作物受旱面积 987.5 万公顷，绝收面积 75.2 万公顷；受旱面积较常年偏小 1454.9 万公顷(图 2.1.2)。内蒙古、山东、陕西三省(区)因旱绝收面积占全国因旱绝收面积的 52.0%。2017 年全国因旱造成 4717 万人次受灾，饮水困难人口 281.2 万人次；直接经济损失 375.0 亿元。

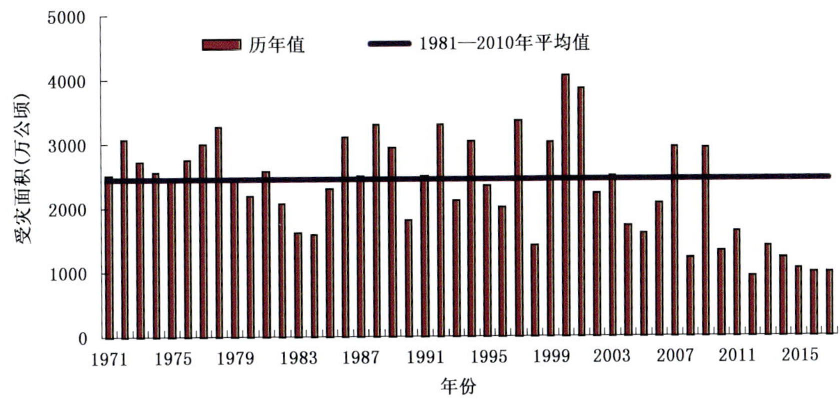

图 2.1.2　1971—2017 年全国干旱受灾面积

Fig. 2.1.2　Drought areas in China during 1971－2017(unit: 10^4 hm^2)

2017 年不同季节主要旱区分布如图 2.1.3 所示。冬季气象干旱主要出现在云南、四川、贵州 3 省;2017 年春季气象干旱主要出现在内蒙古、辽宁、吉林、黑龙江、四川等省(区);夏季,内蒙古、黑龙江、吉林、辽宁、河北、山东、江苏、安徽、湖北、陕西、四川等省(区)发生不同程度的气象干旱;秋季,江西、福建、湖南、云南等省(区)出现气象干旱。2017 年干旱日数达 50 天以上的地区主要出现在内蒙古中部和东部、东北西部、华北北部及四川东部和西部等地(图 2.1.4)。

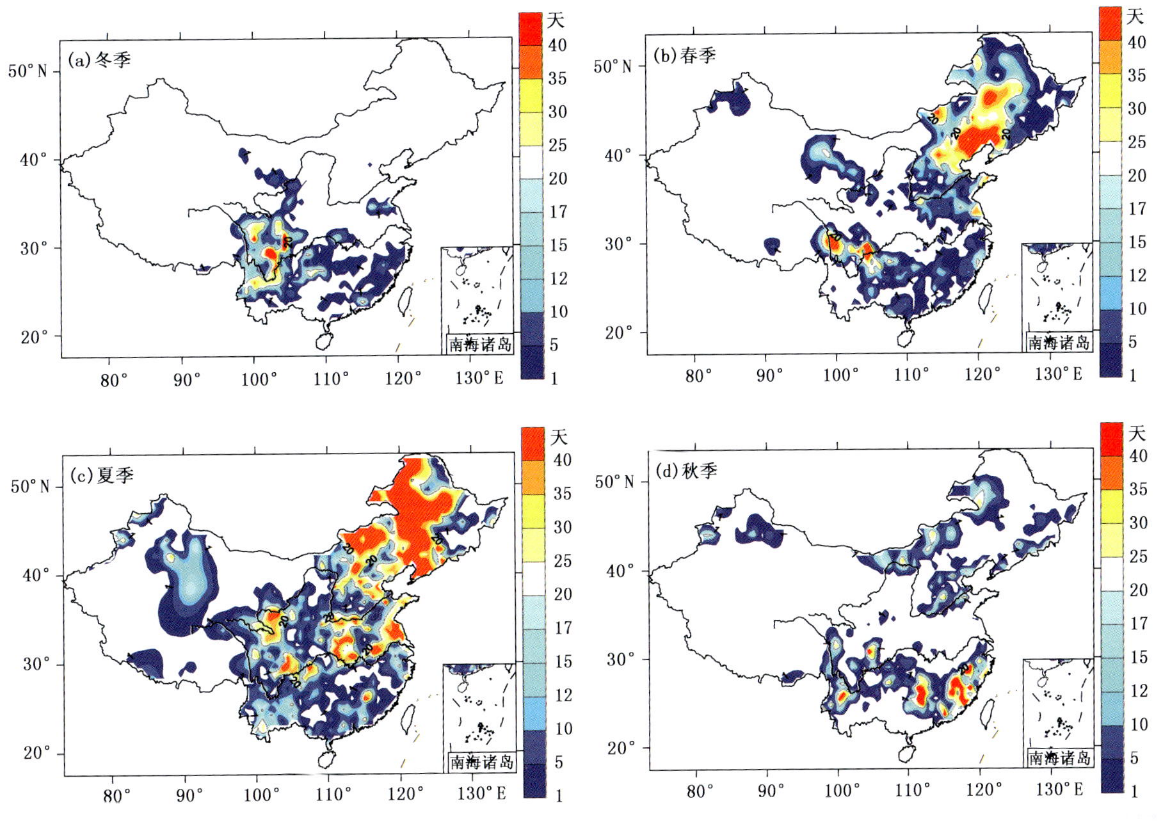

图 2.1.3　2017 年不同季节主要干旱区分布

Fig. 2.1.3　Sketch of major droughts over China in 2017

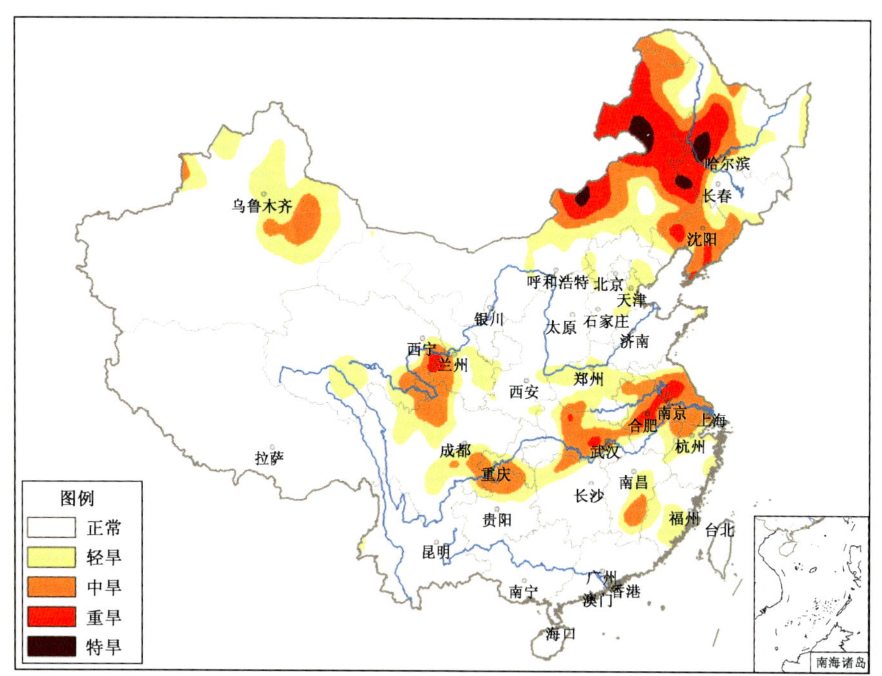

图 2.1.6　2017 年 7 月 30 日全国气象干旱综合监测图

Fig. 2.1.6　Drought monitoring in China on July 30, 2017

2.2　暴雨洪涝

2.2.1　基本概况

2017 年,全国平均降水量比常年略偏多。降水冬季偏少,夏季偏多,春季和秋季接近常年。2017 年汛期,全国共出现 36 次暴雨过程,暴雨落区重叠度高、极端性强。夏季,南方地区大范围持续性暴雨引发流域汛情和区域性洪涝灾害;北方地区局地极端性强降雨致灾严重;江淮大部及汉江流域秋雨明显(图 2.2.1)。据统计,2017 年全国因暴雨洪涝及其引发的滑坡、泥石流灾害共造成 6951 万人次受灾,死亡(含失踪)749 人;农作物受灾面积 541.5 万公顷,绝收面积 74.5 万公顷;倒塌房屋 13.4 万间;直接经济损失 1909.9 亿元。

总体上看,2017 年全国暴雨洪涝造成的受灾面积、死亡或失踪人口较近 10 年平均值偏少,直接经济损失偏多。与 2016 年相比,死亡失踪人口、农作物受灾面积和直接经济损失均偏少。2017 年各类气象灾害中,暴雨洪涝灾害比较突出,造成的直接经济损失偏重。2017 年受灾较重的省份有湖南、吉林、陕西、湖北、江西等。

2.2.2　主要暴雨洪涝灾害事例

1. 6 月 22 日至 7 月 2 日,南方大部连续遭受 2 次大范围强降水过程

持续 11 天的强降雨天气,雨带维持在湖南、江西、贵州、广西等地摆动,湖南、江西、广西局地累计雨量超过 500 毫米,局地最大累计雨量高达 900 多毫米,超过当地年降水量的三分之二。由于降水过程持续时间长,影响面积广,部分强降水区域叠加导致长江中下游发生区域性大洪水,西南、江南及华南多条河流发生超水位历史洪水,造成湖南、江西、广西、四川等省(区)发生严重洪涝灾害及地质灾害,湖北咸宁、广西融县等地出现严重城市内涝,四川阿坝藏族自治州茂县、湖南溆浦县、东安县等地出现山体滑坡,四川凉山彝族自治州普格县等地发生洪涝泥石流灾害(图 2.2.2)。

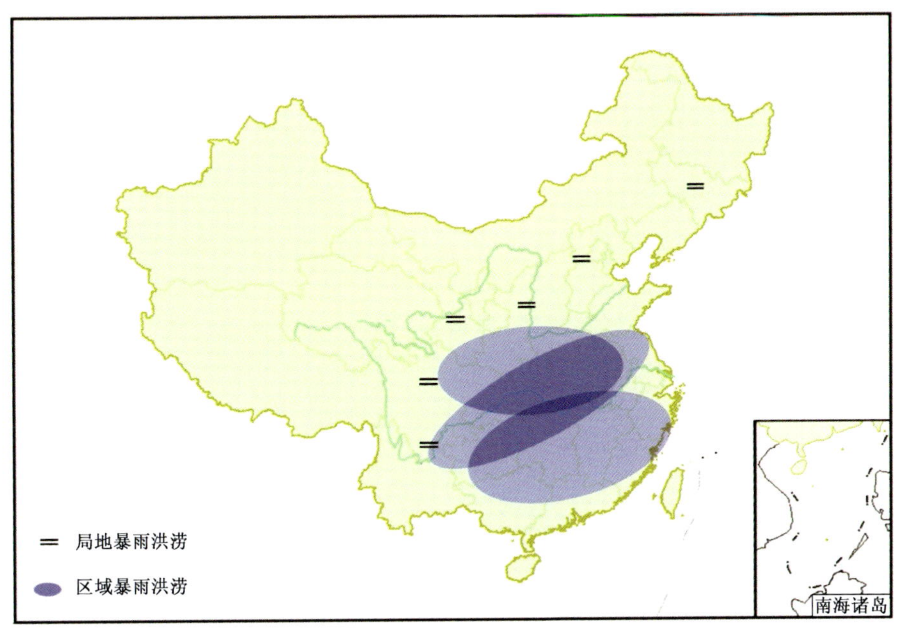

图 2.2.1　2017 年全国主要暴雨洪涝示意图

Fig. 2.2.1　Sketch map of major rainstorm induced floods over China in 2017

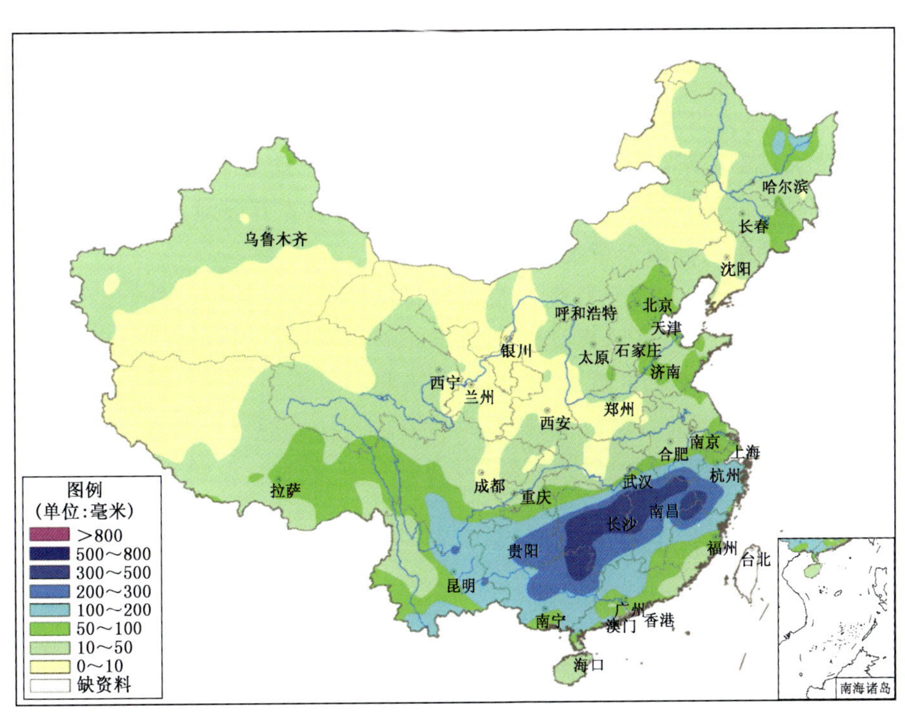

图 2.2.2　2017 年 6 月 22 日至 7 月 2 日全国降水量分布

Fig. 2.2.2　Distribution of precipitation over China during June 22—July 2, 2017(unit:mm)

6 月 22 日夜间至 28 日，贵州至长江中下游一带发生强降雨。6 月 22 日 20 时至 28 日，西南地区东部至江南一带出现区域性强降雨天气过程，云南东部、贵州中部和东北部、广西西部、湖南中北部、湖北东南部、江西北部、安徽南部、浙江西部等地累计雨量有 150～300 毫米，湖南常德、岳阳、益

吉林 7月13—21日，吉林、四平、长春等6市（自治州）25个县（市、区）遭受暴雨洪涝。195.3万人受灾，23人死亡，12人失踪；5200余间房屋倒塌，3.1万间房屋严重损坏；农作物受灾面积39.5万公顷，绝收面积8.7万公顷；直接经济损失415.5亿元。

7月25—28日，西北东部、华北大部、黄淮东部、西南大部等地出现强降水过程。陕西北部、山西中南部降雨量有50～200毫米，陕西吴堡、富县、子洲及山西柳林超过200毫米，降水对缓解山西、甘肃部分地区的旱情有利，但陕西北部此次特大暴雨过程累计雨量大、极端性强、范围广，子洲（218.7毫米）、米脂（140.3毫米）、横山（111.1毫米）3站日降水量突破历史极值，子洲1小时最大降水量达52毫米，3小时最大降水量达106.9毫米；子洲、绥德、米脂、吴堡4站3小时降水量突破历史极值，有14站（21站次）出现暴雨。榆林境内一水库发生溃坝，引发严重洪涝灾害。

陕西 7月25—28日，榆林、延安、咸阳等4市22个县（市、区）遭受洪涝灾害。45.6万人受灾，10人死亡，1人失踪，7.7万人紧急转移安置；900余间房屋倒塌，近5400间严重损坏，1.3万间房屋一般损坏；农作物受灾面积5.7万公顷，绝收面积9500公顷；直接经济损失42.1亿元。

4. 江淮大部及汉江流域秋雨明显

9—10月，江淮大部及汉江流域秋雨明显，秋雨雨量大、雨日多、影响大（图2.2.5）。重庆北部、湖北大部、河南南部、安徽北部、江苏南部等地降水量较常年同期偏多1～2倍，局地超过2倍。江淮、江汉大部雨日有30～40天，普遍比常年同期偏多10～15天，持续降雨造成汉江流域出现明显秋汛，部分地区洪涝灾害严重，局地还引发山体滑坡、泥石流等灾害。西北地区东南部、黄淮西部、江淮、江汉和西南等地出现阴雨寡照天气，对作物秋收秋播不利。据统计，甘肃、陕西、四川、重庆、贵州、湖北、湖南7省（市）遭受暴雨洪涝及其引发的地质灾害，共造成654万人受灾，116人死亡，25人失踪；农作物受灾面积48万公顷，绝收面积12万公顷；直接经济损失121亿元。湖北、贵州、陕西、重庆灾情较重。

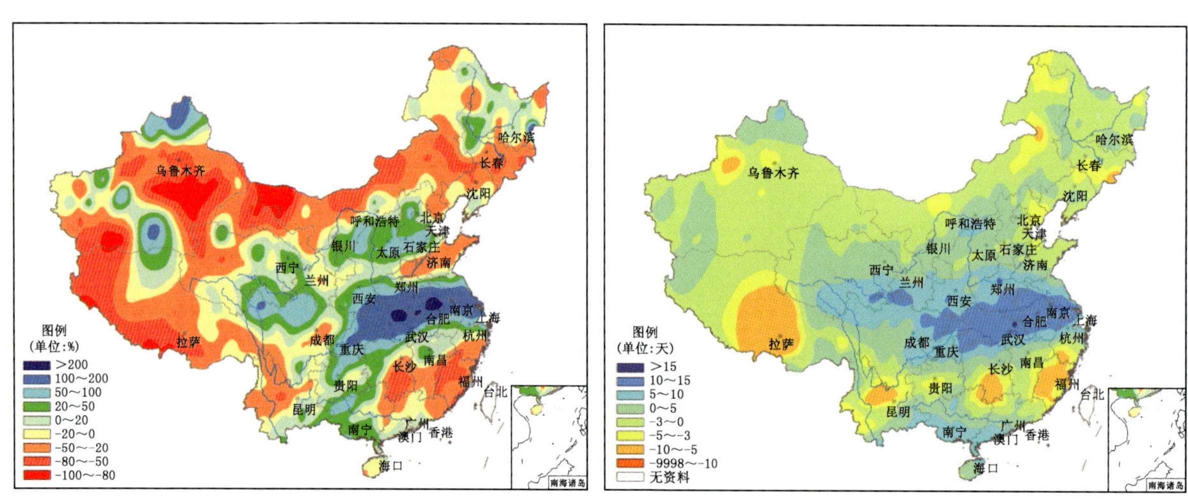

图2.2.5 2017年9月1日至10月31日全国降水量距平百分率（左）及降水日数距平（右）

Fig. 2.2.5 Distribution of precipitation(left, unit: %) and precipitation days(right, unit: d) anomalies over China from September 1 to October 31, 2017

陕西 9月25日至10月1日，安康、商洛、汉中等6市26个县（区）因秋雨引发洪涝灾害。造成42.7万人受灾，10人死亡，3人失踪，6.2万人紧急转移安置；2200余间房屋倒塌，1.4万间房屋不同程度损坏；农作物受灾面积2.4万公顷，绝收面积4000公顷；直接经济损失18.8亿元。

湖北 10月1—9日，十堰、宜昌、襄阳等6市（自治州）41个县（市、区）和神农架林区遭受洪涝灾害。163.1万人受灾，3人死亡，1.5万人紧急转移安置；1200余间房屋倒塌，1.2万间房屋不同程度损坏；农作物受灾面积13万公顷，绝收面积3.1万公顷；直接经济损失19.4亿元。

2.3 台风

2.3.1 基本概况

2017年，西北太平洋和中国南海共有27个台风(中心附近最大风力≥8级)生成，生成个数较常年(25.5个)偏多1.5个。其中，1702号“苗柏”(Merbok)、1707号“洛克”(Roke)、1709号“纳沙”(Nesat)，1710号“海棠”(Haitang)、1713号“天鸽”(Hato)、1714号“帕卡”(Pakhar)、1716号“玛娃”(Mawar)和1720号“卡努”(Khanun)及一个未编号的热带风暴共9个台风先后在我国登陆(图2.3.1)。

2017年台风生成个数较常年偏多；起编、停编时间均较常年偏早；登陆个数、登陆比例均较常年偏多；初、末台登陆时间均较常年偏早；登陆地点偏南、登陆强度偏弱。

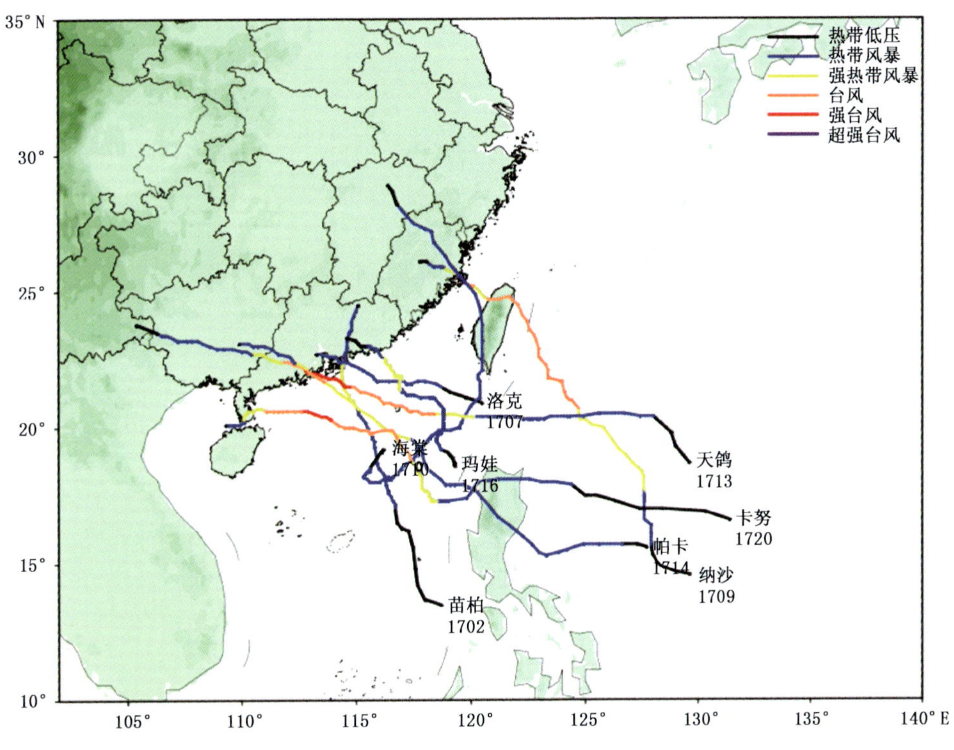

图2.3.1 2017年登陆中国台风路径(中央气象台提供)

Fig. 2.3.1 Trajectories of tropical cyclones landing China during 2017 (By National Meteorological Center of CMA)

2017年，影响我国的台风带来了大量降水，对缓解南方部分地区的夏伏旱和高温天气以及增加水库蓄水等十分有利，但由于登陆或影响时间集中，部分地区因降水强度大、风力强，造成了一定的人员伤亡和经济损失。据统计，台风共造成全国587.9万人次受灾，35人死亡，9人失踪，转移安置109.1万人；农作物受灾面积39.4万公顷；倒塌房屋0.4万间；直接经济损失346.2亿元(表2.3.1)。2017年，台风造成的死亡失踪人口及直接经济损失均少于1990—2016年平均值。影响较大的台风是1713号“天鸽”(Hato)。

表 2.3.1 2017 年影响我国台风主要灾情表

Table 2.3.1 List of tropical cyclones and associated disasters over China in 2017

国内编号及中英文名称	登陆时间（月·日）	登陆地点	最大风力（级）（风速，米/秒）	受灾地区	受灾人口（万人）	死亡人口（人）	失踪人口（人）	转移安置（万人）	倒塌房屋（万间）	受灾面积（万公顷）	直接经济损失（亿元）
1702 号“苗柏”（Merbok）	6·12	广东深圳	10(25)	广东	12			1.2	0.01	1.9	3
				福建	6.7			1.2	0.02	0.2	2.9
				江西	1.7				0.01	0.1	0.1
1704 号“塔拉斯”（Talas）	7·17	越南义安	10(28)	海南	21			4		0.2	0.5
				云南	0.2						
1709 号“纳沙”（Nesat） 1710 号“海棠”（Haitang）	7·29 7·30 7·30 7·31	台湾宜兰 福建福清 台湾屏东 福建福清	13(40) 12(33) 9(23) 8(20)	福建	32.7			20.6	0.05	2.3	6.6
				河北	38.9			0.7	0.01	3.3	4.1
				山东	29.7			0.3	0.06	3.0	5.3
				江西	6.1			0.1		0.7	1.2
				广东	8.4					0.2	0.5
				河南	11					0.9	0.3
1713 号“天鸽”（Hato）	8·23	广东珠海	14(48)	广东	142.4	13		21.3	0.1	6.4	273.6
				云南	70.7	9	9	1.2	0.1	3.9	13.8
				广西	33.9	1		1		1.9	2.5
				贵州	0.4					0.1	0.1
				湖南	0.2						0.3
				福建	0.2			0.2			
1714 号“帕卡”（Pakhar）	8·27	广东珠海	11(30)	广东	7.8			3.6		1.2	6.8
				云南	3.8	9		0.2		0.2	0.5
				广西	2.7	3				0.1	0.3
				贵州	0.2						
1716 号“玛娃”（Mawar）	9·3	广东陆丰	8(20)	广东	3.2			2.2		0.1	0.1
				福建	0.4			0.4			
1719 号“杜苏芮”（Doksuri）				海南	18.3			4.4		0.4	1
1720 号“卡努”（Khanun）	10·16	广东徐闻	10(25)	广东	72.5			24.4	0.03	10.0	10.5
				浙江	23.9			0.6		1.9	11.5
				海南	36.1			21.5		0.4	0.7
				广西	0.8						
合计					587.9	35	9	109.1	0.39	39.4	346.2

2.3.2 主要台风灾害事例

1. 1702号“苗柏”(Merbok)

1702号“苗柏”于6月10日14时在南海东南部海面上生成，12日23时前后在深圳大鹏半岛沿海登陆，登陆时中心附近最大风力有10级(25米/秒)，中心最低气压为988百帕；13日11时在广东省河源市和平县境内减弱为热带低压，其后移入江西境内，强度持续减弱，中央气象台于14时对其停止编号。受台风“苗柏”影响，广东中东部沿海、福建东部沿海出现8～9级阵风，广东深圳至汕尾沿海局地达10～12级。12—13日，广东中东部、福建南部、江西南部部分地区出现100～200毫米降雨，广东深圳、惠州、汕尾及江西赣州局地超过250毫米，广东惠州沿海局地达427毫米；上述地区最大小时雨量50～70毫米，最大3小时雨量100～149毫米。据统计，“苗柏”造成广东、福建、江西等地20.4万人受灾，2.4万人紧急转移安置；房屋倒塌400间；农作物受灾面积2.2万公顷；直接经济损失6亿元。

广东 受“苗柏”环流影响，12日南海北部和广东省中东部海面出现了8～10级大风、阵风11～12级，流花石油平台录得最大阵风32.7米/秒(12级)；珠江口和粤东沿海市县也出现了7～8级大风、阵风10级；12日白天至13日早晨，惠州、深圳、汕尾出现了暴雨到大暴雨，惠东出现了特大暴雨，揭阳、梅州出现了暴雨局部大暴雨。“苗柏”是2017年影响广东的第一个台风，较多年平均初台日期(6月27日)偏早15天。

台风“苗柏”造成广东深圳、惠州、汕尾等地出现道路积水、交通受阻、断电、幼儿园和中小学校停课等情况；广东珠江口以东至粤东沿海出现20～60厘米的风暴增水，部分中小河流水位出现较大幅度上涨，惠州淡水河出现超警戒水位。“苗柏”共造成广东12万人受灾，1.2万人紧急转移安置；100间房屋倒塌；农作物受灾面积1.9万公顷；直接经济损失3亿元。

福建 受台风“苗柏”影响，12—13日，福建南部等地区出现100～200毫米降雨。据统计，“苗柏”共造成福建6.7万人受灾，1.2万人紧急转移安置，200间房屋倒塌，农作物受灾面积0.2万公顷，直接经济损失2.9亿元。

江西 1702号台风“苗柏”于6月13日12时前后进入江西境内，是2000年以来登陆并影响江西省最早的台风。6月10日晚至16日，江西省出现2017年首场连续性大到暴雨、局地大暴雨天气，期间又受台风“苗柏”入赣产生的叠加效应影响，导致累计雨量大、影响范围广、降雨强度强。全省平均降雨量75.6毫米，景德镇市平均雨量106.3毫米为最大；县(市、区)平均雨量九江市浔阳区168.5毫米最大；点雨量以九江县新合镇319毫米为最大。江西省所有县(市、区)累计雨量超过50毫米，79%的县(市、区)累计雨量超过100毫米，4县(市、区)9站超过250毫米。

据统计，台风“苗柏”共造成江西1.7万人受灾，100间房屋倒塌，农作物受灾面积0.1万公顷，直接经济损失0.1亿元。

2. 1704号“塔拉斯”(Talas)

1704号“塔拉斯”(Talas)于7月15日下午在中国南海中部海面上生成，17日凌晨2时10分前后在越南义安省沿海登陆，登陆时中心附近最大风力有10级(28米/秒)，中心最低气压为985百帕。登陆后，“塔拉斯”减弱为热带风暴级，17日08时在老挝境内减弱为热带低压，对我国影响趋于减小，中央气象台对其停止编号。

受“塔拉斯”影响，15—17日，海南东南部降水量达100～250毫米、局地达300毫米以上，云南中南部25～50毫米、局地50～100毫米。同时，海南北部、东部和南部沿海陆地普遍测得8～10级阵风，三亚天涯区测得最大阵风10级(26.4米/秒)。据统计，“塔拉斯”共造成海南、云南等地21.2万人受灾，近4万人紧急转移；农作物受灾面积0.2万公顷；直接经济损失0.5亿元。

海南 “塔拉斯”影响期间(7 月 14 日 20 时至 17 日 08 时),海南岛共有 52 个乡镇过程累计雨量超过 100 毫米,保亭、五指山、琼中和陵水共有 9 个乡镇过程累计雨量超过 200 毫米,另外,本岛大部沿海陆地普遍测得 8～10 级阵风,局部测得最大阵风 10 级(26.4 米/秒)。北部湾南部海面、本岛东部和南部海面普遍出现了 8～9 级、阵风 10 级的大风,“塔拉斯”经过的附近海面出现旋转风 9 级、阵风 10～11 级。据统计,共造成 21 万人受灾,4 万人紧急转移安置;农作物受灾面积 0.2 万公顷;直接经济损失 0.5 亿元。

云南 受台风外围云系影响,共造成 0.2 万人受灾。

3. 1709 号“纳沙”(Nesat)、1710 号“海棠”(Haitang)

1709 号台风“纳沙”7 月 26 日 11 时在菲律宾以东的西北太平洋洋面上生成,29 日 19 时 40 分在台湾省宜兰县东部沿海登陆,“纳沙”穿过台湾海峡后于 30 日 06 时前后在福建福清市沿海地区再次登陆,登陆时中心附近最大风力有 12 级(33 米/秒),中心最低气压为 975 百帕。30 日下午 6 时其中心位于福建省三明市境内,外围最大风力有 6 级(12 米/秒),中心最低气压为 990 百帕,30 日 20 时对其停止编号。

1710 号台风“海棠”于 7 月 28 日晚上在南海海面上生成,30 日 17 时 30 分在台湾屏东县沿海登陆,31 日 02 时 50 分同样在福建福清市沿海再次登陆,登陆时中心附近最大风力有 8 级(20 米/秒),中心最低气压为 990 百帕。8 月 1 日 05 时左右其中心位于江西省余干县境内,外围最大风力有 7 级(16 米/秒),中心最低气压为 995 百帕,强度逐渐减弱,中央气象台于 8 月 1 日 08 时对其停止编号。

受“纳沙”和“海棠”共同影响,28—31 日,南海北部海面出现了 6～8 级、阵风 9 级的大风,南海东北部海面的浮标站 28 日 18 时录得最大平均风 17.3 米/秒(8 级)、最大阵风 24.5 米/秒(10 级);粤东沿海海面也出现了 5～6 级、阵风 7～8 级大风,汕头南澳县云澳镇 30 日 16 时录得最大阵风 19.1 米/秒(8 级);福建沿海出现 8 级以上瞬时大风,30 日上午风力最大,强风区主要在中北部沿海。两台风不仅带来大风也带来暴雨及大暴雨。据统计,共造成 126.8 万人受灾,21.7 万人紧急转移安置;房屋倒塌 1200 间;农作物受灾面积 10.4 万公顷;直接经济损失 18 亿元。

福建 受“纳沙”和“海棠”共同影响,7 月 29 日 08 时至 8 月 2 日 08 时,福建省 82 个县(市、区)1317 个乡镇过程累计雨量超过 100 毫米,长乐下珍村最大,达 550.7 毫米;45 个县(市、区)气象站超过 100 毫米,以福清 391.5 毫米为最大。逐日降水量(08—08 时),福建省 46 个县市(区)出现暴雨到大暴雨,大暴雨站数达 22 个,柘荣出现 2 次大暴雨,日降水量以福清 274.3 毫米为最大。7 月 31 日,福清、长乐日降水量分别达 274.3 毫米和 201.1 毫米,均突破本站 1961 年以来 7 月极值。“纳沙”登陆后给福建省中北部沿海带来严重的风雨影响。中部沿海风力最大,阵风 13～16 级,沿海出现 5.1 米的巨浪,平潭出现最大浪高 7.1 米的狂浪,30 日凌晨福建省沿海出现 52～128 厘米的风暴增水;在“纳沙”减弱的同时,“海棠”紧随其后,登陆在同一地点,最大阵风 9～12 级,主体云团与“纳沙”残留云团合并,加之后部尾流云系维持少动,福建省普降暴雨到大暴雨,局部特大暴雨。强降水导致九龙江、尤溪、敖江、汀江支流及交溪出现超警戒水位的洪水,局地山洪暴发和城镇内涝。据统计,共造成 32.7 万人受灾,20.6 万人紧急转移安置;房屋倒塌 500 间;农作物受灾面积 2.3 万公顷;直接经济损失 6.6 亿元。

广东 受台风“海棠”外围环流北上的影响,潮州市潮安区、饶平县 8.4 万人受灾,农作物受灾面积 0.2 万公顷,直接经济损失 0.5 亿元。

江西 8 月 1—2 日,受第 9 号台风“纳沙”和第 10 号台风“海棠”影响,赣北部分地区出现大雨到暴雨,局部大暴雨。湖口、都昌等 8 个县(市)出现 8 级阵风。7 月 30 日 8 时至 8 月 3 日 8 时,江西省平均雨量 58.9 毫米,各区(市)平均雨量景德镇市 130.6 毫米最大,九江市 87.8 毫米次之,萍乡市

69.9毫米第三。点最大降雨为景德镇市浮梁县磻溪村站的356.5毫米。共106个县(市、区)3133站(55%)降雨量超过50毫米;74个县(市、区)930站(21%)降雨量超过100毫米;12个县(市、区)39站(6%)降雨量超过250毫米。

台风虽然缓解了持续的高温天气,但由于降雨落区集中,累计雨量大,降雨强度强,多地伴有短时强降水、雷电等强对流天气,导致局部地区出现严重灾情。据统计,共造成6.1万人受灾,100余人紧急转移安置;农作物受灾面积0.7万公顷;直接经济损失1.2亿元。

河南 受台风"海棠"外围环流北上的影响,开封、濮阳、商丘等4市6个县(区)11万人受灾,农作物受灾面积0.9万公顷,直接经济损失0.3亿元。

山东 受台风"海棠"外围环流北上的影响,济南、枣庄、潍坊等7市14个县(市、区)29.7万人受灾,3000人紧急转移安置;600余间房屋倒塌;农作物受灾面积3万公顷;直接经济损失5.3亿元。

河北 受台风"海棠"外围环流北上的影响,唐山、秦皇岛、邢台等7市29个县(市、区)38.9万人受灾,7000人紧急转移安置;100间房屋倒塌;农作物受灾面积3.3万公顷;直接经济损失4.1亿元。

4. 1713号"天鸽"(Hato)

1713号台风"天鸽"(Hato)于8月20日下午在台湾东南部洋面上生成,23日12时50分前后在广东珠海南部沿海登陆,登陆时中心附近最大风力14级(45米/秒),中心最低气压945百帕,"天鸽"在经过广东、广西后进入云南,并于24日20时在云南境内减弱停止编号。"天鸽"为2017年登陆我国的最强台风,与1991年第11号台风"弗雷德"(Fred)并列成为1949年以来8月登陆广东的最强台风。受"天鸽"影响,8月22—25日,广东东部沿海和西南部、广西南部、云南东南部、贵州西部等地出现强风暴雨,广东珠三角及沿海地区出现11～14级大风,珠海、澳门、香港、珠江口阵风16～17级,局地超过17级(珠海桂山岛最大风速66.9米/秒)。"天鸽"具有鼎盛期登陆、正面袭击珠江口、强风及风暴潮破坏力大的特点。初步统计,台风"天鸽"共造成广东、广西、云南、贵州、福建、湖南6省(区)247.8万人受灾,23人死亡,9人失踪,23.7万人紧急转移安置;房屋倒塌2000间;农作物受灾面积12.3万公顷;直接经济损失290.3亿元。另外,台风"天鸽"还造成澳门8人遇难。

广东 "天鸽"于8月20日下午在西太平洋生成,22日上午移入南海东北部海面后快速西移、急剧增强,正面袭击珠江三角洲,并严重影响粤西地区,"天鸽"具有如下四方面的特点:一是移动快速。"天鸽"22日进入南海后,移速在每小时25千米以上,部分时段超过每小时30千米;"天鸽"总体是偏西路径,移经东沙群岛后,偏北分量加大,直指台山、珠海。二是近海加强。22日上午以热带风暴强度进入南海后,珠江口外海面的6小时内(23日凌晨4时到10时)风力由12级急剧加强到15级,并以14级登陆珠海,历史少见。三是风强雨大。强台风"天鸽"给珠江口两侧沿海市县带来了10～14级大风,珠江口两侧的海岛还录得15～17级的阵风,珠海桂山岛录得广东省最大平均风14级(41.7米/秒)、最大阵风17级(66.9米/秒)。22日夜间到24日上午,粤西和珠江三角洲市县普遍出现暴雨到大暴雨,局部特大暴雨。四是浪大潮高。"天鸽"带来的风暴潮与天文大潮叠加,造成珠江口沿岸出现50～210厘米的风暴增水,23日14时,东莞泗盛围站潮位2.68米(超警戒潮位78厘米),广州南沙站潮位3.13米(超警戒潮位123厘米),中山横门站潮位3.03米(超警戒潮位103厘米),珠海赤湾站潮位2.49米(超警戒潮位94厘米),上述站点均超历史实测最高潮位,超100年一遇。潮水造成很多海堤严重受损,珠海、南沙、东莞等市均出现了海水倒灌,广州市区多条交通要道也因珠江水漫堤遭受严重水浸。据统计,共造成142.4万人受灾,13人死亡,21.3万紧急转移安置;房屋倒塌1000间;农作物受灾面积6.4万公顷;直接经济损失273.6亿元。

云南 24—25日,受13号台风"天鸽"登陆西行的影响,云南省东部和东南部地区出现大到暴雨、局部大暴雨,导致山体滑坡和山洪泥石流灾害的发生,致使民房、农业、交通、水利工程受损,给人民群众生命财产造成了严重威胁和损失。据统计，共造成 70.7 万人受灾，9 死亡，9 人失踪，1.2 万人紧急转移安置；房屋倒塌 1000 间；农作物受灾面积 3.9 万公顷；直接经济损失 13.8 亿元。

广西 台风“天鸽”23 日 20 时以 10 级（25 米/秒）强度从玉林市与梧州市交界处移入广西，24 日 14 时在德保县减弱为热带低压，16 时移出广西进入云南省境内，20 时中央气象台对其停止编号。台风“天鸽”是 2017 年影响广西的首个台风，是 1949 年以来影响广西最晚的初台，比多年初台影响平均日期（6 月 27 日）晚了 57 天。“天鸽”在广西境内维持时间长达 20 小时，受其影响，北部湾海面和桂南出现强风暴雨天气。

“天鸽”对广西的影响有利有弊。一方面，“天鸽”的到来使前期部分地区的高温天气得以缓解，部分地区气象干旱得到缓解；另一方面，“天鸽”带来的大风和强降雨给部分地区的农业、交通运输、电力、旅游等行业造成严重灾害或不利影响，并导致部分中小河流出现超警戒水位，局地发生洪涝或地质灾害。据统计，共造成 33.9 万人受灾，1 人死亡，1 万人紧急转移安置；农作物受灾面积 1.9 万公顷；直接经济损失 2.5 亿元。

贵州 受 13 号台风“天鸽”影响，8 月 23 日，贵阳至广州、珠海方向的 10 余趟动车、普铁列车停运。据统计，共造成 0.4 万人受灾，农作物受灾面积 0.1 万公顷，直接经济损失 0.1 亿元。

湖南 受 13 号台风“天鸽”影响，共造成 0.2 万人受灾，直接经济损失 0.3 亿元。

福建 受 13 号台风“天鸽”外围云系影响，21 日夜间起福建省沿海出现 8 级以上瞬时大风，22 日白天风力最大，强风区主要在福建中部沿海。据统计，共造成 0.2 万人受灾，0.2 万人紧急转移安置。

5. 1714 号“帕卡”(Pakhar)

1714 号台风“帕卡”于 8 月 24 日 20 时在西太平洋生成，27 日 08 时加强为台风级，27 日 9 时前后在广东珠海登陆，登陆时中心附近最大风力 11 级（30 米/秒），中心最低气压 980 百帕。27 日 15 时前后以热带风暴级（8 级，20 米/秒）的强度从岑溪进入广西，27 日 20 时在贵港市减弱为热带低压，27 日 23 时中央气象台对其停止编号。

8 月 26—28 日，受台风“帕卡”影响，江西南部、广东大部、广西中部和东南部、海南东部和南部等地累计降水量普遍在 25 毫米以上，江西南部部分地区、广东中部等地有 50～100 毫米，局地超过 100 毫米。据统计，台风“帕卡”造成 14.5 万人受灾，12 人死亡，3.8 万人紧急转移安置；农作物受灾面积 1.5 万公顷；直接经济损失 7.6 亿元。

广东 台风“帕卡”于 27 日 9 时前后在珠海沿海地区登陆，登陆时中心附近最大风力 11 级（30 米/秒）。登陆后向西北方向移动，穿过江门、阳江、云浮市，最后移出广东省。受“帕卡”影响，26 日夜间至 29 日早晨，珠江三角洲市县、粤东部分市县和云浮、清远出现了暴雨到大暴雨，其余市县出现了中到大雨，局部暴雨。据统计，26 日 20 时至 29 日 08 时，广东省平均雨量 72.1 毫米，惠州惠阳淡水镇录得广东省最大累计雨量 386.9 毫米。粤东市县和珠江三角洲沿海市县出现了 8～12 级大风，深圳大鹏三门岛（观测高度 315 米）最大平均风 36.6 米/秒（12 级）和最大阵风 43.9 米/秒（14 级）；广东中东部海面和南海北部海面出现了 10～12 级大风。据统计，“帕卡”共造成 7.8 万人受灾，3.6 万人紧急转移安置；农作物受灾面积 1.2 万公顷；直接经济损失 6.8 亿元。

云南 8 月 28—29 日，受 14 号台风“帕卡”登陆减弱后的低压环流影响，云南省中部和南部地区出现中到大雨、局部暴雨过程。据统计，共造成 3.8 万人受灾，9 人死亡；农作物受灾面积 0.2 万公顷；直接经济损失 0.5 亿元。

广西 14 号台风“帕卡”27 日 15 时前后以热带风暴级（8 级，20 米/秒）的强度从岑溪进入广西，27 日 20 时在贵港市减弱为热带低压，27 日 23 时中央气象台对其停止编号。受台风“帕卡”影响，梧州、来宾、玉林、贵港、南宁、钦州、百色、崇左等市出现大到暴雨和局地大风天气，“帕卡”带来的大风和强降雨给桂南部分地区的农业、交通运输、旅游等行业造成不利影响，局地发生洪涝和地质灾害。据统计，共造成2.7万人受灾，3人死亡；农作物受灾面积0.1万公顷；直接经济损失0.3亿元。

贵州 8月28—29日，由于受到"帕卡"台风的影响，贵州有0.2万人受灾。

6. 1716号"玛娃"(Mawar)

1716号台风"玛娃"于9月1日02时在南海东北部海面生成，之后向西北方向缓慢移动，强度逐渐加强，2日15时加强为强热带风暴级，3日21时30分在汕尾市陆丰甲西镇沿海地区登陆，登陆时中心附近最大风力8级(20米/秒)，中心最低气压995百帕。登陆后"玛娃"继续向西北方向移动，于4日02时减弱为热带低压，4日10时在惠州市境内减弱为低气压，中央气象台对其停止编号。

受其影响，9月4日，广东中东部、福建东南部、江西南部、湖南南部等地部分地区有大到暴雨，广东中部局地有大暴雨(100～200毫米)。据统计，共造成3.6万人受灾，2.6万人紧急转移安置；农作物受灾面积近0.1万公顷；直接经济损失0.1亿元。

广东 受"玛娃"环流影响，9月2—3日，广东东部海面和沿海市县出现了7～10级大风，汕头南澳南澎岛最大平均风24.7米/秒(10级)、最大阵风30.2米/秒(11级)；3日至5日早晨，珠江三角洲市县出现了暴雨到大暴雨，粤东市县出现了大雨到暴雨，局部大暴雨。据统计，3日08时至5日08时，广东省平均雨量39.9毫米，有1个气象站累计雨量超过250毫米，有221个气象站累计雨量在100～250毫米之间。

受台风"玛娃"影响，9月3日潮汕机场约三分之二的航班取消，广铁集团杭深线动车组等列车停运，厦深线除坪山城际列车外全部停运，汕尾所有景点均有专人把守，禁止游客进入。9月4日，深圳、东莞、中山、珠海以及广州多区发布暴雨红色预警，中小学、幼儿园等全天停课，此外，汕尾陆丰、汕头、潮州也发布停课半天到一天的通知；揭阳潮汕机场取消74个航班；深圳、珠海、东莞等地出现水浸街，多路段交通中断，还造成珠三角多条江河出现水位上涨，惠州市淡水河淡水站出现18.34米的洪峰水位(警戒水位18.6米)。据统计，共造成3.2万人受灾，2.2万人紧急转移安置；农作物受灾面积0.1万公顷；直接经济损失0.1亿元。

福建 受"玛娃"影响，9月3日08时至9月4日08时，福建省共有15个县市(区)35个乡镇降水量超过50毫米，以龙海程溪镇的91.7毫米最大；漳州、南靖2个气象站降水量超过50毫米。

受"玛娃"外围影响，1日起福建沿海出现8级以上瞬时大风。9月1日08时至9月4日08时，中南部沿海平均风力7～8级，北部沿海平均风力6～7级；中南部沿海阵风8～9级，局部阵风10级，北部沿海阵风有7～8级，最大阵风出现在东山陈城镇澳角村(27.6米/秒)。

台风"玛娃"共造成0.4万人受灾，紧急转移安置0.4万人。受益于"玛娃"降水，南部气象轻旱解除。

7. 1719号"杜苏芮"(Doksuri)

1719号台风"杜苏芮"于11日11时在菲律宾以东洋面生成，15日12时30分前后在越南北部沿海登陆，登陆时中心附近最大风力14级(45米/秒)，中心最低气压950百帕，16日上午由热带风暴减弱为热带低压，中央气象台于下午5时对其停止编号。

受台风"杜苏芮"影响，9月13日08时至15日20时，海南共有122个乡镇雨量超过50毫米，70个乡镇雨量超过100毫米，保亭、琼海、三亚、五指山和屯昌共有5个乡镇雨量超过200毫米，最大为保亭县毛感乡的405.0毫米。另外，海南岛共有95个乡镇出现8级以上阵风，36个乡镇出现9级以上阵风，17个乡镇出现10级以上阵风，最大为三亚市天涯区的13级(38.0米/秒)；三沙市珊瑚岛和深航岛分别出现13级(38.6米/秒)和12级(35.6米/秒)阵风。据统计，"杜苏芮"造成18.3万人受灾，4.4万人紧急转移安置；农作物受灾面积0.4万公顷；直接经济损失1亿元。

8. 1720 号"卡努"(Khanun)

1720 号台风"卡努"于 10 月 12 日下午在菲律宾以东洋面生成，16 日 03 时 40 分前后在广东省徐闻县沿海登陆，登陆时中心附近最大风力 10 级(25 米/秒)，中心最低气压 990 百帕；16 日 07 时前后移入琼州海峡，并减弱为热带风暴，下午减弱为热带低压后强度继续减弱，17 时中央气象台对其停止编号。

受台风"卡努"和冷空气共同影响，10 月 14—17 日，浙江东部、广东东部沿海和雷州半岛、海南北部等地降水量有 50～100 毫米，海南有 34 个乡镇超过 100 毫米，最大为海口市区的 209.7 毫米；浙江东北部沿海局地达 300～500 毫米，象山局地点雨量达 516 毫米；浙江、福建、广东、海南岛北部等沿海地区出现 8～9 级大风，局地 10～12 级，广东番禺石油平台最大阵风 14 级(43 米/秒)。据统计，"卡努"造成 133.3 万人受灾，46.5 万人紧急转移安置；300 余间房屋倒塌；农作物受灾面积 12.3 万公顷；直接经济损失 22.7 亿元。

广东 受"卡努"和冷空气共同影响，14 日白天到 16 日早晨，南海中北部海面出现了 11～14 级的大风，广东省沿海市县和海面出现了 8～10 级、阵风 11～13 级的大风。此次大风影响范围广、持续时间长，同时伴有气温明显下降，广东省大部站点过程平均气温降幅达 4～8℃。

14 日 20 时至 17 日 20 时，广东省南部市县出现大雨到暴雨，珠江口以东市县和雷州半岛出现暴雨到大暴雨，惠东还出现局地特大暴雨。广东省共有 183 个区域气象自动站录得 100 毫米以上累计雨量，有 398 个气象站录得 50～100 毫米雨量，有 630 个气象站录得 25～50 毫米雨量，惠东白盆珠镇录得广东省最大累计雨量(300.5 毫米)。

受"卡努"影响，珠江口、粤西近岸海域出现巨浪到狂浪，粤东近海海域出现大浪到巨浪，珠江口以西至雷州半岛东岸一带沿海出现 83～192 厘米的风暴增水。据统计，共造成 72.5 万人受灾，24.4 万人紧急转移安置；300 余间房屋倒塌；农作物受灾面积 10 万公顷；直接经济损失 10.5 亿元。

浙江 受台风"卡努"外围云系和冷空气共同影响，10 月 14—16 日，浙江省东部出现明显降水，舟山、宁波、湖州、绍兴北部等地出现大雨到暴雨，局部大暴雨，降雨量较大的市有舟山 182 毫米、宁波 128 毫米、台州 62 毫米、绍兴 55 毫米；有 167 个乡镇累计雨量超过 100 毫米，有 42 个超过 200 毫米，单站最大为象山石浦镇檀头山的 485 毫米；另外，沿海海面出现 8～11 级大风，最大为嵊泗菜园渔港的 32.2 米/秒。暴雨引发严重洪涝灾害，对设施农业、水产养殖等造成较重影响，局部山体滑坡、泥石流造成农田被毁、作物绝收。据统计，共造成 23.9 万人受灾，0.6 万人紧急转移安置；农作物受灾面积 1.9 万公顷；直接经济损失 11.5 亿元。

海南 受"卡努"和弱冷空气共同影响，14 日 20 时至 16 日 14 时，海南出现明显风雨天气，海南岛共有 99 个乡镇雨量超过 50 毫米，海口、临高、文昌、澄迈、定安、昌江和儋州等市县共有 36 个乡镇雨量超过 100 毫米，最大为海口市区的 209.7 毫米。另外，本岛北部、东部和西部沿海陆地普遍出现 8～10 级阵风，最大阵风为澄迈县老城镇的 10 级(25.4 米/秒)，本岛东北部近海最大阵风 11 级(七洲列岛 30.9 米/秒)。据统计，共造成 36.1 万人受灾，21.5 万人紧急转移安置；农作物受灾面积 0.4 万公顷；直接经济损失 0.7 亿元。

广西 受"卡努"和冷空气共同影响，15 日 08 时至 16 日 20 时，广西有 3 个县(市)的 3 个站；降水量为 100～250 毫米；有 19 个县(市)的 99 个站降水量为 50～100 毫米；降水量为 25～50 毫米的共计有 52 个县(市)的 654 个站。最大雨量出现在钦州市钦北区贵台镇八寨沟景区(114.9 毫米)。此外，北部湾海面、沿海地区及桂东、桂南部分地区出现风力 7～9 级，阵风 10～12 级的大风，防城港市防城区南山(高山站)最大，为 33.2 米/秒(12 级)。

台风"卡努"带来的风雨影响对广西晚稻生产利弊共存。一方面，桂西、桂南地区出现的明显降水天气，对增加土壤墒情、保障当地晚稻后期生育生产用水较为有利；另一方面，沿海地区及桂东、桂南部分地区出现的大风天气，致使局地晚稻出现倒伏，影响后期正常生育。据统计，台风"卡努"造成广西 0.8 万人受灾。

2.4 冰雹与龙卷

2.4.1 基本概况

全国共有 31 个省(区、市)、1978 个县(市)次出现冰雹或龙卷，降雹次数比 2001—2016 年平均值(1601 个县次)偏多。受冰雹、龙卷等强对流天气影响，全国累计 1474.4 万人次受灾，216 人死亡，8 人失踪；4000 间房屋倒塌，7.9 万间房屋不同程度损坏；农作物受灾面积 277 万公顷，绝收面积 34.6 万公顷；直接经济损失 147.5 亿元。与 2001—2016 年平均值相比，2017 年全国因强对流天气造成的受灾面积和经济损失均明显偏少，死亡人口也偏少。

2.4.2 冰雹

1. 主要特点

(1)降雹次数偏多

2017 年，全国 31 个省(市、区)遭受冰雹袭击。据统计，共有 1964 个县(市)次出现冰雹，降雹次数比 2001—2016 年平均值(1601 个县次)偏多。

(2)初雹、终雹时间均偏早

2017 年，全国最早一次冰雹天气出现在 1 月 4 日(云南省德宏傣族景颇族自治州瑞丽市)，初雹时间较常年(平均出现在 2 月上旬)偏早；最晚一次冰雹天气出现在 11 月 23 日(云南省德宏傣族景颇族自治州瑞丽市)，终雹时间较常年(平均出现在 11 月中旬)略偏晚。

(3)降雹主要集中在夏季和春季

从降雹的季节分布来看，2017 年夏季出现冰雹最多，共有 1377 个县(市)次，占全年降雹总次数的 70.1%；春季降雹次多，共有 492 个县(市)次，占全年的 25.1%；秋季共有 89 个县(市)次降雹，占全年的 4.5 %；冬季只有 6 个县(市)次降雹，仅占全年的 0.3%。

从各月降雹情况看，2017 年 7 月降雹最多，共有 525 个县(市)次，占全年的 26.7%；6 月次多，有 498 个县(市)次降雹，占全年的 25.4%；8 月、5 月、4 月分居第三、第四、第五位，分别有 354 个县(市)次、338 个县(市)次、102 个县(市)次降雹，各占全年的 18.0 %、17.2%、5.2%。

(4)华北、西北、西南地区东部及东北北部等地降雹较多

2017 年，我国降雹较多的是华北、西北、西南地区东部等地。从各省分布来看，云南最多，降雹 204 县(市)次；河北次多，降雹 188 县(市)次；甘肃居第三位，降雹 160 县(市)次；新疆(136 县次)、内蒙古(123 县次)、陕西(120 县次)、山西(119 县次)、河南(98 县次)、贵州(93 县次)、四川(91 县次)等省(区)降雹均超过 80 县次(见图 2.4.1)，局部受灾较重。

2. 部分风雹灾害事例

(1)1 月 4 日，云南省德宏傣族景颇族自治州瑞丽市畹町镇出现了阵雨并伴有短时冰雹天气。受灾人口 85 人，农作物受灾面积 90 公顷，农业直接经济损失 27 万元。

(2)3 月 1 日，江苏省常州、南通、连云港、盐城、淮安、无锡等 8 市 21 个县(市、区)遭受风雹灾害，盐城市阜宁县三灶镇极大风速达 30.7 米/秒。共计 3.5 万人受灾，7 人死亡(阜宁 3 人、射阳 2 人、靖江 1 人、沭阳 1 人)，500 余人紧急转移安置；700 多间房屋倒塌，1.3 万间房屋不同程度损坏；农作物受灾面积 2600 公顷，绝收面积 200 余公顷；直接经济损失 1.9 亿元。

(3)3 月 27 日，云南省普洱、西双版纳 2 市(自治州)5 个县(市)出现瞬时大风、冰雹、短时强降水

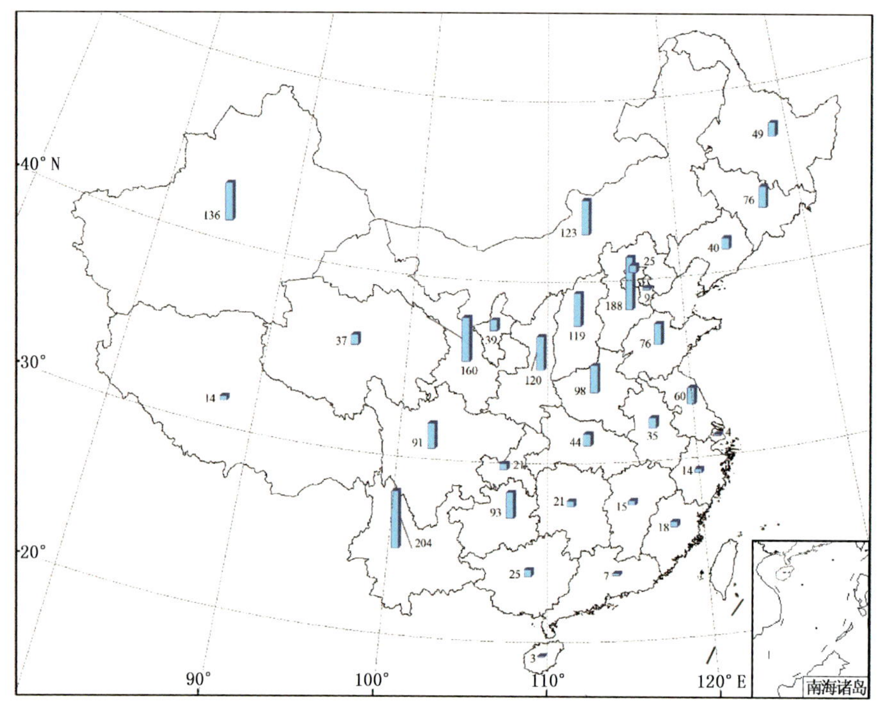

图 2.4.1　2017 年全国降雹县(市)次分布

Fig. 2.4.1　Distribution of hail events over China in 2017

等强对流天气。2 万人受灾，玉米、西瓜、芒果等受灾面积 800 余公顷，100 余间房屋不同程度损坏，直接经济损失 1100 余万元。

(4)4 月 2 日，云南省保山市隆阳区、昌宁县、腾冲市出现强降雨、冰雹等强对流天气。4.2 万人受灾；1300 余间房屋不同程度损坏；农作物受灾面积 5500 公顷，绝收面积近 100 公顷；直接经济损失 2100 余万元。

(5)4 月 5—6 日，贵州省贵阳、毕节、黔南、安顺等市(自治州)8 个县(市、区)遭受风雹灾害。贵阳市花溪区、黔南布依族苗族自治州龙里县、安顺市普定县最大冰雹直径 20 毫米；贵阳市部分老城区地面积雹厚 15～20 厘米；贵阳市清镇市最大降水量 99.6 毫米，最大风速 27 米/秒。共计 9.6 万人受灾，1 人死亡；900 余间房屋不同程度损坏；农作物受灾面积 5400 公顷，绝收面积 1100 公顷；直接经济损失 9700 余万元。

(6)4 月 13—14 日，山东省淄博、潍坊、济宁、菏泽等 6 市 9 个县(市、区)遭受冰雹、雷暴、大风等强对流天气袭击。共计 6.7 万人受灾，大蒜、小麦、油菜等受灾面积 4000 公顷，直接经济损失近 1700 万元。

(7)4 月 14—16 日，新疆兵团二师、三师、四师 3 师 15 个团(场)遭受风雹灾害。局地冰雹持续 40 分钟，冰雹直径 2～3 毫米，瞬间最大风速达 21.1 米/秒。共计 1.3 万人受灾；农作物受灾面积 6800 公顷，绝收面积 600 公顷；直接经济损失 2800 余万元。

(8)4 月 15 日，湖北省十堰、恩施 2 市(自治州)5 个县(区)出现强降水、冰雹和雷电大风等强对流天气。恩施土家族苗族自治州建始县 1 小时最大降雨量 53.8 毫米，巴东县瞬时最大风速 23.1 米/秒。共计 24.7 万人受灾；药材、油菜、蔬菜、洋芋、玉米等受灾面积 1.63 万公顷；倒塌房屋 55 间，损坏房屋 503 间；直接经济损失 4970 万元。

(9)4 月 15 日，四川省雅安市汉源县和乐山市市中区、沙湾区出现大风、冰雹等强对流天气。共计 8000 多人受灾，苹果、花椒等农作物受灾面积约 1100 公顷，20 余处房屋屋顶受损，直接经济损失 3624 万元。

(10)4 月 19 日，湖南省长沙、株洲、邵阳、娄底 4 市 5 个县遭受短时强雷电和冰雹大风等强对流天气袭击，株洲市攸县降冰雹时伴有 10 级以上大风。共计 8300 人受灾，2 人死亡(雷击)；近 400 间房屋不同程度损坏；农作物受灾面积 1200 公顷，绝收面积 200 余公顷；直接经济损失近 2300 万元。

(11)5 月 1 日，贵州省六盘水、安顺 2 市 3 个县(区)遭受风雹灾害。六盘水市六枝特区冰雹如黄豆大小，持续时间 3 分钟。共计 4.7 万人受灾；500 余间房屋不同程度损坏；洋芋、油菜、蔬菜、玉米、水稻等农作物受灾面积 1500 公顷，绝收面积近 400 公顷；直接经济损失 2500 余万元。

(12)5 月 3—4 日，甘肃省张掖、酒泉、庆阳、定西等 5 市(自治州)12 个县(市、区)和嘉峪关市出现雷暴、扬沙、降雪、霜冻、风雹天气。酒泉市肃州区瞬间最大风力达 11 级(29.5 米/秒)，突破历史极值(1972 年 5 月 16 日 29.0 米/秒)；敦煌市最大冰雹直径 7 毫米，突破历史最早降雹纪录(2004 年 5 月 14 日)。庆阳市环县风雹持续约 40 分钟，最大冰雹直径 10 毫米。共计 8.5 万人受灾，1 人雷击死亡；棉花、蜜瓜、玉米等受灾面积 8000 公顷；直接经济损失 8600 余万元。

(13)5 月 4—6 日，贵州省六盘水、安顺、黔西南等 4 市(自治州)12 个县(区)遭受风雹灾害。六盘水市盘县、水城县最大冰雹直径 10～30 毫米；黔西南布依族苗族自治州晴隆县 4 小时最大降雨量达 96.4 毫米，最大冰雹直径 10 毫米。共计 9.1 万人受灾；2500 余间房屋不同程度损坏；小麦、马铃薯、水稻秧苗、烤烟、玉米等受灾面积 6300 公顷，绝收面积 1400 公顷；直接经济损失 5300 余万元。

(14)5 月 5—7 日，吉林省长春、吉林、四平、通化、延边、辽源等 7 市(自治州)23 个县(市、区)出现大风、沙尘和雷电、冰雹等强对流天气。通化市东昌区、二道江区和医药高新区极大风力达到 11 级(30.5 米/秒)。共计 3 万人受灾，2 人雷击身亡；1.3 万间房屋不同程度受损；农作物受灾面积 200 余公顷；直接经济损失 4700 万元。

(15)5 月 10—12 日，贵州省遵义、毕节、黔西南、铜仁等 5 市(自治州)9 个县(区)遭受风雹灾害。黔西南布依族苗族自治州贞丰县最大冰雹直径 20 毫米，最大风力 8 级以上。共计 6.1 万人受灾；1000 余间房屋不同程度损坏；农作物受灾面积 4500 公顷，绝收面积 400 余公顷；直接经济损失 5600 余万元。

(16)5 月 11—12 日，湖南省株洲、湘潭、益阳等 5 市 7 个县(市、区)遭受雷暴大风、强降雨和冰雹袭击。共计 3.4 万人受灾，1 人雷击死亡；近 100 间房屋倒塌，500 余间不同程度损坏；农作物受灾面积 3000 公顷，绝收面积近 600 公顷；直接经济损失 3600 余万元。

(17)5 月 11 日，江西省南昌、新余、吉安等 4 市 7 个县(区)遭受雷雨大风、冰雹、龙卷等强对流天气袭击。新余市渝水区最大风速 24.9 米/秒(10 级)，最大冰雹直径 23 毫米；分宜县 1 小时最大降雨量 57.9 毫米。共计 4.1 万人受灾，1 人雷击死亡；200 余间房屋倒塌，4300 余间不同程度损坏；水稻、蔬菜、柚子等受灾面积 3300 公顷，绝收面积 100 余公顷；直接经济损失 4100 余万元。

(18)5 月 13—15 日，陕西省铜川、宝鸡、咸阳、渭南、延安等 6 市 10 个县(区)遭受风雹灾害。延安市黄陵县冰雹直径 2～3 毫米，持续时间 3～10 分钟不等；咸阳市长武县冰雹持续约 12 分钟，测站最大冰雹直径 3 毫米；宝鸡市最大冰雹直径达 20 毫米。共计 7.6 万人受灾；小麦、胡麻、玉米等受灾面积 1.01 万公顷，绝收面积近 200 公顷；直接经济损失 9800 余万元。

(19)5 月 13—14 日，甘肃省兰州、白银、天水、定西、平凉、临夏等 7 市(自治州)9 个县(区)遭受风雹灾害。兰州市永登县风雹持续时间 15 分钟，最大冰雹直径 10 毫米；平凉市华亭县冰雹直径 3 毫米左右；临夏回族自治州积石山县冰雹直径约 5 毫米。共计 1.7 万人受灾，1 人雷击死亡；油菜、玉米等受灾面积 1400 公顷；直接经济损失 1700 余万元。

(20)5 月 15 日，山西省运城、临汾 2 市 9 个县(市)出现雷暴、大风、短时强降水、冰雹等强对流天气。运城市盐湖区冰雹如桃核大小，平陆县冰雹如玉米粒大小，风雹持续半小时左右。共计 5.7 万人受灾；苹果、葡萄、小麦、玉米等受灾面积 6900 公顷，绝收面积 700 余公顷；直接经济损失 9600 余万元。

(21)5 月 17—18 日，四川省阿坝藏族羌族自治州马尔康市、茂县、金川县等 6 个县(市)遭受短时强降雨、大风、冰雹袭击，最大冰雹直径 20 毫米。共计约 9400 人受灾；冬小麦、玉米、胡麻等受灾面积 500 余公顷，绝收面积近 100 公顷；直接经济损失 1000 余万元。

(22)5 月 18 日，甘肃省天水、平凉、陇南 3 市 8 个县(区)遭受风雹灾害。天水市秦州区降雹持续时间约 10 分钟；清水县最大冰雹直径 20 毫米；累计降雨量 57.1 毫米。陇南市礼县风雹持续时间约 20 分钟，最大冰雹直径 20 毫米。共计 14.8 万人受灾；苹果、油菜、玉米等受灾面积 1.44 万公顷，绝收面积 1100 公顷；直接经济损失近 8700 万元。

(23)5 月 21—22 日，陕西省宝鸡、渭南 2 市 6 个县(区)遭受风雹、洪涝灾害。共计 2.4 万人受灾，农作物受灾面积 2000 公顷，直接经济损失约 1000 万元。

(24)5 月 21—23 日，湖北省荆州、襄阳、咸宁、恩施等市(自治州)10 个县(市、区)遭受暴雨、雷电、冰雹、大风等灾害。共计 4.53 万人受灾；农作物受灾面积 5620 公顷；倒塌农房 30 间，损坏农房 316 间；直接经济损失 4697 万元。

(25)5 月 22—23 日，河北省石家庄、邯郸、邢台、衡水等 6 市 30 个县(市、区)遭遇强降雨和短时大风等强对流天气。邢台市沙河市 24 小时最大降水量 109.7 毫米，邯郸市永年县极大风速 19.1 米/秒。共计 40.8 万人受灾，农作物受灾面积 1.9 万公顷，直接经济损失 1 亿元。

(26)5 月 22—24 日，山东省济南、东营、济宁、泰安、聊城、滨州等 6 市 15 个县(市、区)遭受短时强降雨和冰雹、大风袭击。共计 68.2 万人受灾；农作物受灾面积 9.46 万公顷，绝收面积 900 余公顷；直接经济损失 3.6 亿元。

(27)5 月 22—24 日，河南省郑州、开封、洛阳、平顶山、周口、安阳、新乡、驻马店、焦作、许昌、鹤壁、济源等 13 市 46 个县(市、区)遭受暴雨、冰雹及大风袭击。新乡市原阳县瞬时极大风速 23.2 米/秒；郑州市荥阳市 10 小时最大降雨量 114.4 毫米；济源市 1 小时最大降雨量 52.2 毫米。共计 157.5 万人受灾，农作物受灾面积 12.67 万公顷，直接经济损失 12.9 亿元。

(28)5 月 22—24 日，贵州省六盘水、遵义、毕节等 6 市(自治州)15 个县(区)遭受风雹灾害。共计 5.7 万人受灾；600 余间房屋不同程度损坏；农作物受灾面积 2600 公顷，绝收面积 200 公顷；直接经济损失 2800 余万元。

(29)5 月 29 日，山西省忻州、长治、朔州、晋中等 5 市 11 个县(市、区)遭受风雹灾害。朔州市山阴县冰雹直径 6 毫米左右；忻州市河曲县 2 小时最大降雨量 28.3 毫米。共计 6.6 万人受灾，农作物受灾面积 6300 公顷，直接经济损失 5600 余万元。

(30)5 月 31 日，吉林省通化、白山、延边 3 市(自治州)5 个县(市、区)遭受风雹灾害。白山市临江市最大冰雹直径达 50 毫米；浑江区最大冰雹直径 22 毫米。延边朝鲜族自治州安图县最大冰雹直径 15 毫米，极大风速 18.6 米/秒。共计 2.5 万人受灾；玉米、大豆等受灾面积 5700 公顷，绝收面积 1000 公顷；直接经济损失 3000 余万元。

(31)6 月 1—2 日，黑龙江省哈尔滨、鸡西、牡丹江、绥化 4 市 6 个县(市、区)遭受风雹袭击，绥化市肇东市冰雹持续时间约 15 分钟。共计 4500 余人受灾；蔬菜、果树等受灾面积 3200 公顷，绝收面积 1600 公顷；直接经济损失 1500 余万元。

(32)6 月 2 日，河北省邯郸、邢台、衡水 3 市 12 个县(市、区)遭受风雹灾害。其中，邢台市巨鹿县极大风速达 11 级。此次风雹天气造成小麦大面积倒伏，棉花被砸。共计 21 万人受灾；农作物受灾面积 1.72 万公顷，绝收面积 200 余公顷；直接经济损失 3800 余万元。

(33)6月2—3日，山东省济宁、泰安、德州、聊城4市16个县(市、区)出现雷雨大风、冰雹和短时强降水天气。聊城市茌平县瞬时极大风速达32.6米/秒(11级)，冰雹如杏核、玉米粒大小，4小时最大降雨量40.6毫米。共计179.4万人受灾；100余间房屋不同程度损坏；农作物受灾面积18.91万公顷，绝收面积1500公顷；直接经济损失6.6亿元。

(34)6月4—5日，甘肃省兰州、白银、天水、定西、陇南、平凉等7市(自治州)18个县(区)遭受风雹灾害。定西市通渭县、安定区风雹持续时间15～20分钟；天水市武山县、甘谷县、秦安县冰雹直径8～15毫米；平凉市静宁县、崇信县风雹持续时间约20分钟；陇南市宕昌县最大冰雹直径10毫米以上。共计9.3万人受灾，小麦、玉米、豆类、胡麻、马铃薯等受灾面积1.1万公顷，直接经济损失2700余万元。

(35)6月6—8日，陕西省西安、渭南、铜川、宝鸡、咸阳等6市11个县(区)遭受短时强降雨、雷电、大风、冰雹等强对流天气，渭南市富平县最大风力9级。共计17.2万人受灾；100余间房屋不同程度损坏；小麦、苹果、酥梨等受灾面积1.46万公顷，绝收面积100余公顷；直接经济损失1.3亿元。

(36)6月6—7日，宁夏回族自治区银川、石嘴山、中卫、固原等市11个县(区)遭受风雹灾害。银川市永宁县、贺兰县最大冰雹直径15毫米。中卫市沙坡头区冰雹持续约20分钟；海原县最大冰雹直径15毫米。固原市原州区风雹持续30分钟；西吉县地面积雹厚度5～10厘米；隆德县最大冰雹直径20毫米。小麦、玉米、果树等共计受灾面积2.46万公顷，直接经济损失1.08亿元。

(37)6月7—8日，甘肃省兰州、白银、天水、平凉、定西、陇南、庆阳等9市(自治州)23个县(区)遭受短时风雹袭击。天水市张家川县、清水县冰雹持续7～15分钟；白银市会宁县、靖远县、白银区冰雹最大直径5～12毫米；平凉市灵台县、庄浪县、静宁县、泾川县、华亭县风雹持续时间20～30分钟，最大冰雹直径15毫米左右；庆阳市镇原县风雹持续时间40分钟。共计31.9万人受灾，1人死亡；300余间房屋不同程度损坏；小麦、玉米、果树等受灾面积3.77万公顷，绝收面积2800公顷；直接经济损失3亿元。

(38)6月7日，新疆兵团一师、三师、四师3师14个团(场)遭受风雹灾害。一师五团冰雹持续时间5分钟，冰雹直径约4毫米。共计3万人受灾；棉花、核桃、苹果、红枣等受灾面积1.48万公顷，绝收面积200余公顷；直接经济损失1.3亿元。

(39)6月7—9日，新疆吐鲁番、阿克苏、塔城、博尔塔拉、克孜勒苏等6市(地区、自治州)13个县(市、区)出现大风、雷电、强降雨和冰雹等灾害性天气。阿克苏地区阿瓦提县降雹18分钟；温宿县最大冰雹直径达40毫米。共计6.1万人受灾；农作物受灾面积3.55万公顷，绝收面积1700公顷；直接经济损失2.8亿元。

(40)6月9日，四川省阿坝藏族羌族自治州金川县和凉山彝族自治州昭觉县、冕宁县遭受暴雨、风雹灾害，冕宁县24小时最大降水量128.8毫米。共计1.2万人受灾，玉米、荞麦、马铃薯等受灾面积2400多公顷，直接经济损失1900余万元。

(41)6月11日，云南省曲靖市马龙县、陆良县和红河哈尼族彝族自治州开远市、昆明市寻甸回族彝族自治县遭受大风、冰雹、雷电和短时强降水袭击。陆良县冰雹持续12分钟左右，最大冰雹直径9毫米。共计1.4万人受灾，1人雷击死亡；100余间房屋不同程度损坏；烤烟、玉米、水稻等受灾面积700多公顷；直接经济损失1500余万元。

(42)6月12—13日，山西省长治、忻州、临汾3市9个县(市)遭受风雹灾害。长治市沁县连续两天出现短时强降水和大风、冰雹等强对流天气，风雹持续时间30～40分钟，最大冰雹直径30毫米。共计2.6万人受灾；近100间房屋不同程度损坏；玉米、谷子、小麦等受灾面积1800公顷，绝收面积300余公顷；直接经济损失近1900万元。

(43)6月12日，山东省东营、德州、聊城3市6个县(市、区)遭受风雹灾害。德州市夏津县极大风速27.3米/秒，武城县3小时最大降水量62.6毫米。共计4.4万人受灾，1人死亡；棉花、小麦等受灾面积5700公顷，绝收面积400余公顷；直接经济损失6100余万元。

(44)6月14—15日，云南省昆明、曲靖2市7个县(市、区)遭受暴雨、风雹袭击。昆明市嵩明县最大冰雹直径8毫米；曲靖市沾益县4小时最大降雨量达169.3毫米。共计6.5万人受灾；玉米、马铃薯、烤烟等受灾面积3800公顷，绝收面积200余公顷；直接经济损失7600余万元。

(45)6月17—18日，内蒙古赤峰、鄂尔多斯、呼伦贝尔、锡林郭勒、呼和浩特5市(盟)12个县(区、旗)遭受风雹灾害。呼伦贝尔市阿荣旗降雹20分钟，最大冰雹直径20毫米，地面积雹厚1厘米左右；鄂尔多斯市鄂托克旗最大冰雹直径15毫米。共计10.6万人受灾；蔬菜、土豆、玉米、小麦等受灾面积4.41万公顷，绝收面积2200公顷；直接经济损失1.2亿元。

(46)6月17—19日，河北省石家庄、唐山、秦皇岛、保定、张家口、承德6市21个县(市、区)遭受风雹灾害。张家口市沽源县、承德市丰宁满族自治县、唐山市遵化市降雹持续15～20分钟，最大冰雹直径30毫米左右；秦皇岛市卢龙县日最大降雨量62.8毫米，最大冰雹直径13毫米。共计15万人受灾，1人死亡；玉米、蔬菜、果树等受灾面积2.58万公顷，绝收面积3100公顷；直接经济损失1.4亿元。

(47)6月17—19日，山西省大同、阳泉、忻州、吕梁4市5个县出现短时强降水、雷暴、大风、冰雹等强对流性天气。阳泉市盂县出现两次风雹天气，骤雨夹杂冰雹均持续10多分钟；忻州市静乐县降雹持续20分钟左右；吕梁市文水县测站冰雹直径5毫米。共计4.1万人受灾；玉米、谷子、胡麻等受灾面积3000公顷，绝收面积近200公顷；直接经济损失近1000万元。

(48)6月17—19日，新疆兵团四师、八师、九师3师7个团遭受风雹灾害，降雹持续时间3～10分钟不等，最大风力7级左右。共计4600余人受灾，棉花、玉米、小麦等受灾面积9700公顷，直接经济损失2300余万元。

(49)6月18—20日，吉林省长春、白城2市5个县(市、区)遭受风雹灾害。白城市洮北区风雹持续近半个小时，最大冰雹直径15毫米；镇赉县最大冰雹直径达50毫米；通榆县冰雹历时20分钟，最大冰雹直径20毫米。共计1.7万人受灾；玉米、高粱、谷子等受灾面积6500公顷，绝收面积700余公顷；直接经济损失近2800万元。

(50)6月18日，辽宁省朝阳市双塔、龙城、凌源、建平、北票等6个县(市、区)遭受风雹、暴雨灾害，建平县冰雹持续20分钟左右。共计8.4万人受灾；玉米、高粱、谷子、烤烟等受灾面积1.61万公顷，绝收面积400余公顷；直接经济损失6200余万元。

(51)6月18—20日，甘肃省兰州、白银、天水、平凉、庆阳、定西、甘南等7市(自治州)20个县(区)遭受风雹、暴雨灾害。平凉市庄浪县、静宁县降雹约15分钟；定西市通渭县、临洮县最大冰雹直径约20毫米；庆阳市庆城县、环县、正宁县、镇原县降雹15～20分钟；兰州市榆中县地面积雹厚度1～2厘米；甘南藏族自治州迭部县、舟曲县冰雹最大直径20毫米。共计7.4万人受灾；玉米、小麦、胡麻、洋芋、苹果等受灾面积7800公顷，绝收面积700公顷；直接经济损失4600余万元。

(52)6月19日，黑龙江省绥化市明水县、庆安县、安达市和齐齐哈尔市龙江县发生冰雹灾害，龙江县最大冰雹直径20毫米。共计1930人受灾，玉米、大豆等受灾面积1400余公顷，直接经济损失1506万元。

(53)6月19日，辽宁省朝阳市朝阳县、龙城区、北票市、喀喇沁左翼蒙古族自治县、建平县出现雷暴大风、冰雹和短时强降水天气。喀喇沁左翼蒙古族自治县风雹持续20～30分钟；建平县最大冰雹直径50毫米。共计8.56万人受灾，农作物受灾面积1.39万公顷，直接经济损失6068万元。

(54)6 月 19 日，内蒙古自治区赤峰、通辽 2 市 5 个旗(区)出现短时强降水、冰雹等强对流天气。赤峰市翁牛特旗、松山区最大冰雹直径 20 毫米；克什克腾旗冰雹持续时间 15～20 分钟，最大冰雹直径 30 毫米。通辽市科尔沁左翼中旗降雹持续约 20 分钟，1 小时最大降水量 21.2 毫米。共计 3.57 万人受灾，玉米、高粱、谷子等受灾面积 1.8 万公顷，直接经济损失 3636 万元。

(55)6 月 19—20 日，陕西省宝鸡、咸阳、延安、榆林、商洛等市 6 个县(区)出现大风、冰雹和短时强降雨天气。共计 3.1 万人受灾；农作物受灾面积 4800 公顷，绝收面积 500 余公顷；直接经济损失 4400 余万元。

(56)6 月 19—21 日，宁夏银川、吴忠、固原、中卫 4 市 7 个县(区)遭受冰雹、雷电、大风等强对流天气袭击。中卫市沙坡头区降雹 4～20 分钟不等；中宁县 1 小时最大降水量 35.2 毫米。固原市西吉县最大冰雹直径 15 毫米。银川市永宁县最大冰雹直径 20 毫米。共计 1.9 万人受灾；近 100 间房屋不同程度损坏；玉米、小麦、枸杞等受灾面积 4000 公顷，绝收面积 400 余公顷；直接经济损失 2000 余万元。

(57)6 月 19 日，青海省海东、玉树 2 市(自治州)3 个县遭受风雹灾害。近 7400 人受灾，1 人因雷击死亡；油菜、小麦、豌豆、马铃薯等受灾面积 1500 公顷；直接经济损失 200 余万元。

(58)6 月 20—22 日，山东省济南、淄博、莱芜、济宁、临沂、菏泽等市 7 个县(区)遭受风雹灾害。莱芜市 24 小时最大降雨量 101.9 毫米；菏泽市郓城县极大风速达 27.0 米/秒，1 小时最大降水量达 30.7 毫米；淄博市沂源县最大冰雹直径 5 毫米，持续时间约 5 分钟。共计 2.5 万人受灾，小麦、玉米、棉花等受灾面积 1400 公顷，300 多间房屋不同程度损坏，直接经济损失 1.2 亿元。

(59)6 月 20—22 日，河南省洛阳、新乡、焦作、南阳、驻马店等 7 市 9 个县(市、区)遭受大风、冰雹和短时强降水袭击。新乡市延津县冰雹持续时间 10 分钟左右；南阳市唐河县、邓州市冰雹直径 5 毫米左右，极大风速 19.8 米/秒；驻马店市泌阳县最大冰雹直径 10 毫米。共计 1.2 万人受灾，2 人死亡；农作物受灾面积 1400 公顷；近 100 间房屋受损；直接经济损失 1800 余万元。

(60)6 月 20 日，青海省海南藏族自治州兴海县、同德县及西宁市湟中县、海东市民和回族土族自治县出现雷电、冰雹等强对流天气。同德县最大冰雹直径 4 毫米；民和县 1 小时最大降水量 12.5 毫米。共计 3.66 万人受灾，玉米、小麦、马铃薯等受灾面积 5439 公顷，直接经济损失 641 万元。

(61)6 月 21—22 日，内蒙古自治区巴彦淖尔、鄂尔多斯、呼伦贝尔 3 市 11 个县(旗、区)遭受风雹、暴雨袭击。巴彦淖尔市临河区、五原县，鄂尔多斯市达拉特旗、乌审旗、准格尔旗、鄂托克旗、杭锦旗降雹持续 10～30 分钟不等，最大冰雹直径 30 毫米左右；呼伦贝尔市鄂伦春旗最大冰雹直径 20 毫米。共计 3.39 万人受灾；小麦、玉米、葵花等受灾面积 1.73 万公顷，绝收面积 1852 公顷；死羊 104 只；直接经济损失 7589 万元。

(62)6 月 21 日，河北省张家口市宣化区、阳原县、张北县及邯郸市永年县遭受冰雹、暴雨灾害。宣化区最大冰雹直径 10 毫米，持续时间最长 10 分钟，半小时内最大降雨量达 43.5 毫米。共计 3.98 万人受灾；玉米、棉花、豆类、果树等受灾面积 5649 公顷，绝收面积 208 公顷；直接经济损失 2738 万元。

(63)6 月 21—22 日，山西省大同、临汾、忻州、朔州、长治 5 市 7 个县(市)出现雷暴、大风、冰雹和短时强降水天气。长治市壶关县冰雹持续 14 分钟，瞬时最大风速 23.7 米/秒；沁县风雹持续 20 分钟。忻州市定襄县半小时最大降水量 29 毫米，最大冰雹直径 20 毫米，地面积雹平均厚度 2.4 厘米。共计 6.5 万人受灾；果树、玉米、蔬菜等受灾面积 8534 公顷，绝收面积 2229 公顷；损坏房屋 88 间；直接经济损失 7802 万元。

(64)6 月 21—22 日，陕西省延安、榆林、宝鸡 2 市 12 个县(区)遭受风雹灾害。延安市宝塔区冰雹直径 3～5 毫米；宜川县降雹 10 分钟左右；延长县降雹持续 5～6 分钟；延川县最大冰雹直径 30 毫米；子长县30分钟降水量21.6毫米，降雹持续15分钟，地面积雹厚度1～2厘米。宝鸡市千阳县最大冰雹直径30毫米。共计5万人受灾；苹果，梨等受灾面积1万公顷，绝收面积1300公顷；直接经济损失1.2亿元。

(65)6月21日，甘肃省武威、陇南、定西、庆阳、临夏、平凉6市(州)8个县(区)遭受风雹袭击。陇南市礼县最大冰雹直径15毫米；定西市临洮县降雹5～8分钟；庆阳市环县风雹持续20分钟左右，最大冰雹直径20毫米；平凉市泾川县降雹约10分钟，最大冰雹直径30毫米左右。共计4.6万人受灾；小麦、油料、玉米、果树等受灾面积9356公顷，绝收面积805公顷；直接经济损失1.07亿元。

(66)6月22日，云南省曲靖市罗平县、大理白族自治州鹤庆县、昆明市石林彝族自治县遭受冰雹灾害。共计2300余人受灾；烤烟、玉米、水稻等受灾面积389公顷，绝收面积147公顷；直接经济损失1060万元。

(67)6月27—29日，内蒙古呼和浩特、赤峰、鄂尔多斯、兴安、呼伦贝尔5市(盟)11个县(市、区、旗)遭受风雹、暴雨灾害。赤峰市松山区最大冰雹直径30毫米；兴安盟科尔沁右翼前旗最大冰雹直径15毫米；呼伦贝尔市莫力达瓦达斡尔族自治旗1小时最大降水量30.4毫米。共计2.5万人受灾；农作物受灾面积1万公顷，绝收面积800余公顷；直接经济损失3500余万元。

(68)6月27—29日，河北省保定、张家口、承德等4市13个县(区)遭受风雹灾害。张家口市涿鹿县风雹历时30分钟，最大冰雹直径20毫米；承德市围场满族蒙古族自治县风雹持续30分钟；沧州市南皮县最大冰雹直径12毫米。共计10.5万人受灾；农作物受灾面积1.18万公顷，绝收800公顷；直接经济损失9700余万元。

(69)6月27—29日，甘肃省定西、庆阳、天水、平凉、兰州、白银6市10个县(区)出现雷暴、冰雹、大风及短时强降水天气。定西市临洮县、通渭县风雹持续8～25分钟不等；庆阳市西峰区最大冰雹直径15毫米；正宁县降雹10分钟左右；天水市张家川县、秦安县冰雹直径5毫米左右；平凉市庄浪县1小时最大降雨量24.5毫米；白银市会宁县最大冰雹直径20毫米。共计5.9万人受灾，农作物受灾面积7440公顷，损坏房屋31间，直接经济损失6721万元。

(70)6月27—28日，新疆吐鲁番、阿克苏、伊犁3市(地区、自治州)4个县遭受风雹、暴雨灾害。伊犁哈萨克自治州昭苏县降雹持续12分钟左右，最大冰雹直径40毫米。共计2.6万人受灾；小麦、油菜、甜菜等受灾面积3000公顷，绝收面积1600公顷；直接经济损失近3500万元。

(71)6月28日，山西省阳泉、朔州、吕梁、大同4市5个县出现强降雨、雷暴、冰雹等强对流天气。阳泉市盂县骤雨夹杂冰雹持续40分钟左右；大同市广灵县降雹时间达20分钟，降雨量42毫米。共计1.8万人受灾；玉米、谷子、土豆等受灾面积4776公顷，绝收面积289公顷；直接经济损失3162万元。

(72)6月29—30日，重庆市万州、梁平、奉节等4个县(区)遭受大风、冰雹和强降水袭击。共计9100余人受灾；近100间房屋不同程度损坏；烟叶、药材、玉米等受灾面积900余公顷，绝收面积近200公顷；直接经济损失1300余万元。

(73)6月30日至7月2日，吉林省长春、吉林、四平、松原、延边5市(自治州)12个县(市、区)遭受风雹、暴雨灾害。四平市梨树县20分钟降水量达46.1毫米，最大瞬时风速17.8米/秒，冰雹直径约3毫米；吉林市永吉县最大过程降水量122.2毫米；延边朝鲜族自治州敦化市最大过程降水量155.2毫米。共计7.8万人受灾；玉米、水稻、小麦等受灾面积1.89万公顷，绝收面积1500公顷；直接经济损失1.3亿元。

(74)6月30日，内蒙古自治区呼伦贝尔、巴彦淖尔、兴安3市(盟)4个旗(区)遭受风雹袭击。兴安盟科尔沁右翼前旗最大冰雹直径20毫米；巴彦淖尔市临河区冰雹直径5毫米左右。共计3500多人受灾，玉米、大豆等受灾面积 6469 公顷，直接经济损失 900 多万元。

(75)7 月 2 日，江苏省盐城、泰州 2 市 3 个市(区)遭受风雹灾害，盐城市东台市瞬时极大风达到 34.6 米/秒(12 级)。共计 1.8 万人受灾，1600 余间房屋不同程度损坏，农作物受灾面积 2200 公顷，直接经济损失 4100 余万元。

(76)7 月 3—4 日，山西省大同、朔州、太原、运城 4 市 6 个县(市)遭受暴风雨、冰雹袭击。朔州市应县冰雹直径 3～5 毫米，2 小时最大降水量 15.9 毫米；运城市绛县最大冰雹直径 10 毫米，日最大降水量 34.8 毫米。共计 1.8 万人受灾，1 人雷击死亡；玉米、谷子、高粱、果树等受灾面积 1 万多公顷，绝收面积 2000 多公顷；直接经济损失 4700 多万元。

(77)7 月 3 日，浙江省嘉兴市秀洲、嘉善、海宁、桐乡等区(县)出现雷暴大风、短时暴雨和冰雹等强对流天气。嘉善县瞬时极大风力 12 级(36.4 米/秒)，1 小时最大降雨量 25.7 毫米。共计 6500 余人受灾，2600 余间房屋不同程度损坏，农作物受灾面积 800 余公顷，直接经济损失 7370 万元。

(78)7 月 4—5 日，吉林省延边朝鲜族自治州图们市、松原市前郭尔罗斯蒙古族自治县出现雷暴大风、冰雹和短时强降水天气。共计 2.8 万人受灾；玉米、黄豆、蔬菜等受灾面积 1.1 万公顷，绝收面积 300 余公顷；直接经济损失近 5600 万元。

(79)7 月 4—6 日，内蒙古呼和浩特、赤峰、鄂尔多斯、巴彦淖尔等 6 市(盟)13 个县(区、旗)遭受大风、冰雹、强降雨袭击。呼和浩特市赛罕区冰雹持续 20 分钟，最大冰雹直径 15 毫米。巴彦淖尔市乌拉特中旗最大瞬时风速 26.5 米/秒(10 级)，日最大降水量 62.1 毫米；五原县最大风速 22.6 米/秒。共计 5.3 万人受灾，葵花、玉米等农作物受灾面积 2.16 万公顷，直接经济损失 1 亿元。

(80)7 月 4—6 日，安徽省铜陵、宿州、六安等 4 市 6 个县(区)遭受风雹灾害。六安市金安、裕安两区瞬时最大风力 9 级。共计 1.5 万人受灾；900 余间房屋不同程度损坏；农作物受灾面积 1200 公顷，绝收面积近 100 公顷；直接经济损失 3600 余万元。

(81)7 月 5 日，江苏省徐州、盐城、扬州 3 市 7 个县(区)遭受风雹灾害，盐城市建湖县最大风速达 33 米/秒(12 级)。共计 2.6 万人受灾，近 400 间房屋不同程度损坏，农作物受灾面积 2800 公顷，直接经济损失 2100 余万元。

(82)7 月 6—8 日，北京市 8 个区遭受冰雹、雷暴、大风、暴雨袭击。平谷玻璃台站、怀柔桥梓站瞬时最大风速分别达 32.2 米/秒、31.8 米/秒；延庆野鸭湖湿地最大小时雨强 32.5 毫米；房山十渡、蒲洼冰雹直径 10 毫米左右。共计 1.1 万人受灾，1 人死亡；100 余间房屋不同程度损坏；苹果、枣、桃、梨、葡萄、玉米等受灾面积 1000 公顷；直接经济损失 3100 余万元。

(83)7 月 7—8 日，河北省张家口、唐山、承德 3 市 4 个县(市)遭受暴雨、大风、冰雹袭击。张家口市怀来县风雹持续约 30 分钟，最大冰雹直径 40 毫米。承德市丰宁县瞬时极大风速达到 39.3 米/秒(风力 13 级)，最大冰雹直径 20 毫米；承德县最大降雨量 113.8 毫米，最大冰雹直径达 50 毫米。共计 14.46 万人受灾；果树、桃树、葡萄、蔬菜、玉米等受灾面积 1.42 万公顷，绝收面积 1265 公顷；损坏房屋 170 间；直接经济损失 1.66 亿元。

(84)7 月 9 日，黑龙江省哈尔滨、佳木斯、黑河 3 市 5 个县(区)遭受风雹灾害。共计 2 万人受灾；100 余间房屋不同程度损坏；农作物受灾面积 4400 公顷，绝收面积 400 余公顷；直接经济损失 1500 余万元。

(85)7 月 9—10 日，吉林省长春、吉林、白城 3 市 10 个县(市、区)出现短时强降水、冰雹、大风天气。吉林市永吉县最大冰雹直径 7 毫米，舒兰市极大风速 17.3 米/秒。共计 11.9 万人受灾；200 余间房屋不同程度损坏；农作物受灾面积 3.39 万公顷，绝收面积近 700 公顷；直接经济损失 1 亿元。

(86)7 月 9 日，天津市 3 个区出现雷雨大风、冰雹天气。西青区最大降雨量 45.8 毫米；武清区最大冰雹直径达 70 毫米;静海区极大风速达 35.4 米/秒,最大冰雹直径 20 毫米。玉米、果树、蔬菜、西瓜等共计受灾面积 1.66 万公顷,2000 余座大棚不同程度受损,折损、倒伏树木 1.2 万株,直接经济损失 1.26 亿元。

(87)7 月 9 日,河北省沧州、保定、廊坊、邢台等市 13 个县(市)遭受大风、冰雹、暴雨等强对流天气袭击。保定市顺平县最大风力 14 级(43.1 米/秒),最大冰雹直径 15 毫米;廊坊市霸州市最大冰雹直径 40 毫米,3 个多小时最大降雨量 114.8 毫米。共计 28.94 万人受灾,死亡 1 人;玉米、谷子、棉花、蔬菜等受灾面积 2.49 万公顷;倒损房屋 830 多间,倒断电杆 2000 多根;直接经济损失 3.7 亿元。

(88)7 月 9—10 日,山西省阳泉、长治、运城等 4 市 6 个县遭受风雹灾害。运城市垣曲县最大冰雹直径 40 毫米。共计 5.1 万人受灾;农作物受灾面积 6200 公顷,绝收面积 1100 公顷;直接经济损失近 6600 万元。

(89)7 月 9 日,青海省西宁市湟中县、黄南藏族自治州同仁县遭受风雹灾害,共计 1.1 万人受灾。油菜、蚕豆、马铃薯、药材、荷兰豆等受灾面积 1520 公顷,直接经济损失 2350 万元。

(90)7 月 10—11 日,河南省洛阳、平顶山、三门峡、南阳 4 市 13 个县(市、区)出现短时强降雨、冰雹、大风等强对流天气。洛阳市汝阳县最大冰雹直径 20 毫米,最大风速 19.7 米/秒;栾川县降雹持续 10 分钟,最大冰雹直径 20 毫米。三门峡市灵宝市 40 分钟最大降雨量 28.5 毫米;卢氏县最大冰雹直径 30 毫米。共计 11.4 万人受灾,1 人雷击死亡;100 余间房屋不同程度损坏;农作物受灾面积 1 万公顷,绝收面积 1300 公顷;直接经济损失 1 亿元。

(91)7 月 10 日,陕西省西安、渭南、延安、商洛 4 市 7 个县(区)遭受风雹灾害。共计 4 万人受灾;1100 余间房屋不同程度损坏;烤烟、玉米、核桃等受灾面积 2200 公顷,绝收面积 400 余公顷;直接经济损失 2400 余万元。

(92)7 月 12 日,黑龙江省哈尔滨市巴彦县、呼兰区和绥化市兰西县遭受雷雨大风、冰雹袭击。呼兰区瞬时最大风力 10 级;兰西县最大冰雹直径 20 毫米,持续时间 10 分钟左右。共计 7.6 万人受灾;玉米、大豆、瓜果等受灾面积 6.6 万公顷,绝收面积 297 公顷;直接经济损失 1.8 亿元。

(93)7 月 13 日,吉林省白城、延边 2 市(自治州)4 个县(市、区)遭受风雹灾害。白城市辖区风雹持续近半个小时,最大冰雹直径 10 毫米;洮南市最大冰雹直径 15 毫米;通榆县冰雹历时 10 分钟,瞬间最大风力 11 级,最大冰雹直径 20 毫米。共计 3.25 万人受灾,绿豆、玉米、高粱、谷子等受灾面积 2.1 万公顷,损坏农房 188 间,直接经济损失 5127 万元。

(94)7 月 13 日,内蒙古赤峰市松山区、翁牛特旗遭受风雹袭击。松山区最大雨强 29.6 毫米/小时,最大冰雹直径 30 毫米;翁牛特旗冰雹持续约 15 分钟,冰雹直径 10 毫米左右。共计 3.79 万人受灾;玉米、谷子、高粱、绿豆、荞麦等受灾面积 1.07 万公顷,绝收面积 338 公顷;直接经济损失 1786 万元。

(95)7 月 13—15 日,河北省秦皇岛、邯郸、邢台、保定、张家口、承德 6 市 19 个县(区)遭受风雹、暴雨灾害。张家口市宣化区最大冰雹直径 10 毫米,持续时间约 15 分钟;秦皇岛市卢龙县 3 个多小时最大降雨量 45.7 毫米,瞬时极大风速 25.1 米/秒(10 级)。共计 22.2 万人受灾;玉米、谷黍、豆类、蔬菜等受灾面积 1.58 万公顷,绝收面积 1300 公顷;直接经济损失 1.6 亿元。

(96)7 月 13 日,山西省大同市灵丘县、大同县、广灵县、天镇县遭受风雹灾害。共计 1.24 万人受灾,玉米、谷子、黍子、荞麦、黄花等受灾面积 3550 公顷,直接经济损失 2500 余万元。

(97)7 月 13—15 日,陕西省西安、铜川、咸阳、渭南、延安、商洛、汉中等 9 市 23 个县(市、区)遭受风雹灾害。延安市宝塔区降雹 5~6 分钟,最大冰雹直径 20 毫米;黄陵县降雹最长约 15 分钟,最大冰雹直径 19 毫米。渭南市蒲城县降雹持续 4~5 分钟,最大冰雹直径 15 毫米。共计 20.4 万人受灾,1 人死亡;800 余间房屋不同程度损坏;农作物受灾面积 1.95 万公顷,绝收面积 3000 公顷;直接经济损失 2.9 亿元。

(98)7 月 14—15 日,辽宁省丹东、营口、铁岭、大连等市 7 个县(市、区)遭受风雹、暴雨灾害。大连市庄河市 24 小时最大降雨量 97.3 毫米,最大风力 7 级以上。共计 10 万人受灾,农作物受灾面积 1.72 万公顷,直接经济损失 3700 余万元。

(99)7 月 14—16 日,山西省阳泉、运城、忻州、吕梁、大同、临汾等市 10 多个县(市)遭受风雹灾害。运城市稷山县、闻喜县、河津市风雹持续 10～20 分钟,最大冰雹直径 10～20 毫米,最大风力 10 级左右;临汾市吉县风雹持续 30 分钟,最大冰雹直径 10 毫米;大同市天镇县风雹持续达 40 分钟,最大冰雹直径 10 毫米。共计 8.6 万人受灾;玉米、核桃、苹果、枣、蔬菜等受灾面积 8400 公顷,绝收面积 100 余公顷;直接经济损失 4500 余万元。

(100)7 月 14—15 日,甘肃省兰州、白银、天水、定西、平凉、陇南等市 15 个县(区)遭受风雹灾害。平凉市庄浪县降雹 10 多分钟;陇南市礼县最大冰雹直径 15 毫米;天水市清水县风雹持续时间 30 多分钟;白银市会宁县降雹约 10 分钟;定西市安定区最大冰雹直径 10 毫米。共计 17.4 万人受灾;农作物受灾面积 2.43 万公顷,绝收面积 2600 公顷;直接经济损失 1.5 亿元。

(101)7 月 14—15 日,宁夏吴忠、固原、中卫 3 市 7 个县(区)遭受风雹灾害。中卫市沙坡头区降雹约 20 分钟;中宁县最大冰雹直径 15 毫米。吴忠市同心县最大冰雹直径 10 毫米。固原市西吉县最大冰雹直径 26 毫米,1 小时最大降水量 31.6 毫米;原州区降雹持续约 15 分钟,最大冰雹直径 10 毫米。共计 4.9 万人受灾;农作物受灾面积 1.04 万公顷,绝收面积 2100 公顷;直接经济损失 4500 万元。

(102)7 月 14—15 日,江苏省连云港、盐城、宿迁、扬州、常州等市 6 个县(市)遭受雷雨大风、冰雹等强对流天气袭击。盐城市盐都区最大风力 10 级以上;常州市金坛区瞬时极大风力达 12 级。共计 4 万人受灾,300 余间房屋不同程度损坏,农作物受灾面积 300 余公顷,直接经济损失 1000 余万元。

(103)7 月 14—15 日,云南省丽江市玉龙纳西族自治县,大理白族自治州祥云县、云龙县,昭通市彝良县、鲁甸县出现大风、冰雹、雷电及短时强降水天气。共计 1.1 万人受灾;玉米、芸豆、黄豆、洋芋、烤烟等受灾面积 2203 公顷,绝收面积 263 公顷;直接经济损失 2695 万元。

(104)7 月 17 日,新疆阿克苏、喀什、和田 3 地区 6 个县遭受风雹灾害。阿克苏地区阿瓦提县 6 小时最大降水量 29.9 毫米,降雹持续 9 分钟,最大冰雹直径 10 毫米,极大风速 20.7 米/秒。共计 5300 余人受灾,1 人失踪;棉花、玉米、甜瓜等受灾面积 1900 公顷,绝收面积 200 余公顷;直接经济损失 2300 余万元。

(105)7 月 17—18 日,江苏省南通、淮安、盐城、泰州、宿迁 5 市 11 个县(市、区)出现雷暴、大风、暴雨等强对流天气。其中盐城市大丰区最大风速 22.7 米/秒;淮安市淮安区 3 小时最大降水量 76.2 毫米。共计 7400 人受灾,1 人死亡;1500 余间房屋不同程度损坏;农作物受灾面积 400 余公顷;直接经济损失 2200 余万元。

(106)7 月 17—19 日,湖北省宜昌、襄阳 2 市 7 个县(区)和神农架林区遭受雷雨大风、冰雹和短时强降水袭击。襄阳市保康县冰雹有核桃大小;神农架日降水量 47.5 毫米。共计 5.29 万人受灾;烟叶、蔬菜、玉米等受灾面积 3790 公顷,绝收面积 693 公顷;倒塌房屋 52 间,损坏房屋 1369 间;直接经济损失 1.07 亿元。

(107)7 月 18 日,河南省洛阳市汝阳县、伊川县和南阳市西峡县、平顶山市汝州市遭受风雹灾害。汝阳县最大冰雹直径 20 毫米;伊川县最大降水量 51.7 毫米,最大冰雹直径 50 毫米;西峡县最大冰雹直径 10 毫米;汝州市瞬时极大风速 25.4 米/秒。共计 3.46 万人受灾,红薯、谷子、花生、烟叶、玉米等受灾面积2272公顷，倒损房屋30多间，直接经济损失1519万元。

(108)7月19日，新疆兵团四师七十四团、七十六团、七十七团和伊犁哈萨克自治州昭苏县、喀什地区疏勒县遭受风雹灾害。昭苏县最大冰雹直径20毫米，地面积雹厚度约3厘米；疏勒县风雹持续时间约25分钟，最大冰雹直径8毫米。共计3300多人受灾，小麦、油菜、棉花、玉米、西瓜等受灾面积4000余公顷，直接经济损失2600多万元。

(109)7月19日，云南省昆明、曲靖、丽江、昭通、楚雄、红河6市(自治州)10个县(市、区)遭受雷雨大风、冰雹、暴雨袭击。曲靖市陆良县风雹持续时间21分钟，1小时最大降雨量24.6毫米；昭通市镇雄县风雹持续40分钟左右，最大冰雹直径15毫米。共计8.75万人受灾；烤烟、玉米、土豆、蔬菜等受灾面积8254公顷，绝收面积1275公顷；倒塌民房45间，损坏民房86间；直接经济损失1.08亿元。

(110)7月19—20日，贵州省六盘水、毕节、黔西南3市(自治州)11个县(市、区)遭受风雹、暴雨灾害。黔西南布依族苗族自治州册亨县24小时最大降水量181.5毫米。共计5.8万人受灾；500余间房屋不同程度损坏；玉米、大豆、烤烟等受灾面积2700公顷，绝收面积近600公顷；直接经济损失2700余万元。

(111)7月19—20日，四川省凉山彝族自治州德昌县、会理县部分乡镇遭受冰雹袭击。共计2800多人受灾；烤烟、玉米等受灾面积863公顷，绝收面积481公顷；倒损房屋6间；直接经济损失2800多万元。

(112)7月19—20日，重庆市北碚、梁平、垫江、忠县等6个县(区)遭受雷电、大风、短时强降水袭击。忠县1小时最大降雨量达42.3毫米，极大风速22.5米/秒。共计8.3万人受灾；近100间房屋倒塌，600余间不同程度损坏；农作物受灾面积2500公顷，绝收面积100余公顷；直接经济损失2000余万元。

(113)7月20—21日，新疆阿克苏地区柯坪县、博尔塔拉蒙古自治州精河县遭受风雹灾害。精河县降雹约8分钟，最大冰雹直径10毫米。共计6300余人受灾，棉花等受灾面积1500公顷，直接经济损失800余万元。

(114)7月22日，黑龙江省哈尔滨、齐齐哈尔、鸡西、黑河4市9个县(市、区)遭受短时强降雨、大风、冰雹袭击。黑河市嫩江县最大冰雹直径30毫米，地面积雹厚度15厘米。共计2.8万人受灾；100余间房屋不同程度损坏；农作物受灾面积2.39万公顷，绝收面积9300公顷；直接经济损失9200余万元。

(115)7月22—25日，陕西省咸阳、延安、榆林3市8个县(区)遭受短时暴雨、大风、冰雹袭击。咸阳市礼泉县风雹持续10多分钟；延安市宝塔区最大冰雹直径15毫米。共计6.1万人受灾，1人失踪；近400间房屋不同程度损坏；果树、玉米、蔬菜等受灾面积7400公顷，绝收面积400余公顷；直接经济损失近5400万元。

(116)7月22日，新疆阿克苏地区阿瓦提县、阿克苏市和博尔塔拉蒙古自治州博乐市发生风雹灾害，阿克苏市冰雹直径7毫米左右。共计4762人受灾；棉花、玉米、瓜菜、林果等受灾面积3413公顷，绝收面积80公顷；直接经济损失3058万元。

(117)7月23日，内蒙古自治区呼伦贝尔市3个旗发生风雹灾害。鄂伦春自治旗风雹持续时间30分钟，最大冰雹直径达60毫米；达斡尔族自治旗极大风速31.3米/秒，最大冰雹直径13毫米；阿荣旗降雹15分钟，最大冰雹直径10毫米。共计2.8万人受灾；大豆、小麦等受灾面积3.26万公顷，绝收面积3374公顷；直接经济损失6596万元。

(118)7月24—25日，云南省昭通、昆明、玉溪、文山4市(自治州)6个县(区)遭受风雹袭击。昭通市镇雄县、玉溪市峨山县风雹持续时间30分钟左右，最大冰雹直径10毫米。共计约7万人受灾；

蔬菜、土豆、烤烟、玉米等受灾面积2817公顷，绝收面积449公顷；倒损房屋200余间；直接经济损失3132万元。

(119)7月25—26日，甘肃省定西、临夏2市(自治州)3个县遭受风雹、暴雨灾害。定西市岷县24小时最大降水量94.4毫米。共计2400余人受灾；蚕豆、胡麻、玉米等受灾面积1100公顷，绝收面积100余公顷；直接经济损失1000余万元。

(120)7月25日，青海省海东市化隆回族自治县、海南藏族自治州贵南县出现冰雹、强降雨及大风天气。贵南县风雹持续时间约45分钟。共计2400余人受灾；农作物受灾面积1100公顷，绝收面积100余公顷；直接经济损失1000余万元。

(121)7月26日，内蒙古呼伦贝尔市新巴尔虎左旗、赤峰市林西县遭受风雹灾害。新巴尔虎左旗降雹持续8分钟，最大冰雹直径45毫米，3630余户窗户玻璃被砸碎，1260台车辆受损，直接经济损失2125万元。林西县近3万人受灾；农作物受灾面积1.05万公顷，绝收面积5010公顷；倒损房屋54间；直接经济损失5569万元。

(122)7月27—28日，云南省昆明、曲靖、玉溪、昭通、红河、丽江、临沧、大理8市(自治州)23个县(市、区)遭受风雹灾害。昆明市寻甸回族彝族自治县降雹15分钟左右；曲靖市罗平县降雹约5分钟；玉溪市红塔区1小时最大降雨量32.9毫米，最大冰雹直径10毫米；昭通市巧家县最大冰雹直径10毫米，1.5小时最大降雨量达51.2毫米。共计8.2万人受灾，2人死亡；500余间房屋不同程度损坏；农作物受灾面积6400公顷，绝收面积1600公顷；直接经济损失8200余万元。

(123)7月28—29日，湖北省武汉、宜昌、恩施3市(自治州)6个县(市、区)遭受雷雨大风、冰雹、短时强降水袭击。恩施土家族苗族自治州建始县最强瞬时风速达27.4米/秒(10级)，巴东县1小时最大降水量达66.8毫米。共计3.4万人受灾；300余间房屋受损；农作物受灾面积2100公顷，绝收面积近600公顷；直接经济损失2300余万元。

(124)7月28—29日，湖南省湘潭市湘潭县、常德市鼎城区、娄底市新化县遭受风雹灾害。共计3100余人受灾，1人雷击死亡；700余间房屋不同程度损坏；农作物受灾面积100余公顷；直接经济损失1300余万元。

(125)7月28日，四川省南充市顺庆区、嘉陵区遭受风雹、暴雨灾害。共计5334人受灾，死亡2人；损坏房屋87间；水稻、玉米等受灾面积238公顷，绝收面积24公顷；直接经济损失1822万元。

(126)7月29日，甘肃省兰州市兰州新区、永登县和陇南市文县、金昌市永昌县遭受风雹灾害。兰州新区、永登县风雹持续时间10～20分钟，最大冰雹直径8毫米。共计2.5万人受灾，小麦、胡麻、蔬菜等受灾面积1600多公顷，直接经济损失1800余万元。

(127)7月30—31日，新疆兵团一师、三师2师9个团遭受风雹灾害；7月31日至8月1日，喀什、和田、昌吉、塔城4地区(自治州)4个县遭受风雹灾害。喀什地区巴楚县风雹持续时间9分钟，最大冰雹直径7毫米，1小时最大降雨量27.2毫米，最大风速19.2米/秒。共计3万人受灾；农作物受灾面积1.5万公顷，绝收面积3500公顷；近700间房屋不同程度损坏；直接经济损失1.5亿元。

(128)7月30—31日，云南省玉溪、保山、昭通、昆明、曲靖、文山、普洱、丽江、红河等市(自治州)15个县(市、区)遭受风雹灾害。玉溪市红塔区冰雹直径6毫米；峨山彝族自治县风雹持续约10分钟，最大冰雹直径12毫米；江川区20分钟最大降水量27.5毫米。普洱市镇沅彝族哈尼族拉祜族自治县1小时最大降水量54.3毫米。共计5万人受灾；100余间房屋不同程度损坏；农作物受灾面积2500公顷，绝收面积500公顷；直接经济损失5100余万元。

(129)7月30日至8月1日，贵州省六盘水、遵义、毕节、铜仁、黔西南5市(自治州)14个县(市、区)遭受风雹灾害。铜仁市印江土家族苗族自治县最大冰雹直径10毫米；黔西南布依族苗族自治州安龙县1小时最大降雨量24.4毫米。共计4.3万人受灾;200余间房屋不同程度损坏;农作物受灾面积2100公顷,绝收面积200公顷;直接经济损失1900余万元。

(130)7月31日,黑龙江省齐齐哈尔、伊春、佳木斯、绥化等5市9个县(市、区)遭受风雹灾害。共计1.1万人受灾;农作物受灾面积8300公顷,绝收面积1900公顷;直接经济损失近2700万元。

(131)7月31日,内蒙古自治区呼伦贝尔市阿荣旗、赤峰市喀喇沁旗遭受冰雹袭击。降雹持续20分钟左右,最大冰雹直径15毫米。两旗共计7000多人受灾;玉米、谷子、大豆、杂粮等受灾面积8469公顷,绝收面积2226公顷;直接经济损失2608万元。

(132)8月1日,云南省昆明市石林彝族自治县、盘龙区、禄劝彝族苗族自治县和楚雄彝族自治州大姚县、曲靖市宣威市、大理白族自治州剑川县遭受暴雨、冰雹、大风袭击,盘龙区降雹持续11分钟。烤烟、玉米等共计受灾面积1060公顷,直接经济损失1691万元。

(133)8月2—3日,四川乐山、宜宾、雅安、凉山、甘孜5市(自治州)12个县(市、区)出现强降雨和雷暴、大风、冰雹等强对流天气。其中,凉山彝族自治州布拖县过程降雨量75.5毫米,1小时最大降雨量达37.0毫米。共计1.7万人受灾;近200间房屋不同程度损坏;农作物受灾面积400余公顷,绝收面积近200公顷;直接经济损失1300余万元。

(134)8月3—6日,甘肃省兰州、白银、定西、甘南、临夏、庆阳、陇南等市(自治州)9个县(区)遭受风雹、暴雨灾害。甘南藏族自治州夏河县风雹持续约20分钟;定西市临洮县最大冰雹直径6毫米;临夏回族自治州东乡族自治县冰雹直径7毫米左右;庆阳市正宁县降雹约10分钟;陇南市礼县24小时最大降水量达211.6毫米,武都区1小时最大降水量68.8毫米。共计1.7万人受灾,3人失踪;青稞、小麦、油菜、玉米等受灾面积1000公顷,绝收面积200余公顷;直接经济损失1900余万元。

(135)8月3—4日,青海省西宁、海东、黄南、海南4市(自治州)4个县遭受风雹灾害。黄南藏族自治州同仁县测站最大冰雹直径12毫米;海东市化隆回族自治县1小时降水量20.2毫米。共计1.5万人受灾;小麦、油菜、豌豆、青稞等受灾面积1600公顷,绝收面积100余公顷;直接经济损失1700余万元。

(136)8月4—6日,内蒙古呼和浩特、包头、鄂尔多斯、巴彦淖尔、锡林郭勒5市(盟)8个县(区、旗)遭受冰雹、暴风雨灾害。巴彦淖尔市磴口县、临河区最大冰雹直径10～30毫米;呼和浩特市托克托县降雹持续20分钟,最大冰雹直径20毫米;鄂尔多斯市准格尔旗风雹持续20～40分,最大冰雹直径15毫米。共计5000余人受灾,2人死亡;玉米、大豆、马铃薯、蔬菜、瓜果等受灾面积4700公顷,绝收面积500余公顷;直接经济损失1500余万元。

(137)8月5—6日,河北省唐山、保定、承德、沧州4市4个县(区)遭受风雹灾害。共计2.2万人受灾;农作物受灾面积4200公顷,绝收面积200余公顷;直接经济损失1300余万元。

(138)8月5—6日,山西省太原、大同、长治、忻州、吕梁5市8个县(市)遭受风雹灾害。忻州市河曲县最大风速18.2米/秒,最大冰雹直径10毫米,1小时最大降雨量46.3毫米。共计1.4万人受灾;玉米、西瓜、糜谷、豆类、山药等受灾面积4200公顷,绝收面积2200公顷;直接经济损失近4800万元。

(139)8月5—7日,山东省青岛、淄博、枣庄、潍坊、滨州等6市10个县(市、区)遭受风雹灾害。青岛市莱西市极大风速达35.5米/秒;滨州市无棣县日最大降雨量77.1毫米。共计4.9万人受灾,1人死亡;100余间房屋不同程度损坏;农作物受灾面积4200公顷,绝收面积200余公顷;直接经济损失2200余万元。

(140)8月7—8日,江苏省徐州、南通、盐城、苏州、南京等市8个县(市、区)遭受风雹灾害。南通市海安县最大过程降雨量达124.7毫米,海门市最大1小时降雨量73.8毫米,最大风力12级

(34.5 米/秒)。共计 2 万人受灾,2 人死亡;200 余间房屋不同程度损坏;玉米、大豆、棉花等受灾面积 2400 公顷;直接经济损失 2700 余万元。

(141)8 月 7 日,安徽省阜阳市 6 个县(区)遭受风雹灾害。共计 7.98 万人受灾;倒塌房屋 43 间,严重损坏房屋 97 间;农作物受灾面积 6958 公顷;树木折断 900 多棵;电力线路损毁 2500 余米;直接经济损失 5485 万元。

(142)8 月 7—8 日,四川省凉山、绵阳、广元、宜宾、内江、乐山、眉山、雅安等 9 市(自治州)33 个县(市、区)出现暴雨和雷暴、大风、冰雹等强对流天气。宜宾市宜宾县 14 小时最大降雨量达 201.1 毫米;筠连县极大风速 26 米/秒。共计 19.7 万人受灾,25 人死亡(洪涝泥石流所致);200 余间房屋倒塌,2700 余间房屋不同程度损坏;农作物受灾面积 6500 公顷,绝收面积 600 公顷;直接经济损失 3.7 亿元。

(143)8 月 8—10 日,辽宁省辽阳、朝阳、盘锦 3 市 8 个县(市、区)遭受暴雨、冰雹、大风灾害。其中,朝阳市建平县冰雹直径 10 毫米左右,持续时间约 10 分钟,最大 1 小时降水量 65.7 毫米。共计 4.4 万人受灾,1 人雷击死亡;1900 余间房屋不同程度损坏;农作物受灾面积 5800 公顷,绝收 200 余公顷;直接经济损失 4200 余万元。

(144)8 月 8 日,内蒙古呼和浩特市土默特左旗、赛罕区和赤峰市喀喇沁旗遭受风雹灾害。赛罕区冰雹持续 20 分钟,最大冰雹直径 25 毫米;土默特左旗最大冰雹直径 20 毫米;喀喇沁旗冰雹持续 20 分钟左右,最大冰雹直径约 20 毫米。共计 1175 人受灾;玉米、谷子、高粱等受灾面积 9312 公顷,绝收面积 315 公顷;直接经济损失 3796 万元。

(145)8 月 8—10 日,河北省石家庄、保定、张家口、邯郸等 5 市 14 个县(区)遭受短时强降水、大风、冰雹等强对流天气袭击。共计 5.5 万人受灾;100 余间房屋不同程度损坏;农作物受灾面积 3100 公顷,绝收面积近 200 公顷;直接经济损失近 2600 万元。

(146)8 月 8—9 日,山西省太原、朔州、晋中、大同、吕梁、临汾 6 市 11 个县(区)出现雷电、短时强降水、大风、冰雹等强对流天气,吕梁市柳林县最大冰雹直径约 30 毫米。共计 2.9 万人受灾;玉米、谷子、蔬菜等受灾面积 6800 公顷,绝收面积 200 余公顷;直接经济损失近 3300 万元。

(147)8 月 8 日,陕西省延安、榆林、渭南 3 市 4 个县(区)遭受风雹灾害。延安市宝塔区风雹持续时间 35 分钟,甘泉县最大冰雹直径达 40 毫米。共计 3200 余人受灾,农作物受灾面积 1090 公顷,直接经济损失 1468 万元。

(148)8 月 8 日,安徽省阜阳、亳州 2 市 7 个县(市、区)遭受风雹灾害。共计 9.1 万人受灾;400 余间房屋不同程度损坏;农作物受灾面积 8100 公顷,绝收面积 600 余公顷;直接经济损失 6700 余万元。

(149)8 月 9—10 日,河南省开封、安阳、商丘、周口 4 市 6 个县(市)遭受风雹、暴雨灾害。共计 16.3 万人受灾,4 人死亡;800 余间房屋不同程度损坏;农作物受灾面积 1.99 万公顷;直接经济损失 1.4 亿元。

(150)8 月 11—14 日,内蒙古呼和浩特、赤峰、通辽、锡林郭勒等 7 市(盟)15 个县(市、旗)遭受风雹灾害。赤峰市翁牛特旗最大冰雹直径 20 毫米;巴林左旗 1 小时最大降雨量达 72.9 毫米。共计 6.8 万人受灾,7 人死亡;近 300 间房屋倒塌,1300 余间房屋不同程度损坏;马铃薯、玉米等受灾面积 3.96 万公顷,绝收面积 6200 公顷;直接经济损失 1.3 亿元。

(151)8 月 11—13 日,河北省石家庄、唐山、秦皇岛、承德、廊坊等 9 市 16 个县(市、区)遭受风雹灾害,廊坊市三河市 5 小时最大降雨量达 118.6 毫米。共计 5.5 万人受灾;500 余间房屋不同程度损坏;农作物受灾面积 4000 公顷,绝收面积 200 公顷;直接经济损失 2200 余万元。

(152)8 月 11—12 日,山西省阳泉、大同、运城 3 市 6 个县(区)遭受风雹灾害。阳泉市瞬时极大风速达 27.3 米/秒，最大冰雹直径达 40 毫米；盂县风雹持续约半小时；平定县 4 个多小时最大降雨量 46.5 毫米。运城市盐湖区 20 分钟最大降水量 29.0 毫米，最大冰雹直径 10 毫米。共计 9.15 万人受灾；玉米、谷子、果树等受灾面积 1.02 万公顷，绝收面积 2102 公顷；直接经济损失 9267 万元。

(153)8 月 11 日，河南省漯河、三门峡、信阳、驻马店、濮阳 5 市 8 个县(市、区)遭受风雹、龙卷灾害。三门峡灵宝市冰雹直径约 10 毫米，持续 10 分钟。共计 1.1 万人受灾，1 人死亡；200 余间房屋不同程度损坏；农作物受灾面积 945 公顷；直接经济损失 1000 余万元。

(154)8 月 12—13 日，新疆阿克苏、博尔塔拉、巴音郭楞 3 地区(自治州)11 个县(市)遭受风雹灾害。阿克苏地区沙雅县最大冰雹直径 30 毫米，新和县 2 小时最大降水量 20.1 毫米；巴音郭楞蒙古自治州库尔勒市极大风速 31.4 米/秒(11 级)，轮台县 3 小时最大降水量 35.1 毫米。共计 4.3 万人受灾；300 余间房屋不同程度损坏；棉花、香梨等受灾面积 2.85 万公顷，绝收面积 7000 公顷；直接经济损失 5.9 亿元。

(155)8 月 17—18 日，河北省石家庄、秦皇岛、邢台、沧州等 5 市 9 个县(区)遭受风雹灾害。邢台市巨鹿县 1 小时最大降雨量达 79.6 毫米，沧州市东光县短时风力 7 级。共计 5 万人受灾；600 余间房屋不同程度损坏；农作物受灾面积 2900 公顷，绝收面积近 200 公顷；直接经济损失近 1900 万元。

(156)8 月 18—20 日，安徽省合肥、滁州、亳州等市 4 个县遭受风雹、暴雨灾害。合肥市肥东县最大风速 29 米/秒(11 级)，巢湖市含山县站 1 小时最大降雨量 79.6 毫米。共计 1.5 万人受灾，2 人雷击死亡；农作物受灾面积 1300 公顷；直接经济损失 700 余万元。

(157)8 月 21 日，内蒙古呼伦贝尔市阿荣旗、莫力达瓦达斡尔族自治旗遭受风雹袭击。阿荣旗降雹 15 分钟，最大冰雹直径 15 毫米。共计 2800 人受灾，大豆、玉米等受灾(成灾)面积 2416 公顷，直接经济损失 472 万元。

(158)8 月 23 日，云南省玉溪、普洱、大理、红河、昆明、楚雄、丽江、曲靖、文山等市(自治州)24 个县(市、区)遭受风雹、暴雨灾害。玉溪市江川区最大冰雹直径 20 毫米；通海县 1 小时最大降水量 38.5 毫米；峨山彝族自治县风雹持续约 30 分钟。文山壮族苗族自治州文山市风雹持续约 40 分钟。共计 9.8 万人受灾，雷击死亡 1 人；烤烟、玉米、水稻等受灾面积 1.24 万公顷，绝收面积 2371 公顷；房屋倒塌 25 间，损坏房屋 162 间；直接经济损失超过 3 亿元。

(159)9 月 1 日，辽宁省葫芦岛市绥中县、大连市庄河市遭受风雹灾害，绥中县最大冰雹直径 20 毫米。共计 1.2 万人受灾，玉米、大豆、水稻、果树等受灾面积 3958 公顷，直接经济损失 1100 余万元。

(160)9 月 2—4 日，内蒙古呼和浩特、包头、赤峰、鄂尔多斯、乌兰察布 5 市 8 个县(区、旗)遭受风雹、暴雨灾害，赤峰市林西县 1 小时最大降雨量 26 毫米。共计 1.4 万人受灾；农作物受灾面积 5100 公顷，绝收面积 900 余公顷；直接经济损失 2500 余万元。

(161)9 月 2 日，新疆兵团一师 4 个团遭受风雹、暴雨灾害。共计 5400 余人受灾；棉花，红枣等受灾面积 5800 公顷，绝收面积 400 公顷；直接经济损失近 9400 万元。

(162)9 月 3 日，吉林省长春市德惠市、白城市洮南市遭受风雹、暴雨灾害，洮南市最大冰雹直径达 60 毫米。共计 1.6 万人受灾；农作物受灾面积 3800 公顷，绝收面积 600 余公顷；直接经济损失 2000 多万元。

(163)9 月 4 日，河北省张家口市桥东、张北、尚义等 4 个县(区)遭受风雹灾害。共计 1.2 万人受灾；近 100 间房屋不同程度损坏；农作物受灾面积 500 余公顷，绝收面积 300 余公顷；直接经济损失 1000 余万元。

(164)9 月 5 日，吉林省松原、白城 2 市 3 个市(区)遭受风雹及龙卷灾害，白城市洮南市最大冰雹直径 50 毫米。共计 2100 余人受灾；100 余间房屋不同程度损坏；农作物受灾面积 2100 公顷，绝收面积近 100 公顷；直接经济损失 1700 余万元。

(165)9 月 8—9 日，吉林省长春市德惠市、白山市长白朝鲜族自治县、延边朝鲜族自治州珲春市遭受风雹灾害。珲春市风雹持续 30 分钟，最大冰雹直径达 80 毫米。共计 7000 余人受灾；农作物受灾面积 3900 公顷，绝收面积 800 余公顷；直接经济损失 2800 余万元。

(166)9 月 21 日，河北省石家庄、保定 2 市 4 个县遭受风雹灾害。共计 7.1 万人受灾；农作物受灾面积 4500 公顷，绝收面积 100 余公顷；直接经济损失 1300 余万元。

(167)9 月 21 日，山西省大同市大同县、临汾市吉县遭受风雹灾害。共计 3.9 万人受灾，农作物受灾面积 4800 公顷，直接经济损失 3400 余万元。

(168)9 月 21 日，陕西省延安、榆林 2 市 6 个县(区)出现雷电、大风、冰雹等强对流天气，冰雹直径 3～5 毫米，最大风速 17～18 米/秒。共计 3.7 万人受灾，农作物受灾面积 3500 公顷，直接经济损失 1.5 亿元。

(169)9 月 26—28 日，青海省海北、海南、果洛、玉树 4 自治州 6 个县遭受风雹灾害。玉树藏族自治州称多县降雹持续 10 分钟左右，最大冰雹直径 50 毫米。共计 2.3 万人受灾；100 余间房屋倒塌，100 余间房屋不同程度损坏；农作物受灾面积 3500 公顷，绝收面积 1400 公顷；直接经济损失 2800 余万元。

(170)11 月 23 日，云南省德宏傣族景颇族自治州瑞丽市出现大风、冰雹、短时强降水强对流天气。极大风速 16.9 米/秒(7 级)；1 小时最大降雨量 19.2 毫米。共计 2853 人受灾，农房损坏 28 间，农作物受灾面积 281 公顷，直接经济损失 265 万元。

2.4.3 龙卷

1. 主要特点

(1)发生次数明显偏少

2017 年全国有 10 个省(自治区)18 个县(市、区)发生了龙卷(表 2.4.1)，龙卷出现次数较 2001—2016 年平均次数(每年 58 个县次)明显偏少。

表 2.4.1　2017 年龙卷简表

Table 2.4.1　List of Major tornado events over China in 2017

发生时间	发生地点	发生时间	发生地点
5 月 11 日	江西省南昌市南昌县	8 月 1 日	江苏省淮安市淮安区
5 月 13 日	海南省三亚市	8 月 3 日	吉林省长春市农安县
6 月 1 日	河南省信阳市平桥区	8 月 11 日	内蒙古赤峰市克什克腾旗、翁牛特旗
6 月 26 日	广东省湛江市雷州市		
7 月 6 日	河南省商丘市虞城县、周口市淮阳县	8 月 11 日	河南省驻马店市确山县
		8 月 16 日	广东省湛江市雷州市
7 月 15 日	江苏省扬州市宝应县	8 月 21 日	黑龙江省黑河市嫩江县
7 月 18 日	黑龙江省绥化市北林区	8 月 23 日	广西玉林市北流市
7 月 20 日	辽宁省铁岭市昌图县	9 月 5 日	吉林省松原市扶余市

(2)主要发生在夏季

从 2017 年龙卷的季节分布来看，夏季最多，出现龙卷 15 县次，占全年总数的 83.3%；春季次多，出现 2 县次，占全年总数的 11.1%；秋季出现 1 县次，占全年总数的 5.6%；冬季没有出现龙卷。

从月际分布来看，8 月龙卷最多，发生 8 县次，占全年总数的 44.4%；7 月次多，发生 5 县次，占全年总数的 27.8%；5 月、6 月各发生 2 县次，分别占全年总数的 11.1%；9 月发生 1 县次，占全年总数的 5.6%；其他月份未发生龙卷。

(3)河南、内蒙古、广东、江苏、吉林、黑龙江发生相对较多

从 2017 年龙卷发生的地区分布来看，河南最多，有 4 县次，占全国龙卷总数的 22.2%；广东、江苏、黑龙江、吉林、内蒙古次多，各有 2 县次，分别占全国总数的 11.1%；江西、海南、辽宁、广西各有 1 个县次，分别占全国总数的 5.6%。

2. 部分龙卷灾害事例

(1) 5 月 11 日 23 时 20 分，江西省南昌市南昌县蒋巷镇、南新乡出现龙卷。共计 1685 人受灾，4 人轻伤；倒塌房屋 56 间，损坏房屋 582 间；直接经济损失 625 万元。

(2)6 月 1 日傍晚，河南省信阳市平桥区平昌关镇刘湾村、庸墩村遭受龙卷袭击。41 人受灾，倒损房屋 24 间，直接经济损失 12 万元。

(3)7 月 6 日 16 时 30 分，河南省商丘市虞城县田庙乡遭受龙卷袭击，刮倒折断树木 5260 棵；倒塌房屋 48 间，损坏房屋 943 间；损坏线杆 85 根、变压器 1 台；受灾人口 2780 人，伤 2 人；直接经济损失 266 万元。同日 19—20 时，周口市淮阳县曹河乡、白楼镇、临蔡镇等乡镇出现龙卷，造成 378 间民房损坏，2100 人受灾，刮断树木 9600 棵，3 台变压器损坏，直接经济损失 518 万元。

(4)7 月 15 日 0 时左右，江苏省扬州市宝应县广洋湖镇、射阳湖镇、夏集镇局地遭受龙卷袭击。造成近 200 人受灾；损坏房屋 100 余间；3000 多棵树、数十根电线杆被吹倒，5000 多户居民用电中断；荷藕受灾面积 100 多公顷；直接经济损失近 190 万元。

(5)7 月 18 日 18 时至 18 时 30 分，黑龙江省绥化市北林区三井乡出现龙卷。玉米等受灾面积 151 公顷；8 间房屋房盖被掀；刮到树木 300 多颗、电线杆 30 多根；直接经济损失 70 多万元。

(6)7 月 20 日 17 时 40—50 分，辽宁省铁岭市昌图县泉头镇出现龙卷，致使 44 户房屋受损，200 多棵大树刮倒，10 公顷玉米受灾。

(7)8 月 1 日 18 时 40 分前后，受热带低压“纳沙”残余势力影响，江苏省淮安市淮安区出现大风、龙卷等灾害性天气。共有 3 个乡镇的 16 个村约 400 户、1360 人受灾；682 间房屋受损；农作物受灾面积 43 公顷；倒折树木 680 多棵、电线杆 70 余根，13 个村断电。

(8)8 月 3 日 16 时 40—55 分，吉林省长春市农安县农安、哈拉海、巴吉垒、开安、黄鱼圈 5 个乡镇遭受龙卷袭击。造成 96 户、333 人受灾，246 间民房受损，家庭财产损失 45 万元。

(9)8 月 11 日，内蒙古自治区赤峰市克什克腾旗和翁牛特旗出现龙卷，并伴有暴雨、冰雹等极端天气。克什克腾旗土城子镇前进村、十里铺村、五台山村、哈巴其拉村、天宝同村和万合永镇遭受风雹、龙卷袭击。共计 2.42 万人受灾，死亡 3 人，伤 47 人；房屋倒塌 273 间，损坏 953 间；农作物受灾面积 9460 公顷，绝收面积 3750 公顷；损毁家用电器 276 台、农机具 65 台(辆)、交通工具 52 辆；草牧场受灾面积 2447 公顷，死亡牲畜 53 头(只)；直接经济损失 8059 万元，其中农业损失 4823 万元。

(10)8 月 16 日 15 时，广东省湛江市雷州市调风镇企树、官昌、草朗、水尾 4 个村遭受龙卷袭击，持续时间 10 多分钟，估计风力达 12 级以上。风灾造成 20 公顷香蕉、40 公顷甘蔗折断倒伏，其他农作物也不同程度受损，估计直接经济损失 300 多万元。

(11)9 月 5 日，吉林省松原市扶余市更新乡新红村、南平村 2 个村遭受龙卷袭击，造成 179 人受灾，直接经济损失 182 万元。

2.5 沙尘暴

2.5.1 基本概况

2017 年，我国共出现了 8 次沙尘天气过程(表 2.5.1)，6 次出现在春季(3—5 月)。2017 年春季我国北方沙尘过程总次数与沙尘暴次数均为 2000 年以来同期最少值；沙尘首发时间较常年偏早，较 2016 年偏早 24 天；沙尘日数较常年同期明显偏少，为 1961 年以来同期最少值。

表 2.5.1 2017 年我国主要沙尘天气过程纪要表(中央气象台提供)

Table 2.5.1 List of major sand and dust storm events and associated disasters over China in 2017 (By National Meteorological Center of CMA)

序号	起止时间	过程类型	主要影响系统	影响范围
1	1 月 25—26 日	扬沙	地面冷锋、蒙古气旋	甘肃中西部、宁夏和内蒙古西部等地出现浮尘或扬沙，宁夏中卫和中宁出现沙尘暴
2	2 月 19—20 日	扬沙	地面冷锋、气旋	甘肃西部、新疆南疆、内蒙古西部出现扬沙，新疆南疆、内蒙古局地出现沙尘暴
3	3 月 12 日	扬沙	地面冷锋	新疆东部和南疆盆地、甘肃西部、内蒙古西部出现扬沙浮尘天气
4	3 月 23 日	扬沙	地面冷锋、气旋	新疆南疆盆地、甘肃河西、内蒙古西部、宁夏北部出现扬沙浮尘天气
5	4 月 17 日	扬沙	地面冷锋、气旋	内蒙古西部、甘肃河西、宁夏北部等地出现扬沙，内蒙古西部局地出现沙尘暴
6	4 月 18—19 日	扬沙	气旋	新疆南疆盆地、内蒙古中西部、甘肃中部等地出现扬沙，局地出现沙尘暴
7	5 月 3—7 日	沙尘暴	气旋	新疆南疆盆地、甘肃中西部、宁夏、内蒙古、陕西北部、山西中北部、河北北部、北京、吉林西部、黑龙江西南部、山东、江苏、湖北、湖南北部等地出现扬沙浮尘天气，内蒙古部分地区有沙尘暴，局地出现强沙尘暴
8	5 月 28—29 日	扬沙	气旋	内蒙古西部、甘肃西部、新疆南疆盆地等地出现扬沙浮尘天气，内蒙古拐子湖出现强沙尘暴

2.5.2 2017 年我国北方沙尘天气主要特征和过程

1. 春季沙尘过程数较常年同期明显偏少，沙尘暴次数为 2000 年以来最少

2017 年春季(3—5 月)，我国共出现 6 次沙尘天气过程(5 次扬沙，1 次沙尘暴)，较常年同期(17 次)明显偏少，较 2000—2016 年同期平均(11.4 次)(表 2.5.2)偏少 5.4 次，为 2000 年以来最少值。其中沙尘暴过程仅有 1 次，较 2000—2016 年同期平均次数(6.4 次)偏少 5.4 次，较 2016 年同期偏少 2 次，为 2000 年以来最少值(图 2.5.1)。6 次沙尘天气过程中有 2 次出现在 3 月，2 次出现在 4 月，2 次出现在 5 月(表 2.5.2)。

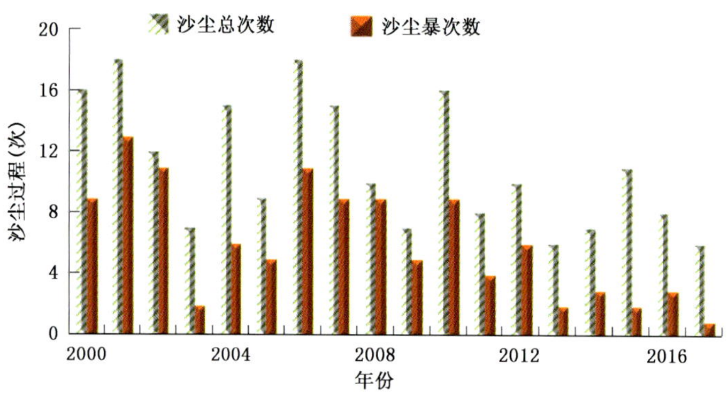

图 2.5.1　2000—2017 年春季中国沙尘天气过程次数及沙尘暴过程次数历年变化

Fig. 2.5.1　Frequency of sand and dust storm events over China in spring during 2000－2017

表 2.5.2　2000—2017 年春季(3—5 月)及各月我国沙尘天气过程统计

Table 2.5.2　Statistics of sand and dust storm events in spring (from March to May) during 2000－2017

时间	3 月	4 月	5 月	总计
2000 年	3	8	5	16
2001 年	7	8	3	18
2002 年	6	6	0	12
2003 年	0	4	3	7
2004 年	7	4	4	15
2005 年	1	6	2	9
2006 年	5	7	6	18
2007 年	4	5	6	15
2008 年	4	1	5	10
2009 年	3	3	1	7
2010 年	8	5	3	16
2011 年	3	4	1	8
2012 年	2	6	2	10
2013 年	3	2	1	6
2014 年	2	3	2	7
2015 年	5	3	3	11
2016 年	3	3	2	8
2017 年	2	2	2	6
2000—2016 年平均	3.9	4.6	2.9	11.4

2. 沙尘首发时间较常年偏早

2017 年我国首次沙尘天气过程发生时间为 1 月 25 日，较 2000—2016 年平均首发时间(2 月 15 日)偏早，较 2016 年(2 月 18 日)偏早 24 天(表 2.5.3)。

表 2.5.3 2000 年以来历年沙尘天气最早发生时间

Table 2.5.3 The earliest beginning date of sand and dust storms during 2000－2017

年份	最早发生时间	年份	最早发生时间
2000	1 月 1 日	2009	2 月 19 日
2001	1 月 1 日	2010	3 月 8 日
2002	3 月 1 日	2011	3 月 12 日
2003	1 月 20 日	2012	3 月 20 日
2004	2 月 3 日	2013	2 月 24 日
2005	2 月 21 日	2014	3 月 19 日
2006	2 月 20 日	2015	2 月 21 日
2007	1 月 26 日	2016	2 月 18 日
2008	2 月 11 日	2017	1 月 25 日

3. 沙尘日数偏少，为 1961 年以来同期最少

2017 年春季，我国北方平均沙尘日数为 1.9 天，较常年（1981—2010 年）同期（5.1 天）偏少 3.2 天，比 2000—2016 年同期（3.5 天）偏少 1.6 天，为 1961 年以来历史同期最少值（图 2.5.2）。平均沙尘暴日数为 0.1 天，分别比常年同期（1.1 天）和 2000—2016 年同期（0.7 天）偏少 1.0 天和 0.6 天，为 1961 年以来历史同期最少值（图 2.5.3）。

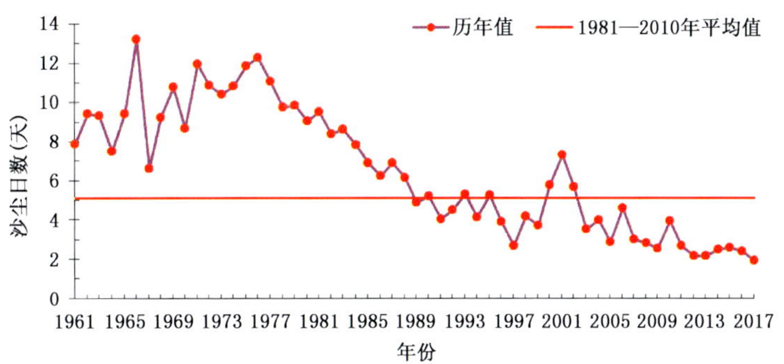

图 2.5.2 春季（3—5 月）中国北方沙尘（扬沙以上）日数历年变化（1961—2017 年）

Fig. 2.5.2 Annual variation of sand and dust (sand-blowing, sandstorm, strong sandstorm) days over northern China in spring during 1961－2017

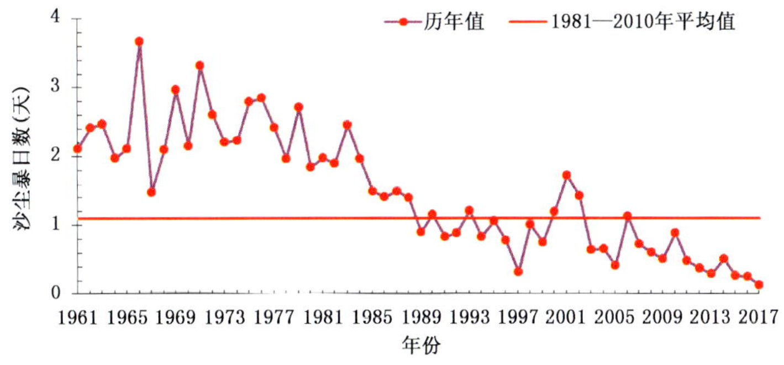

图 2.5.3 春季（3—5 月）中国北方沙尘暴日数历年变化（1961 2017 年）

Fig. 2.5.3 Annual variations of sandstorm days over northern China in spring during 1961－2017

从地域分布来看，2017 年春季沙尘天气范围主要集中于新疆南部、甘肃西部、宁夏大部、内蒙古西部和中部、青海西北部等地，南疆盆地、内蒙古西部和中部等地部分地区沙尘日数在 5 天以上，部分地区在 10 天以上；东北西部和中部及内蒙古东部、甘肃中部、青海西北部、陕西北部、山西西北部、河北北部等地沙尘日数为 1～5 天(图 2.5.4)。与常年同期相比，北方大部地区都是偏少的，尤其是新疆西南部、内蒙古西部、甘肃北部、宁夏大部等地偏少 5～10 天，部分地区偏少 10 天以上(图 2.5.5)。

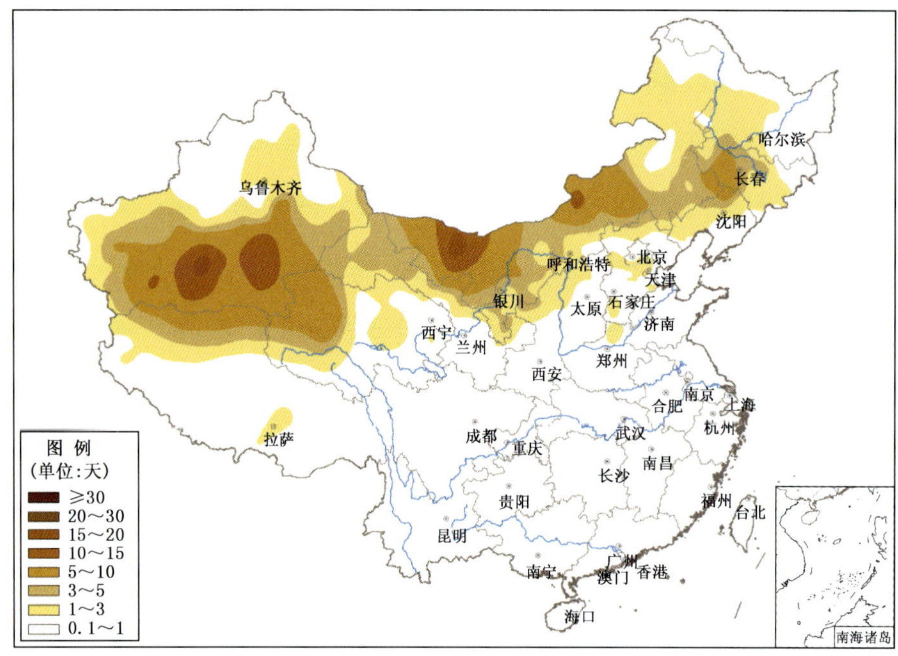

图 2.5.4 2017 年全国春季沙尘日数分布

Fig. 2.5.4 Distribution of the number of sand and dust (sand-blowing, sandstorm, strong sandstorm) days over China in spring in 2017(unit:d)

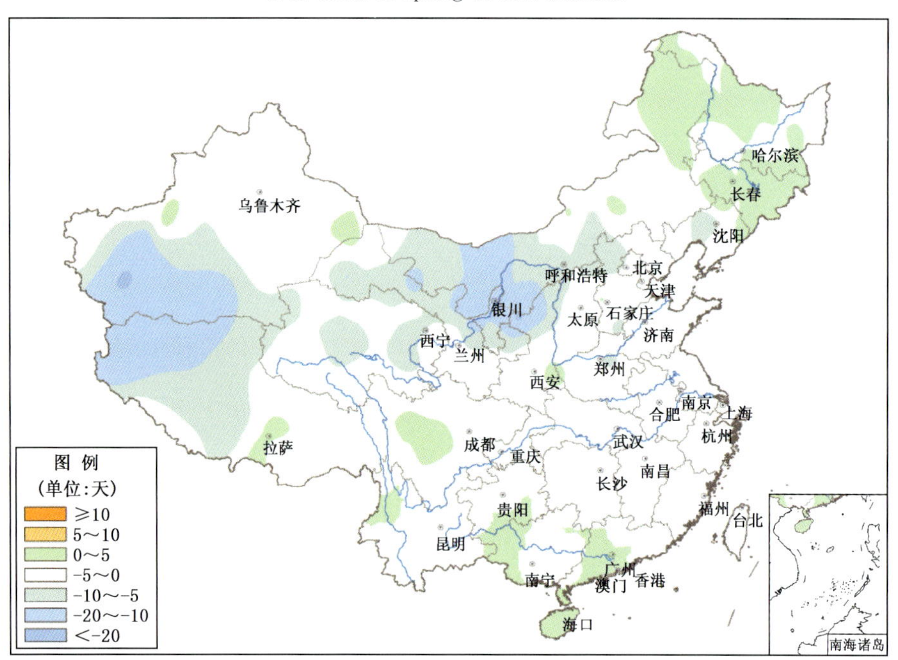

图 2.5.5 2017 年春季全国沙尘日数距平分布

Fig. 2.5.5 Distribution of anomaly of sand and dust (sand-blowing, sandstorm, strong sandstorm) days over China in spring in 2017(unit:d)

2.5.3 2017年我国北方沙尘天气影响

2017年沙尘天气的影响总体偏轻。5月3—7日的沙尘暴天气过程是2017年沙尘强度最强的一次

5月3—7日，我国北方地区出现2017年以来首次沙尘暴天气过程，沙尘影响面积达163万平方千米，主要影响地区为新疆南疆盆地、甘肃中西部、宁夏、内蒙古、陕西北部、山西中北部、河北北部、北京、吉林西部、黑龙江西南部等地。北京5月4日出现浮尘天气，能见度仅有1～2千米，大部地区 PM_{10} 浓度超过1000微克/米 ^{3}。

3月12日，新疆东部和南疆盆地、甘肃西部、内蒙古西部等地出现扬沙浮尘天气；3月23日，新疆南疆盆地、甘肃河西、内蒙古西部、宁夏北部出现扬沙天气，其中铁干里克和塔中地区出现沙尘暴，最小能见度不足500米，此次沙尘过程持续时间较长，给当地居民生产生活、出行及道路交通安全带来不利影响。4月17日，内蒙古西部、甘肃河西、宁夏北部等地出现扬沙，内蒙古西部局地出现沙尘暴；4月18—19日，新疆南疆盆地、内蒙古中西部、甘肃中部等地出现扬沙，局地出现沙尘暴。沙尘天气给当地居民生产生活、出行及道路交通安全带来不利影响。

2.6 低温冷冻害和雪灾

2.6.1 基本概况

2017年，全国平均霜冻日数（日最低气温≤2℃）112.5天，较常年偏少约9.2天，为1961年以来第三少值（图2.6.1），仅次于1998年和2016年；全国平均降雪日数为13.0天，比常年偏少13.3天，为1961年以来最少值（图2.6.2）。

2017年，全国因低温冷冻害和雪灾共造成161.7万人次受灾；农作物受灾面积52.5万公顷，绝收面积8.3万公顷；直接经济损失18.9亿元。与2012—2016年平均值相比，死亡人口、受灾面积、经济损失均偏少。总体而言，2017年属低温冷冻害及雪灾偏轻年份。

2017年，我国主要低温冷冻害和雪灾事件有（表2.6.1）：1月中东部遭遇3次大范围冷空气过程；2月中东部出现2次大范围降温和雨雪天气过程，新疆遭受暴雪袭击；3月南方大部地区阴雨寡照，东部出现2次强冷空气过程，西部地区部分遭遇雪灾；12月，5次冷空气过程影响全国，北方部分地区遭受雪灾。

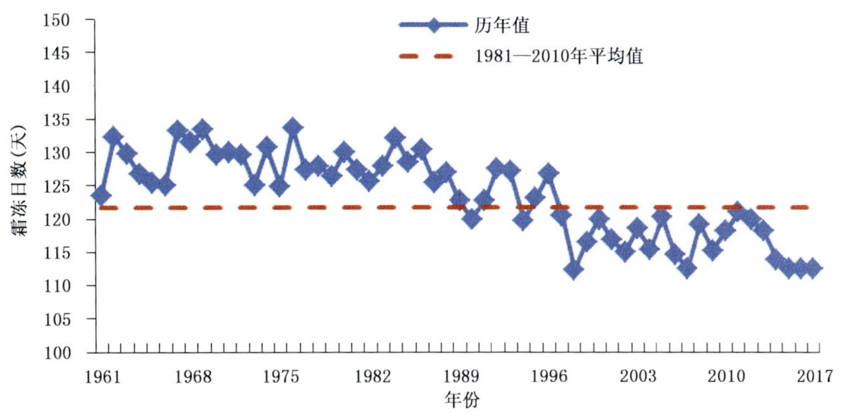

图2.6.1 1961—2017年全国平均霜冻日数

Fig. 2.6.1 Annual frost days over China during 1961－2017

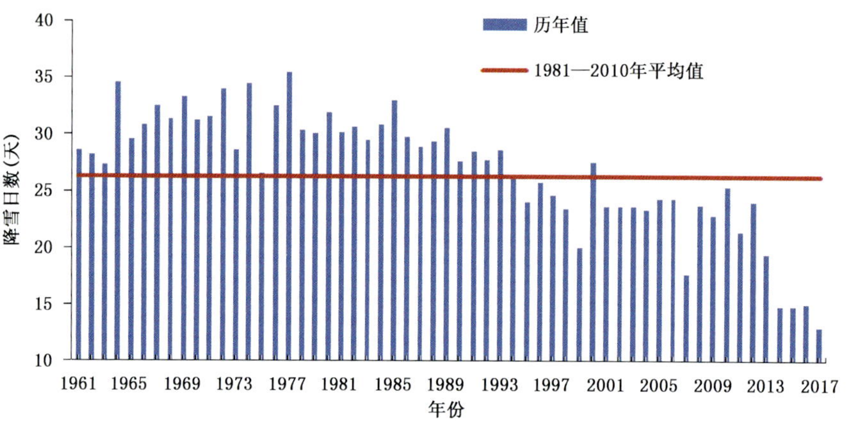

图 2.6.2 1961—2017 年全国平均年降雪日数

Fig. 2.6.2 Annual snowfall days over China during 1961－2017(unit:d)

表 2.6.1 2017 年全国主要低温冷冻害和雪灾事件简表

Table 2.6.1 List of major low-temperature, frost and snowstorm events over China in 2017

时间	影响地区	灾情概况
1 月	3 次冷空气过程影响中东部地区	1 月 8—12 日、19—22 日和 27—31 日，中东部大部地区遭遇 3 次大范围冷空气过程。19—22 日强冷空气过程造成东北大部、内蒙古中东部、华北中北部、黄淮东部等地最大降温达到 4～8℃，部分地区超过 16℃。大风和降雪天气对春运造成不利影响，多条高速公路封闭，机场航班延误，逾万名旅客出行受阻，渤海海峡部分省际航线停航
2 月	低温和雨雪天气影响中东部地区，新疆遭受暴雪袭击	2 月 6—10 日和 20—22 日，中东部出现 2 次大范围降温和雨雪天气过程。20—22 日降温幅度大、雨雪影响范围广，最大降温幅度在 8℃以上，河套地区、河北大部、黄淮大部、江汉等地累计降雪量有 4～10 毫米，西北地区东部、黄淮南部、江汉等地降雪量超过 10 毫米。大风降温及雨雪天气给交通出行及农业基础设施带来不利影响，部分高速公路封闭，蔬菜大棚垮塌、受损，部分农作物遭受冻害。17—21 日，新疆北部降雪量 12～25 毫米(最大 25.8 毫米)，15 站日降水量居 2 月历史同期第一位，北疆沿天山一带新增积雪深度达 25 厘米以上(最大 29 厘米)。暴雪造成机场跑道关闭、部分航班取消，部分地区基础农业设施受损
3 月	东部地区 2 次强冷空气过程，南方地区阴雨寡照	3 月，东部地区出现 2 次强冷空气过程。1—2 日影响长江以北大部地区。13—15 日，黄河下游以南大部地区遭遇强冷空气过程，江汉、江淮西部、江南西部、华南地区降温在 6℃以上，华南西部和中部地区降温幅度在 8℃以上。江南和华南及贵州等地长时间低温阴雨寡照对春播产生不利影响，农田土壤持续过湿影响作物生长

续表

时间	影响地区	灾情概况
3月	西部地区遭遇雪灾	中旬初，西北地区东部遭遇大范围雨雪过程，宁夏部分地区、甘肃东部、陕西关中北部和西部积雪深度2～30厘米(最大35厘米)。3—6日、10—14日和17—22日新疆出现3次降雪天气过程，最大积雪深度达36厘米，克孜勒苏、和田地区出现5次雪灾。雨雪过程和雪灾造成居民房屋受损和牲畜死亡，对牧区放牧、牧业生产以及交通产生不利影响
12月	5次冷空气过程影响我国，北方部分地区遭受雪灾	5次冷空气过程影响我国。11—12日冷空气过程较强，内蒙古东部、东北南部及华北北部降温6～12℃；黑龙江(双鸭山东部、鸡西东部)、吉林等地出现大到暴雪，吉林东南部局地积雪超过20厘米。降雪导致道路结冰，对吉林、河北、河南等地交通造成不利影响

2.6.2 主要低温冷冻害和雪灾事件

1.1月中东部地区遭遇3次大范围冷空气过程

1月，中东部大部地区受3次大范围冷空气过程影响，其中19—22日为强冷空气过程。东北、河北、山西、内蒙古和新疆等地共52站日降温幅度达到极端事件标准，其中辽宁西丰(24.3℃)和吉林桦甸(23.0℃)、白山(17.9℃)等6站日降温幅度突破历史极值。冷空气导致大风和降雪天气对春运造成不利影响，多条高速公践封闭，机场航班延误，逾万名旅客出行受阻；渤海海峡部分省际航线停航。

19—22日，中东部过程最大降温普遍有4～8℃，东北中部和东南部、华北大部、黄淮北部和东南部、江淮、江南东部及内蒙古部分地区、福建东部等地有8～12℃，局部地区超过12℃；全国最低气温的0℃线南端达到福建北部。东北大部、内蒙古中东部、华北中北部、黄淮东部等地还出现降雪、大风天气，导致河北、北京、辽宁等地交通受阻，多条高速封闭，机场航班延误。19日大连机场因大雪造成百余架次进出港航班延误或取消，逾万名旅客出行受阻。渤海海峡部分省际航线春运客船因大风停航。

27—31日，东北、华北、西北东部、黄淮中部、江淮东部及内蒙古、浙江东部、西藏中部和西部、青海西部等地过程最大降温有8～16℃，东北东南部和西北部、华北西北部及内蒙古中部、陕西北部等地超过16℃；最低气温的0℃线南端达到浙江北部。部分地区出现大风、雪、雨夹雪或雨天气，不利于春运和人们出行。

河南 1月31日，南阳、信阳、平顶山、驻马店、许昌、漯河等地普降大雪，局部暴雪，扶沟和汝南降雪量分别为12.2毫米和10.2毫米，造成沪陕高速公路唐河段百余辆车相撞，河南省32段高速公路采取交通管制。

吉林 26—29日出现明显降雪过程，吉林省平均降雪量5.2毫米。中南部地区中到大雪造成部分高速公路及机场临时封闭，对春节出行产生不利影响。

内蒙古 27—28日全区型强冷空气过程造成阿拉善盟东部、鄂尔多斯市大部、包头市南部、呼和浩特市大部、呼伦贝尔市中部及北部等地过程累计降温达6℃以上，最大降温出现在呼伦贝尔市根河市，降温幅度达12.6℃，内蒙古大部地区日最低气温在－15℃以下。强冷空气过程使中东部部分地区设施农业受到低温冻害影响，果菜和叶菜类蔬菜生长速度减缓。

山东 1月出现6次降雨(雪)天气过程。28—29日，山东省大部地区出现雨夹雪，鲁中的东部、鲁东南和山东半岛地区降水量大于10毫米(崂山达22.4毫米)。19—21日、28—30日大风降温和降雪天气对温室蔬菜的生长有一定不利影响，30 日降雪造成多条高速公路关闭或限行。

2.2 月，中东部大部地区出现 2 次大范围降温雨雪天气过程，新疆受暴雪袭击

2 月 6—10 日，东北东南部、河套地区及浙江大部、福建、广东、江西大部等地降温幅度在 8℃以上。淮河以南大部地区出现雨雪天气，其中江汉、江淮、长江中下游部分地区累计降雪量有 4～10 毫米，局部超过 10 毫米。冷空气和雨雪过程对东北地区农业设施和畜牧业生产略有不利，江汉、江淮、江南北部部分已现蕾、抽薹的油菜遭受轻度冻害。

20—22 日，中东部地区相继出现雨雪和大风降温天气。华北西部及内蒙古中部、黄淮、江淮大部、江南西部等地最大降温幅度在 8℃以上，黑龙江大部、吉林东部、内蒙古东部、北疆大部等地极端最低气温降至－20℃以下，东北中南部、华北大部、西北大部、青藏高原等地降至－20～－4℃。我国大部地区出现雨雪天气，河套地区、河北大部、黄淮大部、江汉等地累计降雪量有 4～10 毫米，西北地区东部、黄淮南部、江汉等地降雪量超过 10 毫米。大风降温及雨雪天气给交通出行及农业基础设施带来不利影响，因积雪或道路结冰，造成部分市区交通拥堵、高速公路封闭，蔬菜大棚垮塌、受损，部分农作物遭受冻害。

2 月 9—21 日，北疆天山山区以及南疆盆地大部地区出现明显降雪，北疆大部地区降雪 12～25 毫米，乌鲁木齐等 15 站日降水量居 2 月历史同期第一位，小渠子等 10 站居第二位，昌吉等 4 站居第三位。沙雅日最大降水量(14.7 毫米)居冬季历史第一位。北疆沿天山一带新增积雪深度达 25 厘米以上，乌鲁木齐最大新增积雪 29 厘米。暴雪对高速公路、航班、农牧业都有不同程度的不利影响，乌鲁木齐机场跑道关闭、航班取消 36 架次；吐鲁番机场备降 13 个航班；部分地区基础农业设施受损，对牧区放牧及牲畜采食不利；造成昌吉州等地居民房屋倒塌，大棚损坏，经济损失较大；喀什地区部分巴旦木花芽受冻。

山东 出现 5 次大风和 6 次降水天气过程。21—22 日，山东省出现降雪天气，鲁西南、山东半岛、鲁西北的东部和鲁中的东部地区出现大雪，局部暴雪，微山降水量最大(17.7 毫米)。大风和降雪天气对海陆交通产生一定影响，受大风天气影响，9 日渤海海峡烟台至大连、蓬莱至旅顺等省际航线春运客船全线停航；19—20 日，烟台至大连、威海至大连航线客轮停航。受降雪和路面结冰影响，22 日山东境内 20 多个高速公路路口限行或临时关闭。

四川 20—23 日四川省出现区域性寒潮天气，日平均气温的平均降温幅度达 7℃，阿坝州北部、攀西地区东部及川南部分地区降幅度达 10～17℃，阿坝、甘孜和凉山州部分地方降中到大雪，局部地区暴雪，对交通运输有较大影响，部分路段因道路积雪和结冰严重关闭或管制通行。

云南 23—26 日，滇中及以北以东出现降温降雨(雪)天气过程，昭通市、曲靖市北部、迪庆州北部出现降雪，滇中以东出现倒春寒天气过程，昭通市南部、曲靖市极端最低气温降到 0℃以下。低温导致油菜落花落荚、分段结实，蚕豆花荚枯黑脱落。文山州、保山市出现 5℃以下极端最低气温，对甘蔗、咖啡、橡胶等作物的生长造成一定不利影响。

广西 22—24 日出现寒潮过程，大幅度降温 10～12℃，局地达 13～14℃；57％的县(市)过程最低气温在 8.0℃以下，桂林市东北部及南丹、三江等 10 个县(市)在 4.0℃以下，资源县最低为 2.0℃。大风和降温造成桂北高寒山区出现雾凇或道路积冰，对交通造成不利影响。22—28 日大部地区出现的低温阴雨天气对桂南和桂西的早稻、玉米的播种、出苗以及春耕均有不利影响。

广东 9—11 日，部分地区出现轻霜冻，对冬种作物生长产生不利影响；22—26 日，广东省 48 小时内日平均气温过程降温幅度达 10.4℃，61 站降温幅度超过 10℃，连州为 14.8℃，连山、南雄、始兴的最低气温低于 5℃，达到寒潮标准。强冷空气对早稻露地育秧及播种进度有一定影响，对冬种作物、热带果树及在田蔬菜生长也有不利的影响。

3. 3月，东部出现2次强冷空气过程，南方遭遇低温阴雨寡照天气

3月，东部地区出现两次强冷空气过程。1—2日，长江以北大部地区遭遇强冷空气过程，东北地区及黄淮东部地区降温6～8℃，东北北部和中部地区降温幅度超过8℃；东北、华北和黄淮东部地区还出现降雪天气。13—15日，黄河下游以南大部地区遭遇强冷空气过程，江汉、江淮西部、江南西部、华南地区降温幅度普遍在6℃以上，华南西部和中部地区降温幅度在8℃以上。月内，江南、华南及贵州等地雨日数普遍偏多，日照时数偏少，江西中部、湖南南部、广西北部、贵州东南部等地雨日偏多5天以上，日照时数偏少30～60小时；中旬至下旬中期，贵州大部、湖南中部和南部、江西南部、广西北部、广东西北部气温较常年同期偏低1～4℃。长时间低温阴雨寡照对农业生产和作物生长发育产生不利影响。

广东 上旬末到下旬初持续低温阴雨寡照天气对早稻播种和生成以及其他春播作物的播种、蔬菜生长发育和荔枝、龙眼的开花授粉均有不利影响。

四川 全省平均降水日数偏多(13.7天)，使得两季田湿害加重，不利于小春作物的正常生长，四川盆地部分区域湿害加重，部分水稻秧苗烂苗，小麦出现条锈病。

重庆 月平均气温偏低，降水量显著偏多5成，日照时数偏少3成。上中旬18个区县出现连阴雨天气，影响小春作物生长和春播进度，潼南、酉阳等地油菜出现落花现象，秧苗总体出苗缓慢，长势较弱。部分区县水稻秧田发现绵腐病危害，出现程度不一的烂种死苗现象。小春病虫害发生面积较2016年同期增加且不利于防治。

安徽 12—14日出现冷空气过程，淮北北部和西部降幅在10℃以上，12个市(县)达寒潮等级，导致麦菜和设施蔬菜遭受一定程度冻害。18—25日出现连阴雨天气，对早稻播种育秧和在地作物产生不利影响，导致春播进度延迟和农田湿渍害。

广西 出现2次低温阴雨天气过程：4—10日23个县(市)持续5天以上，12—29日36个县(市)持续3～18天。14—15日和25—26日降温达到冷空气过程标准。持续低温阴雨寡照天气对早稻适时播种、秧苗生长和春玉米等春种作物播种、出苗和健壮生长不利，导致春种作物生长缓慢，河池、贺州等局部地区早稻、春玉米出现烂种、死苗情况；对蔬菜生长和芒果、荔枝等果树的开花授粉以及甘蔗砍运、对马铃薯、番茄、辣椒等越冬作物的采收和上市均造成了不利影响，并易导致作物和果树病虫害滋生蔓延。

湖南 大部地区月降水日数达20～25天，日照时数异常偏少。持续阴雨寡照天气造成在地作物生长发育进程受阻，长势偏弱和病虫害偏重发生，双季早稻和春玉米播种较常年推迟。

江苏 1日、6—8日和12—13日发生3次降温过程，8日和14—15日部分地区出现霜冻。低温冻害引起油菜薹苓开裂。

4. 3月西部地区出现明显雨雪天气

3月，西北地区出现明显雨雪天气，新疆3—6日、10—14日和17—22日出现3次降雪过程，多地暴雪，降雪中心累计降雪量达41.5毫米，最大积雪深度达36厘米；西北地区东部11—13日出现明显雨雪天气，甘肃东部和南部、宁夏南部、陕西中南部、青海南部降水量普遍有5～25毫米，甘肃东南部和陕西南部有25～50毫米；4省(区)有23个站日降水量破3月极值，陕西武功(34.5毫米)、兴平(34.0毫米)、杨陵(33.8毫米)、宁夏六盘山(30.2毫米)等7站日降水量超过30毫米。甘肃东部积雪深度10～20厘米；宁夏固原市南部积雪15～30厘米，泾源县香水镇最大积雪深度达35厘米；陕西关中北部、西部积雪深度2～9厘米；青海积雪深度5～10厘米，大柴旦达20厘米。大范围雨雪天气对交通运输和农牧业产生不利影响。

新疆 出现3次降雪天气过程。3—6日，北疆沿大山一带、天山山区、喀什、克孜勒苏、阿克苏西部等地出现雨雪天气，克孜勒苏暴雪，降雪中心累计降雪量41.5毫米，最大积雪深度36厘米；

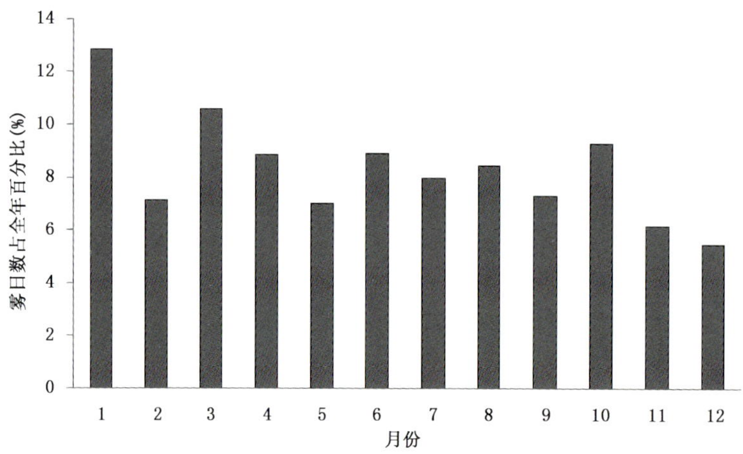

图 2.7.3　2017 年中国各月雾日数占全年的百分比

Fig. 2.7.3　Monthly percentage distribution of fog days over China in 2017 (unit: %)

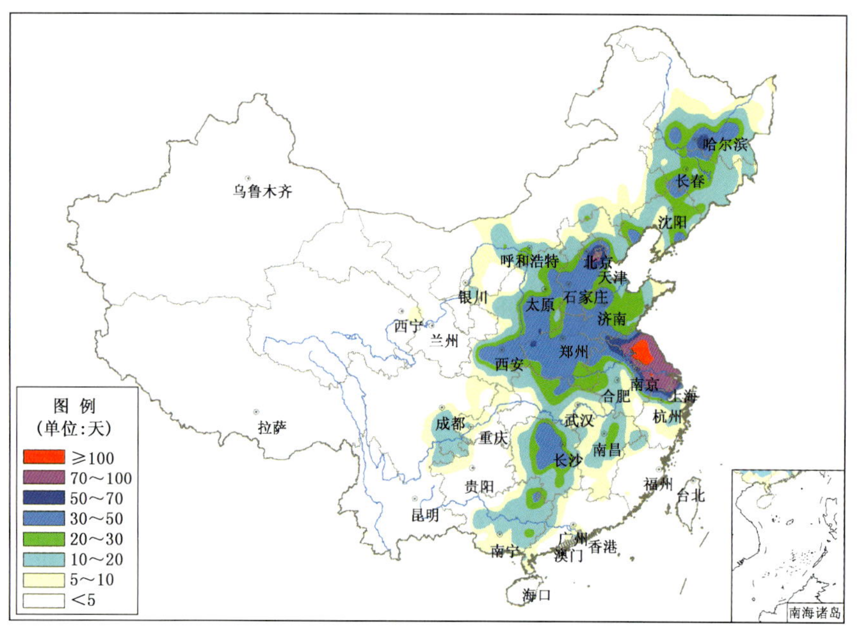

图 2.7.4　2017 年全国霾日数分布

Fig. 2.7.4　Distribution of haze days over China in 2017(unit: d)

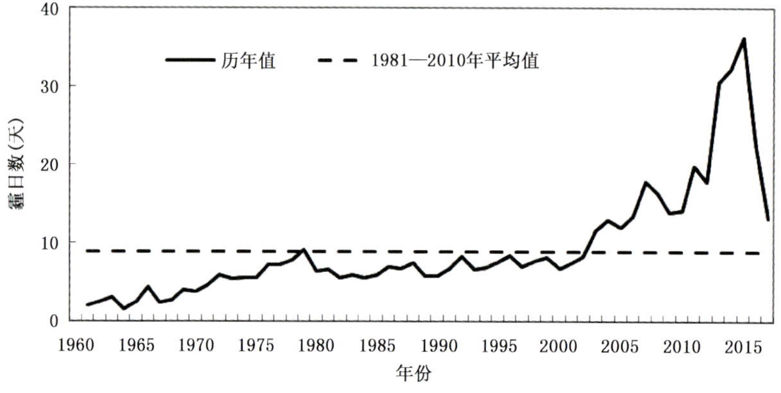

图 2.7.5　1961—2017 年中国 100°E 以东地区平均年霾日数

Fig. 2.7.5　The Haze days averaged over the east of 100°E of China during 1961—2017(unit: d)

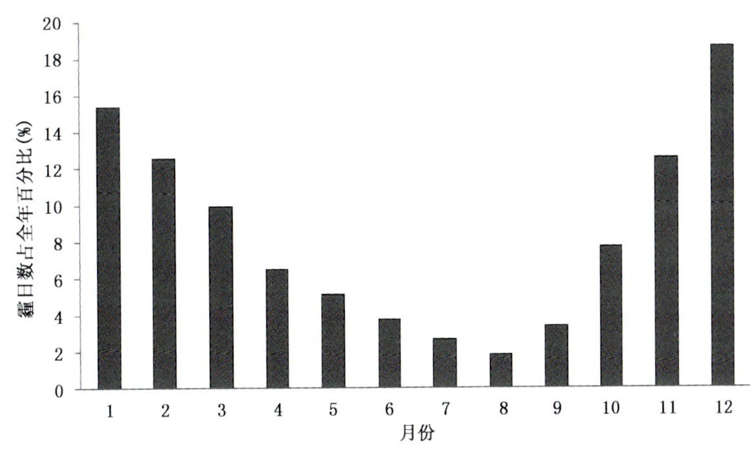

图 2.7.6　2017 年中国各月霾日数占全年的百分比

Fig. 2.7.6　Monthly percentage distribution of haze days over China in 2017(unit:%)

2.7.2　主要雾和霾灾害事例

2017 年,我国共出现 6 次大范围、持续性雾霾天气过程(主要集中在 1 月和 2 月),过程次数少于 2016 年。部分时段空气污染程度重,能见度低,对交通运输、交通安全影响大。

1. 1 月,我国中东部地区出现 2 次大范围雾霾天气过程

1 月,我国主要有 2 次雾霾天气过程。2016 年 12 月 30 日至 2017 年 1 月 7 日,东北地区中南部、华北大部、黄淮、江淮、江汉、江南中北部、华南中部及西北地区东部、四川盆地等地出现大范围霾,辽宁中部、华北中南部、黄淮、江淮大部及陕西关中等地出现重度霾。全国受霾影响面积达 280 万平方千米,京津冀多地出现"爆表",$PM_{2.5}$峰值浓度超过 500 微克/米^3,北京超过 600 微克/米^3。此次过程为 2017 年持续时间最长、影响范围最广、污染程度最重的霾天气过程。受其影响,北京、天津、河北、山东、河南多地发布霾预警,多个机场出现航班大量延误和取消,多条高速公路关闭;呼吸道疾病患者增多。24—26 日,东北地区中南部、华北大部、黄淮中西部、江汉、江南西北部、四川盆地、陕西等地出现霾,华北中南部、黄淮西部、陕西关中等地出现重度霾,河北局地 $PM_{2.5}$峰值浓度超过 500 微克/米^3,北京超过 250 微克/米^3。2—3 日、5 日和 23 日,盆地雾天气导致四川省多条高速公路关闭,成都双流机场多架次航班延误或取消,滞留旅客上万人次。

2. 2 月,云南、四川等地雾天气影响交通

2 月 3—5 日,东北地区中南部、华北大部、黄淮、陕西等地出现霾,华北中南部、黄淮西部、陕西关中等地出现重度霾,河北局地 $PM_{2.5}$峰值浓度超过 500 微克/米^3,北京超过 250 微克/米^3。13—16 日,东北地区中南部、华北大部、黄淮、江淮、江汉、四川盆地、陕西等地出现霾,华北中南部、黄淮西部、陕西关中等地出现重度霾,河北局地 $PM_{2.5}$峰值浓度超过 500 微克/米^3,北京超过 250 微克/米^3。14 日,鲁西北东部和鲁中北部部分地区出现能见度不足 500 米的雾,局部地区能见度不足 50 米。24 日,受雾天气影响,昆明长水国际机场能见度仅有 600～1000 米,造成 90 架次航班取消,延误 103 架次。25 日,G93 成渝环线高速公路遂宁段、S17 遂西高速公路吉祥站、明月站、赤城站,S2 成巴高速公路盐亭站至八角站因雾关闭。

3. 10 月,华北地区雾、霾天气影响交通

10 月 19 日,石家庄机场出现雾天气,能见度不足 200 米,受其影响,37 个出港航班、23 个进港航班延误,4 个航班备降外场。25—28 日,东北地区中南部、华北中南部、黄淮北部等地出现轻至中从雷击导致的伤亡人数来看，全年雷击伤亡超过 10 人的省份有 5 个，分别是湖南(23 人)、云南(23 人)、广西(15 人)、广东(13 人)和四川(10 人)。雷击导致身亡人数最多的省份是云南(9 人)，湖南、广西和广东的身亡人数也较多(7 人)(图 2.8.2)。从伤亡地域分布来看，西南地区和南方中部地区较为突出。

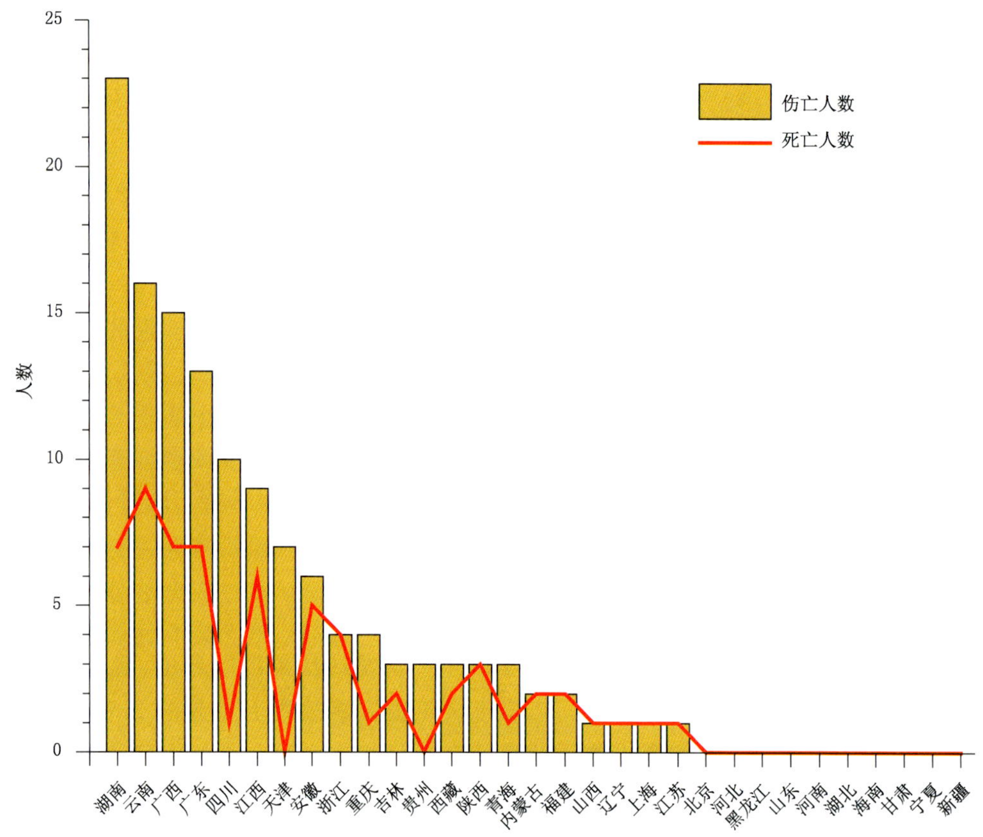

图 2.8.2　2017 年全国各省(区、市)雷击伤亡人数分布

Fig. 2.8.2　Number of lightning fatalities for all provinces over China in 2017

考虑人口权重(表 2.8.2)后，在雷灾事故率方面，除了浙江和广东等沿海省份依旧排名靠前外，西藏自治区升至首位；在雷击伤亡率方面，西藏自治区、天津市和青海省分列前三位，伤亡人数较多的云南省排名第四位。考虑人口权重后，西部地区省份的雷灾相关排名有显著的提升。

表 2.8.2　2017 年全国各省(区、市)每百万人口雷击死亡率、受伤率、伤亡率和雷灾事故发生率及其排序

Table 2.8.2　Rate per million people of lightning fatalities, injuries, casualties and damage accidents, and their ranks for all provinces over China in 2017

省份	人口数*(百万)	雷击死亡		雷击受伤		雷击伤亡		总雷灾事故	
		死亡率(%)	排序	受伤率(%)	排序	伤亡率(%)	排序	事故率(%)	排序
北京	13.82	0	20	0	14	0	22	0.22	16
天津	10.01	0	21	0.7	1	0.7	2	0.1	23
河北	67.44	0	22	0	15	0	23	0.16	19
山西	32.97	0.03	16	0	16	0.03	19	0.49	11
内蒙古	23.76	0.08	8	0	17	0.08	15	0.29	15
辽宁	42.38	0.02	17	0	18	0.02	20	0.71	7

续表

省份	人口数*（百万）	雷击死亡		雷击受伤		雷击伤亡		总雷灾事故	
		死亡率(%)	排序	受伤率(%)	排序	伤亡率(%)	排序	事故率(%)	排序
吉林	27.28	0.07	12	0.04	12	0.11	11	0.37	13
黑龙江	36.89	0	23	0	19	0	24	0.11	22
上海	16.74	0.06	13	0	20	0.06	17	0.3	14
江苏	74.38	0.01	18	0	21	0.01	21	0.71	6
浙江	46.77	0.09	7	0	22	0.09	13	2.69	2
安徽	59.86	0.08	9	0.02	13	0.1	12	0.08	26
福建	34.71	0.06	14	0	23	0.06	18	0.52	10
江西	41.4	0.14	5	0.07	10	0.22	7	0.48	12
山东	90.79	0	24	0	24	0	25	0	28
河南	92.56	0	25	0	25	0	26	0	29
湖北	60.28	0	26	0	26	0	27	0.1	24
湖南	64.4	0.11	6	0.25	4	0.36	5	0.65	8
广东	86.42	0.08	11	0.07	11	0.15	8	2.48	3
广西	44.89	0.16	4	0.18	5	0.33	6	0.87	5
海南	7.87	0	27	0	27	0	28	0	30
重庆	30.9	0.03	15	0.1	8	0.13	9	0.1	25
四川	83.29	0.01	19	0.11	7	0.12	10	0.05	27
贵州	35.25	0	28	0.09	9	0.09	14	0.2	17
云南	42.88	0.21	2	0.16	6	0.37	4	0.98	4
西藏	2.62	0.76	1	0.38	3	1.15	1	3.05	1
陕西	36.05	0.08	10	0	28	0.08	16	0.11	21
甘肃	25.62	0	29	0	29	0	29	0	31
青海	5.18	0.19	3	0.39	2	0.58	3	0.19	18
宁夏	5.62	0	30	0	30	0	30	0.53	9
新疆	19.25	0	31	0	31	0	31	0.16	20
全国	1262.28	0.07		0.08		0.16		0.54	

* 人口数来自于我国第五次全国人口普查。

2.8.3 雷电灾情时间分布

2017 年全国雷电灾情时间分布如图 2.8.3 所示。雷灾事故主要集中发生在 6—9 月。雷灾事故数在 7 月达到峰值，雷击受伤人数在 5 月份达到峰值，死亡人数则在 8 月达到峰值，它们各自占全年的比例分别为 23.8%、35.8%和 31.8%。

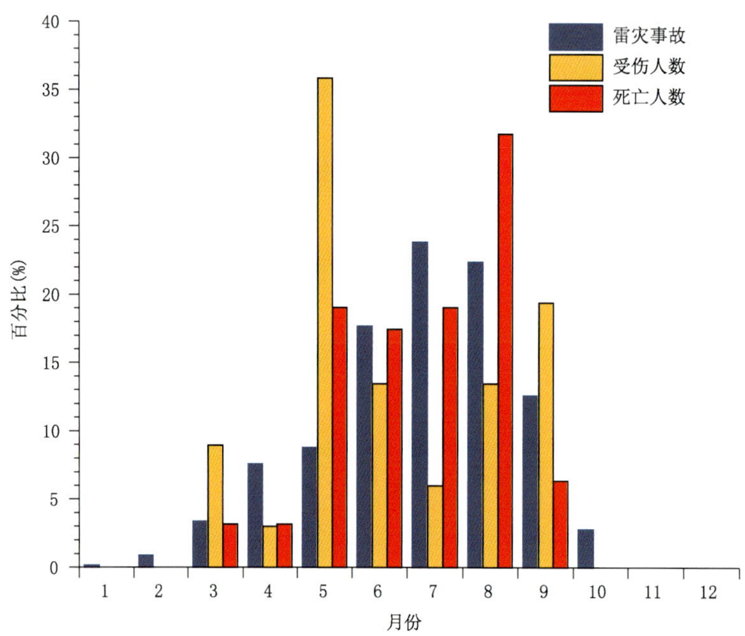

图 2.8.3　2017 年全国雷电灾害百分比月变化

Fig. 2.8.3　Monthly variation for percentage of lightning damage over China in 2017

2.8.4　2017 年较大雷电灾害事件

(1)3 月 18 日 15 时 20 分，广东省云浮市云安区都杨镇蟠咀村村民正在祭祖时遭雷击，造成 1 人(张某某，女)身亡，2 人(陈某某，男；邓某某，女)重伤，2 人(陈某某，女；陈某某，女)轻伤。

(2)5 月 1 日 05 时 55 分，广西壮族自治区桂林市龙胜县平等镇小江村平岔水电遭雷击，造成正在临时搭建简易工棚内休息的 1 人身亡，4 人受伤。

(3)5 月 11 日 15 时 08 分，湖南省怀化市溆浦县颜家垅村颜家垅村小学遭雷击，造成下课后正在教室外走廊嬉戏的 14 名学生受伤，并击毁 1 个屋角、1 处墙面。

(4)6 月 11 日 17 时 20 分，浙江省温州市泰顺县供电公司遭雷击，击坏 5 条高压输电线、15 个高压瓷瓶。直接经济损失 130 万元。

(5)6 月 28 日下午，四川省阿坝州阿坝县柯河乡茸昆村 9 名村民正在牧场挖贝母时遭雷击，造成 1 人(拉某，女，26 岁)身亡，2 人(产某某某，女，37 岁；缠某某，女，37 岁)重伤，6 人(洛某某，女，40 岁；扎某某，女，33 岁；索某某，女，27 岁；姐某，女，17 岁；尕某某，女，18 岁；仲某，女，29 岁)轻伤。

(6)8 月 3 日 14 时 50 分，重庆市彭水县大垭乡大垭村 3 组村民在务农时遭雷击，造成 1 人(向某某，女，47 岁)身亡，3 人(覃某某，女，53 岁；刘某某，女，54 岁；覃某某，女，62 岁)轻伤。

(7)8 月 17 日下午，湖南省湘潭市湘乡市湘潭金子箱包制品有限公司遭雷击，直接经济损失 120 万元。

(8)8 月 26 日 10 时 10 分，浙江省宁波市慈溪市个体工商户余某某等 2 人的厂房遭雷击，击毁 1 层民房墙体、1 个搭建钢棚、1 道围墙、3 台空调，损坏 12 万双成品拖鞋、1 台打包机，直接经济损失 122.2 万元。

(9)9 月 10 日 11 时 20 分，天津市蓟州区黄崖关长城景区 16 号敌楼遭雷击，造成 7 人受伤。

2.9 高温热浪

2017 年，全国平均高温（日最高气温≥35℃）日数 12.1 天，较常年（7.7 天）偏多 4.4 天，较 2016 年（10.7 天）偏多 1.4 天，为 1961 年以来最多值。东北、华北出现 1961 年以来最早高温过程。7 月中下旬，南方地区出现大范围持续高温天气。陕西年高温日数达 20.9 天，为 1961 年以来最多值。持续高温天气导致安徽、江苏、湖南出现中暑病例，陕西、安徽、重庆等地农作物生长受到影响，陕西、安徽、湖南用电负荷屡创新高。

2.9.1 高温概况

1. 陕西、内蒙古、江苏和安徽等地高温强度强

2017 年，华南部分地区、江南大部、江淮、江汉、黄淮西部和南部、华北东部和西南部及辽宁西部、内蒙古部分地区、新疆大部、甘肃部分地区、宁夏北部、陕西大部、四川东部、重庆等地极端最高气温有 38～40℃，浙江大部、上海、江苏南部、安徽中南部部分地区、湖北东部和西北部、重庆中部和西部、陕西东南部部分地区、内蒙古部分地区、新疆部分地区及湖南、河南、山西等省局部地区极端最高气温达 40～42℃，湖北局部、内蒙古局部、南疆部分地区超过 42℃（图 2.9.1）。2017 年，全国共有 437 站日最高气温达到极端事件标准，极端高温事件站次比为 0.71，较常年（0.12）和 2016 年（0.34）明显偏多。年内，全国有 113 站日最高气温突破历史极值，主要分布在陕西、甘肃、内蒙古、辽宁、新疆、江苏、安徽等省（区），陕西旬阳最高气温达 44.7℃。年内，全国有 410 站连续高温日数达到极端事件标准，极端连续高温日数事件站次比（0.5）较常年（0.13）偏多。

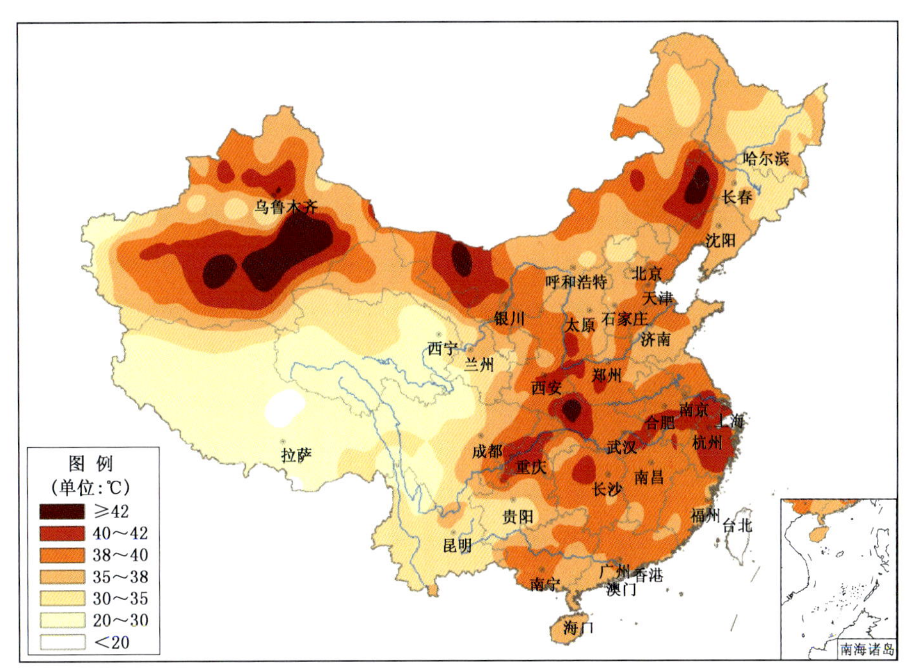

图 2.9.1 2017 年全国极端最高气温分布

Fig. 2.9.1 Distribution of extreme maximum temperatures over China in 2017 (unit: ℃)

2. 高温日数为 1961 年以来最多值

2017 年，全国平均高温（日最高气温≥35℃）日数 12.1 天，较常年（7.7 天）偏多 4.4 天，较 2016 年（10.7 天）偏多 1.4 天，为 1961 年以来最多值（图 2.9.2）。从空间分布上看，华南中东部、江南、江

淮南部、江汉西部、西南东北部及陕西东南部、河南大部、山东西部、河北东南部、内蒙古西部、新疆东南部等地高温日数有 20～40 天，福建大部、江西东南部、浙江中部和南部、新疆东南部及广东、湖南等地局部地区超过 40 天(图 2.9.3)。与常年相比，华南中东部、江南大部、西南地区东北部、江淮大部、江汉大部、黄淮、华北中南部及陕西大部、内蒙古部分地区、新疆东南部和北疆部分地区等地高温日数偏多 5～10 天，广东中东部、福建、浙江大部、江苏中南部、河南西部和北部、山东西部、河北东南部、山西西南部、陕西东南部、新疆东南部、四川东部、重庆大部等地偏多 10 天以上(图 2.9.4)。

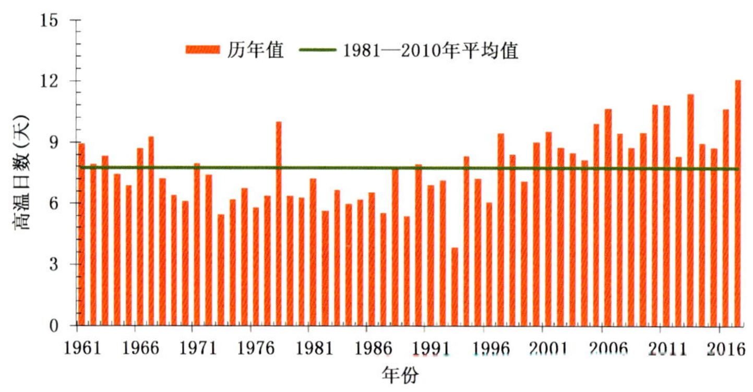

图 2.9.2　1961—2017 年全国平均年高温日数历年变化

Fig. 2.9.2　Annual mean hot days (daily maximum temperature≥35℃) over China during 1961—2017 (unit:d)

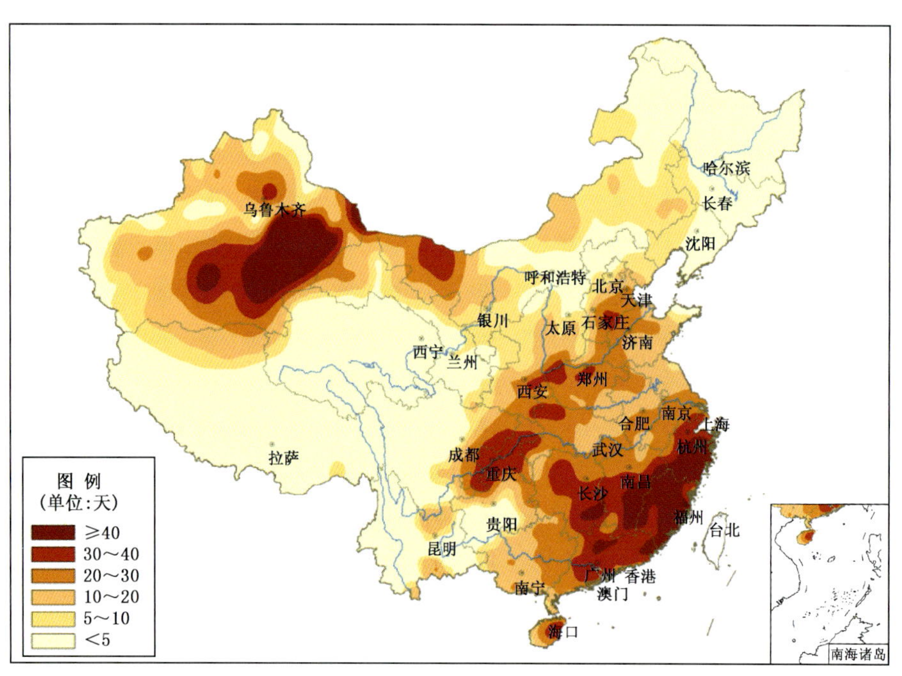

图 2.9.3　2017 年全国高温日数分布

Fig. 2.9.3　Distribution of hot days (daily maximum temperature≥35℃) over China in 2017 (unit:d)

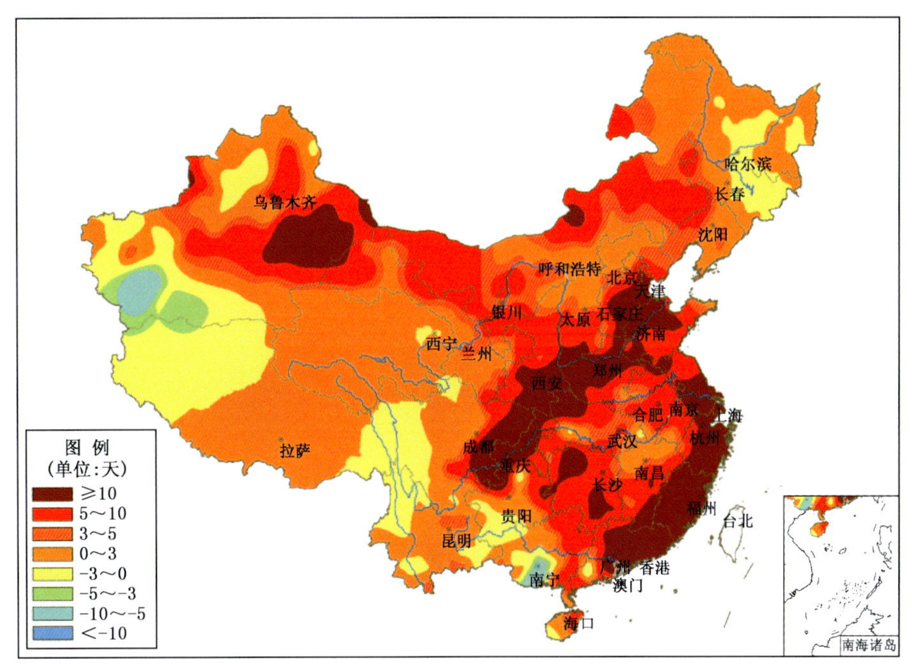

图 2.9.4　2017 年全国高温日数距平分布

Fig. 2.9.4　Distribution of hot days (daily maximum temperature≥35℃) anomalies over China in 2017 (unit:d)

2.9.2　主要高温事件及影响

2017 年,我国共出现 5 次区域性高温过程,分别为 5 月 17—19 日,6 月 27 日至 7 月 4 日,7 月 7 日至 8 月 25 日,8 月 27—31 日和 9 月 24—28 日。

5 月 17—19 日,东北、华北、黄淮等地出现 2017 年首次高温过程,东北、华北为 1961 年以来最早高温过程。68 站日最高气温达到或突破当地 5 月历史极值,内蒙古高力板(43.6℃)、吉林洮南(42.7℃)等地超过 42℃。

7 月中下旬,南方地区出现大范围持续高温天气,浙江、江苏、安徽、重庆、陕西、湖北、湖南的部分地区日最高气温超过 40℃,陕西旬阳(44.7℃)、重庆江津(42.5℃)等 6 县(区)超过 42℃。7 月 21 日上海徐家汇最高气温达 40.9℃,打破了徐家汇 1873 年以来的历史纪录。

夏季长时间持续高温对全国多地的农业生产、人体健康、电力供应和城市供水等产生了一定影响。

陕西　7 月,陕西出现多年少见持续性高温天气,加之降水偏少,苹果树营养生长、生殖生长均受到抑制,果实日灼发生率高,严重影响产量和品质形成;高温少雨对猕猴桃、柑橘、葡萄及核桃生长非常不利。受持续高温天气影响,陕西电网用电负荷一路飙升,7 月 24 日,陕西最大用电负荷达到 2387 万千瓦,2017 年夏季第七次创历史新高。

安徽　7 月中下旬出现持续性大范围晴热高温天气,对一季稻抽穗杨花、夏玉米抽雄吐丝、夏大豆开花结荚和棉花开花结铃产生不利影响。7 月 26 日 20 时 52 分,安徽省用电负荷首次突破 3800 万千瓦,达 3821 万千瓦,较 2016 年最大负荷增加 469 万千瓦,连续 7 天打破历史纪录;安徽省 16 个地级市用电负荷全部刷新历史纪录。7 月 18 日,合肥日供水量首创新高,达 170.9 万立方米,21—24 日连续刷新纪录,24 日飙升至 176.2 万立方米,年内第五次刷新纪录;7 月 26 日,芜湖市日供水量达 62.4 万立方米,打破历史纪录。据合肥 120 急救中心统计,从 23 日起中暑患者人数突然增加,26 日 7 时 30 分至 27 日 7 时 30 分接中暑呼救 47 次,创历史新高。

江苏 受持续高温天气影响，截至7月19日，南京市急救中心共接到78例因中暑需要急救的病人，仅7月18日就有10例。

湖南 受高温影响，长沙市出现多例热射病患者；湖南航天医院7天内陆续收治48位中暑患者，其中有2名重度中暑热射病患者。湘潭电网全口径负荷7月26日达到179.5万千瓦，较2016年的最高负荷增长了6.7%，刷新了湘潭电网历史新高；7月湖南省发电量131.97亿千瓦时，比2016年同期增长8.88%；7月最大负荷2608万千瓦，比2016年同期增加258万千瓦。

重庆 受持续晴热高温少雨天气影响，重庆潼南、合川、南川、大足、垫江等地出现了中度至重度土壤干旱，对水稻顺利灌浆十分不利；垫江、合川的部分乡镇稻田开裂，局部水稻出现高温逼熟现象。

2.10 酸雨

2.10.1 基本概况

2017年我国酸雨的主要特点如下：酸雨区（降水pH值低于5.60）范围较2016年继续减少，河南、湖北酸雨区面积减少较明显；酸雨频率较2016年进一步降低，湖南、广西、福建等地区降低较明显。

1. 全国年平均降水pH值分布

2017年，酸雨区范围主要覆盖江淮大部、江汉、江南、华南、西南地区大部、华北和东北地区的部分地区，浙江东部、福建西北部、江西北部和西南部、湖南中东部和广东西北部等地年平均降水pH值低于5.00，酸雨污染较明显（见图2.10.1）。

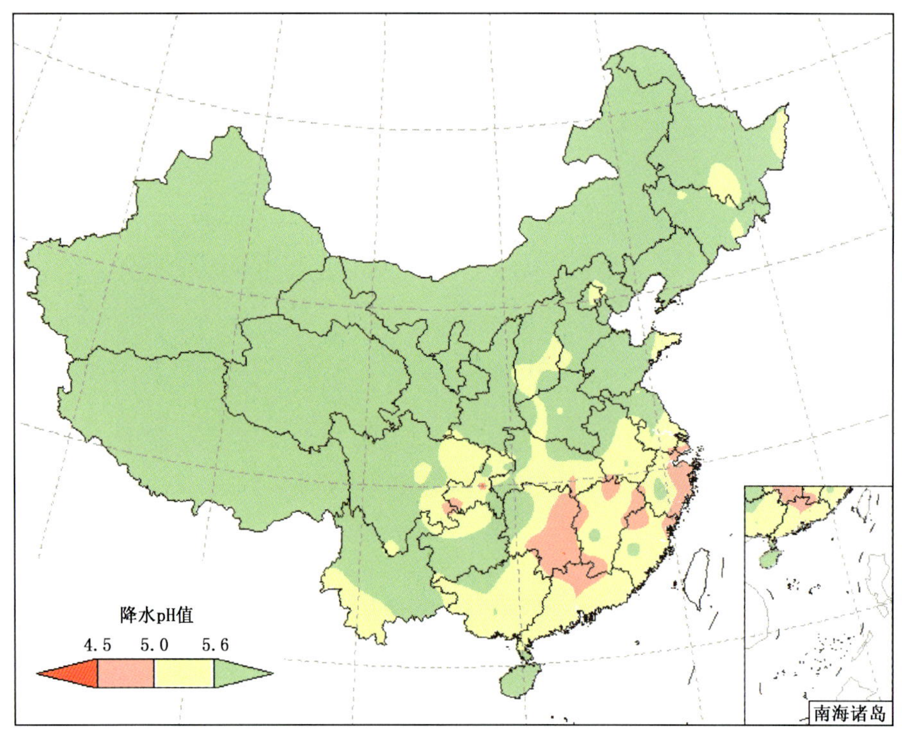

图2.10.1 2017年全国年均降水pH值分布

Fig2.10.1 Distribution of annual average precipitation pH distribution over China in 2017

对 2009 年以来有连续观测的 337 个酸雨观测站年均降水 pH 值进行统计的结果(表 2.10.1 和图 2.10.2)显示,多年来全国降水 pH 值持续趋升。2017 年,酸雨(区)台站(年均降水 pH 值＜5.60)数为 138 个,占全部酸雨站的 40.9%,较 2016 年(44.8%)减少 3.9%。其中,重酸雨(区)台站(年均降水 pH 值＜4.50)数为 3 个,保持 2009 年以来的最低值;轻酸雨(区)台站(4.50≤年均降水 pH 值＜5.00)数和较轻酸雨(区)台站(5.00≤年均降水 pH 值＜5.60)数分别为 30 个和 105 个,较 2016 年有不同程度减少。

表 2.10.1 降水 pH 值等级的台站数统计表

Table 2.10.1 Statistics of station numbers with different precipitation pH levels

年均降水 pH 值	pH＜4.50	4.50≤pH＜5.00	5.0≤pH＜5.60	pH≥5.60
2009 年台站数(个)	86	93	73	85
2010 年台站数(个)	59	92	81	105
2011 年台站数(个)	51	84	93	109
2012 年台站数(个)	25	89	98	125
2013 年台站数(个)	16	82	100	139
2014 年台站数(个)	9	71	113	144
2015 年台站数(个)	3	54	112	168
2016 年台站数(个)	3	39	109	186
2017 年台站数(个)	3	30	105	199

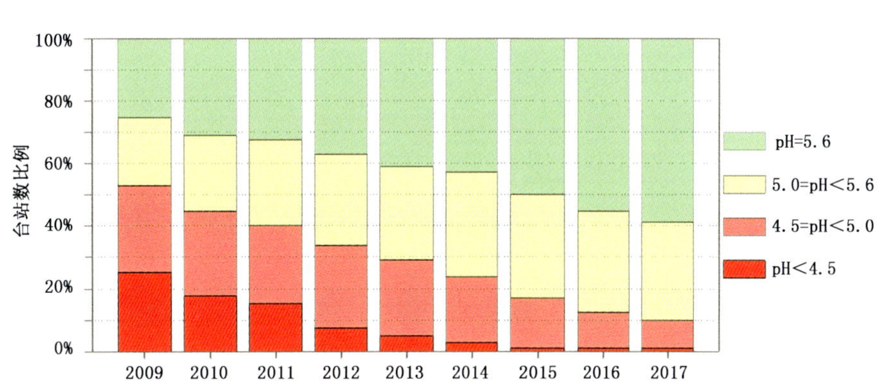

图 2.10.2 降水 pH 值等级的台站数统计图

Fig 2.10.2 Statistics of station numbers with different precipitation pH levels

2. 全国酸雨频率分布

2017 年我国酸雨多发区(酸雨频率大于 20%)主要覆盖江汉、江淮、江南和华南地区的大部,以及西南、华北和东北的部分地区。酸雨高发区(酸雨频率大于 80%)分布在湖南东部、江西北部以及重庆、四川的局部地区(见图 2.10.3)。2017 年全国 376 个酸雨观测站中,94 个站全年无酸雨发生,282 个站的酸雨频率大于 0,119 个站观测到有强酸雨(日降水 pH 值＜4.50)出现,占全部酸雨站的 31.6%,较 2016 年(37.5%)有所减少。

对 2009 年以来有连续观测的 337 个酸雨站酸雨频率数据进行统计的结果(表 2.10.2 和图 2.10.4)显示,多年来我国酸雨频发、高发的台站数减少,酸雨少发、偶发的台站数增加,全国平均酸雨频率趋于减小。2017 年,337 个酸雨站中有 190 个站的酸雨频率低于 20%,约占全部站点数的 56%,该比例为 2009 年以来的最高值;67 个站的酸雨频率高于 50%,约占全部站点数的 20%,为

2009 年以来的最低值。

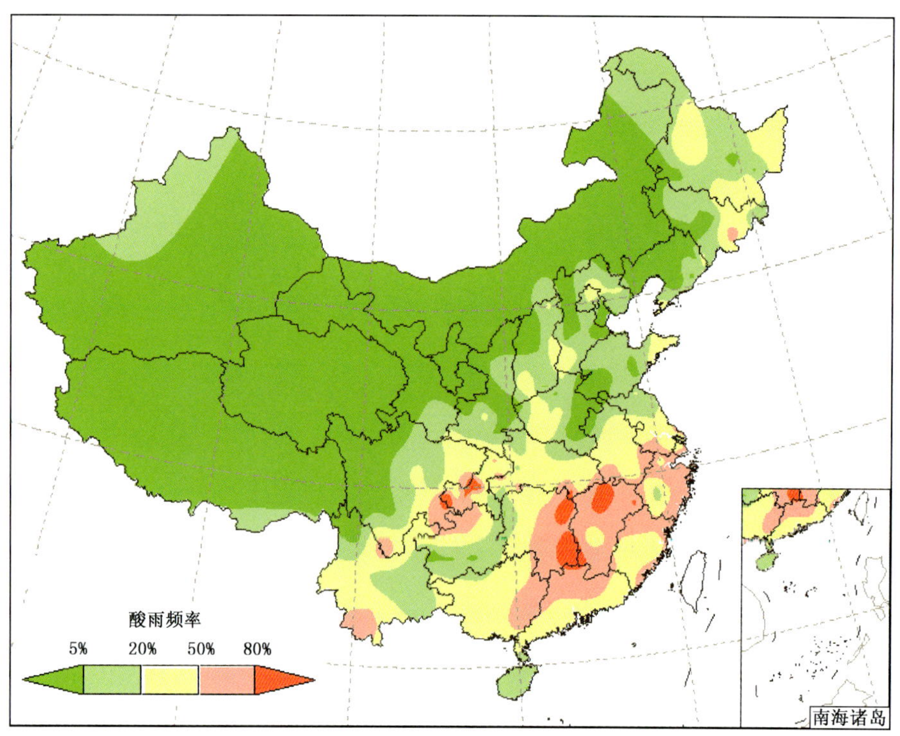

图 2.10.3　2017 年全国酸雨频率分布

Fig 2.10.3　Distribution of acid rain frequency over China in 2017

表 2.10.2　酸雨频率等级的台站数统计表

Table 2.10.2　Statistics of station numbers with different acid rain frequency levels

酸雨频率等级 F(%)	酸雨偶发 F≤5	酸雨少发 5<F≤20	酸雨多发 20<F≤50	酸雨频发 50<F≤80	酸雨高发 F>80
2009 年台站数(个)	55	36	73	84	89
2010 年台站数(个)	69	39	82	84	63
2011 年台站数(个)	70	43	76	87	61
2012 年台站数(个)	78	47	78	75	59
2013 年台站数(个)	76	62	84	68	47
2014 年台站数(个)	87	58	83	64	45
2015 年台站数(个)	99	56	88	60	34
2016 年台站数(个)	102	59	89	54	33
2017 年台站数(个)	116	74	80	41	26

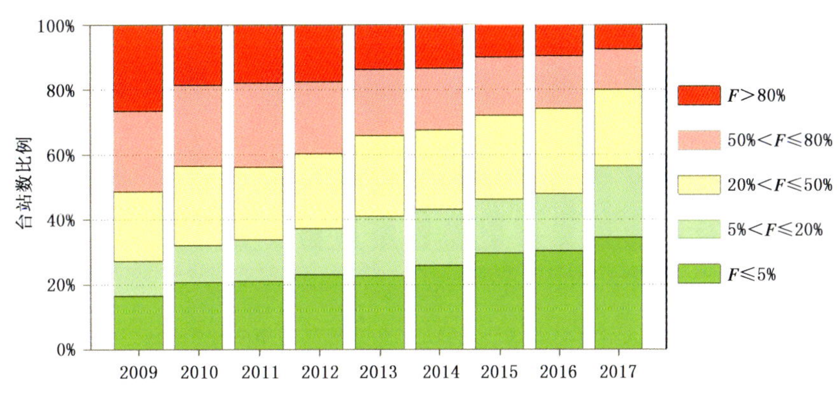

图 2.10.4 酸雨频率等级的台站数统计图

Fig 2.10.4 Statistics of station numbers with different acid rain frequency levels

2.10.2 主要区域酸雨变化特征

1. 华北区域酸雨特征

20 世纪 90 年代末至 2008 年的近 10 年间，华北地区降水酸度、酸雨频率和强酸雨频率等均呈现明显上升趋势，之后至 2017 年逐渐趋于波动下降。2017 年，华北地区降水 pH 值持续了近年来的波动升高趋势，年均降水 pH 值达到 1992 年以来的最高值，酸雨和强酸雨频率为 1992 年以来的最低值(图 2.10.5)。

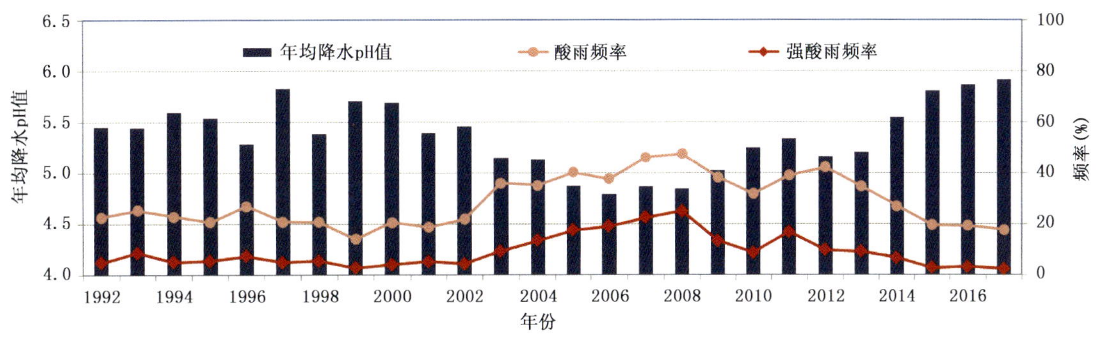

图 2.10.5 1992—2017 年华北地区酸雨变化趋势

Fig 2.10.5 Rainfall acidification trend in Northern China from 1992 to 2017

2. 华东区域酸雨特征

20 世纪 90 年代末至 2009 年的 10 年间，华东地区降水酸度、酸雨频率和强酸雨频率等均呈现明显上升趋势，之后至 2017 年逐渐趋于下降。2017 年华东地区降水 pH 值较 2016 年有微弱下降，强酸雨频率较 2016 年略有上升(图 2.10.6)。

3. 华中区域酸雨特征

20 世纪 90 年代末至 2007 年期间，华中地区降水酸度、酸雨频率和强酸雨频率等均呈现明显上升趋势，其间的 2006 年，该区域降水 pH 值低于 4.5，达到重酸雨区等级，之后至 2017 年该地区降水酸度、酸雨频率和强酸雨频率等均为波动下降趋势。2017 年，该地区降水 pH 值为 1992 年以来的最高值，强酸雨频率降至 1992 年以来的最低值(图 2.10.7)。

图 2.11.1 辽宁阜新阜蒙县播种未出苗地块(左)和毁种地块(右)(辽宁省气象局提供)
Fig 2.11.1 The non-seeding (left) and destroyed (right) cultivated field by drought in Mengxian County, Liaoning Province (By Liaoning Meteorological Bureau)

图 2.11.2 湖南新化县稻田受淹(左)和广西都安县玉米受淹(右)(湖南省气象局提供)
Fig 2.11.2 Flooded rice in Xinhua County, Hunan Province (left) and Du'an County, Guangxi (right) (By Hunan Meteorological Bureau)

8 月 7—9 日,四川盆地、江汉、黄淮南部、江淮、江南北部出现明显降雨过程,江苏、安徽、山东、河南、湖北、四川、重庆等省(市)局地遭受洪涝灾害,农作物受灾面积 4.6 万公顷、绝收面积 0.4 万公顷。13—15 日,广西、贵州至苏皖南部出现强降雨,部分玉米、花生、甘蔗等作物受淹、倒伏。

(2)北方局地极端性强降雨导致作物受灾

7 月,东北地区中东部部分地区月降水量达到 250～400 毫米,较常年同期偏多 3 成至 1 倍,吉林东部等地 7 月 13—14 日、19—21 日遭受暴雨袭击,吉林永吉日降水量两度破历史纪录,造成农田被淹,部分地块绝收,农业生产损失较大。7 月 25—28 日,陕西北部的榆林、延安等地出现区域性暴雨,过程累计雨量大,最大累计降水量超过 250 毫米,降水集中,极端性强,部分地区遭受洪涝灾害,农业受损较重。8 月 16—18 日,辽宁、吉林部分地区出现分散性大到暴雨,17 日辽宁大连局地大暴雨(100～177 毫米)造成部分农田受淹、倒伏,农作物受灾面积 2300 公顷,绝收面积 600 余公顷。8 月 18—19 日,河南西北部和东部、江苏中部偏东地区出现暴雨或大暴雨,局地累计雨量有 100～243 毫米,最大小时雨量 70～99 毫米,造成部分地区农田积水,玉米等作物倒伏。

3. 高温热害

2017 年夏季，全国平均高温日数较常年同期偏多，南方高温极端性较强(图 2.11.3)，对部分地区作物开花和产量形成不利，但总体影响有限。

(1)北方初夏高温出现时间早，部分地区影响较重

5—8 月北方出现 5 次高温天气过程，东北、华北高温是 1961 年以来出现最早年份。6 月至 7 月上旬，东北、华北及内蒙古等地持续高温天气，黑龙江、吉林 6 月高温日数均为 1961 年以来历史同期最多值。高温导致黑龙江西南部、吉林西部和辽宁西北部、山西、河南西北部土壤墒情下降迅速，不利于春玉米拔节以及夏玉米、夏大豆的播种出苗。7 月 15 日以后高温天气逐步缓解，高温主要分布在新疆南部、内蒙古西部和中东部、陕西中部等地。7 月下旬至 8 月上旬是玉米等作物发育关键期高温影响时间短、范围小、影响轻。

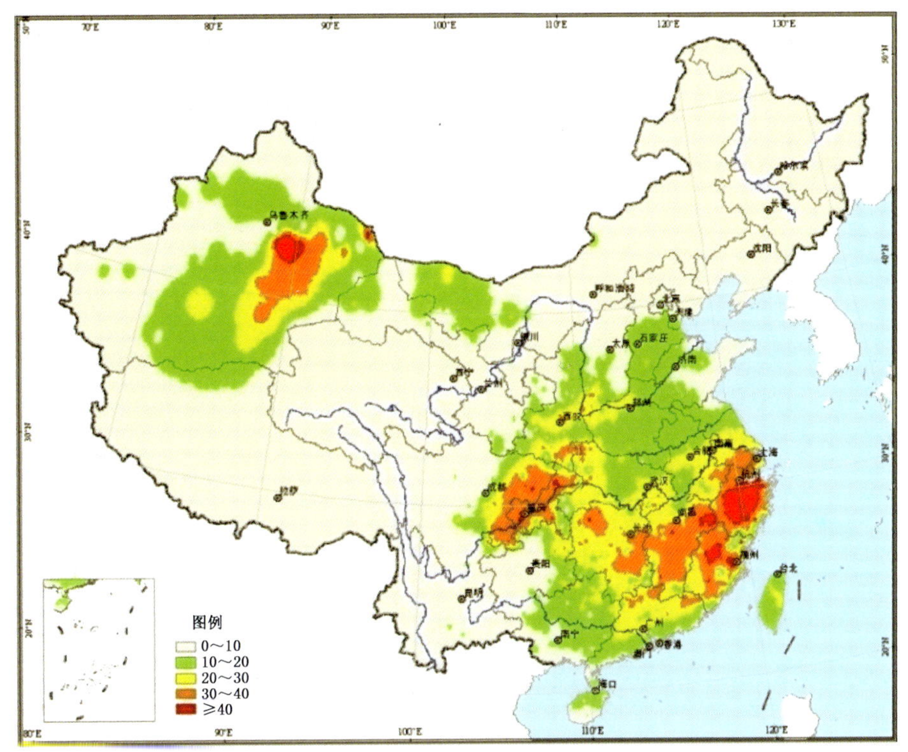

图 2.11.3 2017 年 7—8 月全国高温日数

Fig 2.11.3 Days of daily maximum temperature≥35 ℃ from July to August in 2017

(2)南方盛夏出现大范围高温天气，秋收作物生长和产量形成受到一定影响

7 月 11 日我国南方地区出梅后高温持续发展，7—8 月长江中下游及以南大部地区高温日数普遍有 20～35 天，7 月江淮南部、江南大部高温日数达到 16～20 天，8 月江南地区区域平均高温日数为 1961 年第三多值。高温造成早稻“高温逼熟”，一季稻抽穗开花遭受高温热害，影响晚稻秧苗移栽成活。

4. 低温冷冻害与雪灾

2017 年低温冷冻害与雪灾整体范围小、影响轻，仅部分地区出现阶段性低温冷冻害和雪灾。

(1)冬春季部分地区低温寒潮雪灾导致在地作物、设施农业和畜牧业受灾

2 月 6—10 日和 20—23 日中东部地区出现 2 次低温寒潮天气过程，10 日最低气温 0℃线南压到湖北中部、浙江南部一带，22 日最低气温 0℃线南压至陕西南部至江淮北部一带，长江中下游局地抽薹开花的油菜、露地蔬菜遭受轻度冻害。2 月 18—21 日，新疆、内蒙古、宁夏等地出现雪灾，导

致部分设施大棚垮塌损毁。3月9—12日，甘肃、青海、新疆、陕西等地部分地区连续降雪，加之气温骤降，积雪不能及时消融，出现低温冷冻害和雪灾，导致蔬菜大棚等设施垮塌损毁、牲畜无法放牧甚至死亡。据不完全统计，设施棚圈倒损5452个，农作物受灾面积447.7公顷，死亡牲畜9358只(头)。

(2)西北等地的部分地区秋季冻害和雪灾造成经济作物和设施农业受损

受冷空气影响，9月25日，新疆部分地区气温下降至−2℃，导致未收获的番茄和未采摘的鲜食葡萄等蔬菜、水果受到不同程度的霜冻。10月8—10日，受较强冷空气影响，甘肃中部、内蒙古东北部和中部出现雨夹雪或降雪，造成部分农作物和蔬菜大棚受损。

5. 台风

2017年登陆我国的台风有8个，较常年略偏多，影响较大的台风有“纳沙”“海棠”“天鸽”“帕卡”“玛娃”“杜苏芮”“卡努”。2017年台风登陆时间集中，路径以北上、西行为主，登陆地点重叠；但台风灾情与近5年同期相比明显偏轻。台风“天鸽”强度强、致灾重。

7月30日和31日，第9号台风“纳沙”和第10号台风“海棠”先后在福建福清沿海登陆，福建大部、浙江东南部、江西东部等地29—31日出现大雨或暴雨，部分地区大暴雨，福建64个县(市、区)降雨量超过50毫米，20个超过100毫米。双台风带来的强风暴雨，导致部分低洼农田积水、作物受淹，经济林果和水产养殖受到损失；据不完全统计，福建农作物受灾面积2.4万公顷，绝收面积0.2万公顷。受“纳沙”和“海棠”的残余环流影响，江汉东部、江南东部和华南大部出现强风雨天气，部分地区农业受灾。8月23—27日，第13号台风“天鸽”和第14号台风“帕卡”先后登陆，华南中南部、西南地区南部等地出现强降雨并伴有大风，导致部分低洼农田积水、作物受淹，经济林果和水产养殖受到损失(图2.11.4)。9月，受第16号台风“玛娃”和第19号台风“杜苏芮”影响，广东东部、福建南部、海南和广西沿海地区出现大到暴雨、局地大暴雨，部分农作物、果蔬及水产养殖等遭受损失。10月，受第20号台风“卡努”影响，广东、海南、广西和浙江等地出现大风、暴雨、洪涝灾害，秋收作物收晒受到不利影响，局部地区晚稻、甘蔗等出现倒伏。

图2.11.4 台风导致广东江门香蕉大面积倒伏(左)和晚稻大面积被淹(右)(广东省气象局提供)
Fig. 2.11.4 Fallen banana (left) and flooded late rice (right) in Jiangmen, Guangdong Province due to typhoon (By Guangdong Meteorological Bureau)

6. 干热风

2017年冬麦区干热风出现偏早，干热风天数较2016年偏多，河南西北部部分地区偏重发生，但总体影响偏轻(图2.11.5)。5月17—19日，河南中北部、河北南部和山东中部部分地区出现了1～2天轻度干热风天气，河南省焦作、鹤壁、洛阳、郑州、平顶山等地的部分地区达到重度等级，河南中北部和河北南部等地部分土壤墒情偏差的田块冬小麦灌浆受到影响。

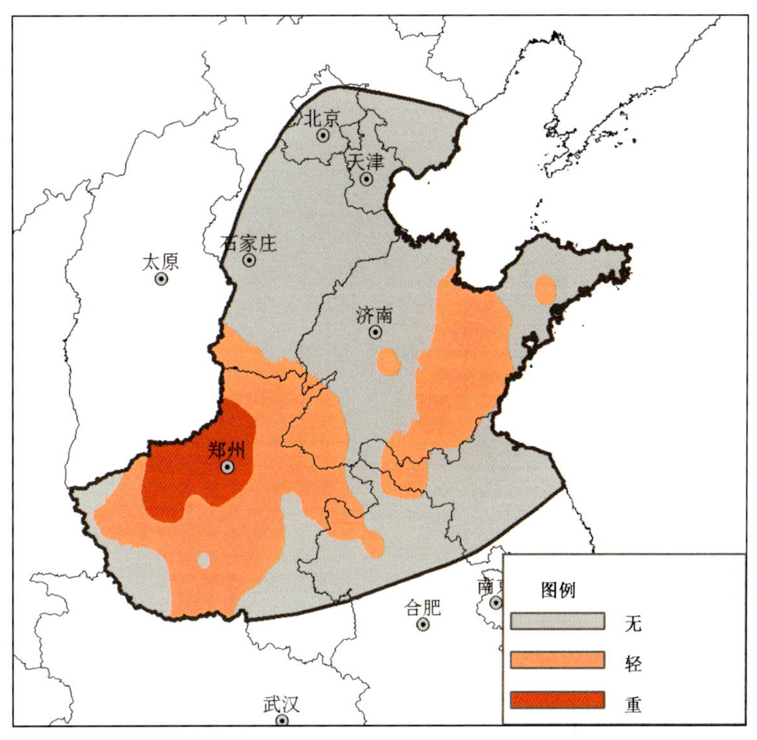

图2.11.5　2017年华北、黄淮麦区干热风指数分布

Fig. 2.11.5　The dry and hot wind index distribution in North China and Huang-huai zone in 2017

7. 风雹

2017年风雹灾害点多面广，局地农业生产遭受损失，风雹灾情与近5年同期相比明显偏轻。3月1—2日，江苏南京、扬州、盐城等地，浙江北部地区受冷空气影响出现7～9级大风，部分棚圈受灾较重；3月12—22日，甘肃玉门大风造成部分拱棚、棚膜不同程度受灾；3月27—29日，云南省普洱、西双版纳州部分地区出现大风冰雹等强对流天气，造成玉米、茶叶、橡胶等作物共1200公顷受灾；3月30—31日，湖南、广西强降雨伴随局地大风、冰雹，导致1200公顷农作物受灾。4月5—8日贵州贵阳、毕节、黔南3市(州)7个县(市、区)遭受风雹灾害，4月13日山东淄博、济宁、菏泽及河南濮阳部分地区相继出现冰雹、大风等强对流天气，4月14日新疆阿克苏地区沙雅县遭受冰雹灾害，4月30日至5月1日四川、贵州、云南等西南地区先后遭受风雹灾害。5月22—23日，华北黄淮冬麦区多地先后遭受短时强降水和冰雹、大风等强对流天气，阵风最大达8～9级，造成部分地区冬小麦大面积倒伏，山东省济南、东营、济宁、泰安、聊城、滨州等6市7.4万公顷农作物受灾；河南省新乡、驻马店、安阳、许昌等地的24.7万公顷冬小麦出现不同程度倒伏(图2.11.6)。8月16—18日，辽宁、吉林部分地区出现分散性大到暴雨，局地还伴有雷暴大风、冰雹等强对流天气，17日辽宁大连局地大暴雨(100～177毫米)造成部分农田受淹、倒伏，农作物受灾面积2300公顷，绝收面积600余公顷。

图 2.11.6 河南鹤壁倒伏小麦(国家气象中心何亮摄)
Fig. 2.11.6 The lodging wheat caused by strong wind in Hebi, Henan Province
(By He Liang, National Meteorological Center)

8. 连阴雨

2017 年全国阴雨日总体偏少,但江南、华南、华西等地阶段性阴雨寡照较为突出。

(1)南方部分地区冬春季阴雨寡照不利作物生长和早稻播种育秧

2016 年 12 月中旬至 2017 年 1 月上旬,江淮、江汉、江南大部阴雨日数有 9～15 天,各旬日照时数均不足 40 小时,比常年同期偏少。部分农田土壤过湿,对江苏、安徽等地部分晚播小麦、油菜根系发育不利。3 月 10—25 日,江南和华南北部出现 7～16 天连阴雨天气,比常年偏多 1～6 天,日照时数偏少 50%以上,江南地区降雨日数为 1981 年以来同期最多值。低温阴雨造成早稻播种育秧进度缓慢,幼苗长势偏弱,华南播种进度同比偏慢 6.7%,湖南、江西较常年推迟 5～7 天,已播早稻秧苗发黄发白,长势偏弱,发生白化病和恶苗病。

(2)西北地区东南部、黄淮西部、江淮、江汉和西南等地秋雨较多,秋收秋种受阻

西北地区东南部、黄淮西部、江淮、江汉及西南部分地区 9 月 11 日至 10 月 20 日阴雨日数有 21～25 天,四川盆地东部、江汉西部等地部分地区达 26～30 天,安徽和湖北两省阴雨日数为 1961 年以来同期最多值;上述地区降水量较常年同期偏多 1～4 倍,日照较常年同期偏少 30%～80%。持续阴雨寡照天气导致秋收进度偏慢,部分玉米和大豆被淹、霉变发芽(图 2.11.7),水稻发生倒伏、穗上发芽现象,棉花烂桃烂铃,已收获秋粮无法及时晾晒存储,产量、品质均有所下降。阴雨天气还导致部分秋收作物腾茬时间推迟,河南南部、安徽、湖北等地部分农田积水严重,影响了秋播整地和适期播种,河南南部、安徽北部冬小麦播种期较常年偏晚 10～25 天。同时,受湿渍害影响,湖北、安徽大面积油菜直播工作无法开展,已播油菜出苗率低,移栽后的油菜幼苗出现烂根坏死;西南地区东部和南部部分地区土壤持续偏湿,影响了冬小麦、油菜正常播种出苗。

图 2.11.7 安徽蒙城发霉玉米(安徽省气象局提供)
Fig 2.11.7 Moldy corn in Mengcheng County, Anhui Province
(By Anhui Meteorological Bureau)

2.12 森林草原火灾

2.12.1 基本概况

2017 年总体来看,我国气候属正常年景。卫星遥感森林、草原火点较多的时间在 1—4 月和 10—12 月,火点主要分布在北方的黑龙江、内蒙古和吉林,南方的广东、云南、江西、广西、湖南、福建、四川、贵州等省(区),其中黑龙江、内蒙古和广东火点多于其他省(区)(表 2.12.1、表 2.12.2)。卫星遥感监测的森林火灾主要发生在内蒙古呼伦贝尔市、云南省丽江市等地(图 2.12.1),草原火灾主要发生在内蒙古呼伦贝尔市等地(图 2.12.2)。森林火点数量比 2016 年增加了约 28%,比近 15 年(2002—2016 年)平均值减少了约 62%;草原火点数量比 2016 年增加了约 19%,比近 15 年(2002—2016 年)平均值减少了约 40%。

表 2.12.1 2017 年气象卫星监测我国林区火点分省(区、市)统计表

Table 2.12.1 Provincial statistics of forest fire numbers over China monitored by meteorological satellite in 2017

省(区、市)	发生于林地火点数统计(2518个)												总计
	1月	2月	3月	4月	5月	6月	7月	8月	9月	10月	11月	12月	
安徽	0	3	0	1	0	0	0	0	0	0	1	6	11
澳门	0	0	0	0	0	0	0	0	0	0	0	0	0
北京	0	0	0	0	0	0	0	0	0	0	0	0	0
福建	9	45	17	2	0	0	0	0	0	9	4	19	105
甘肃	0	0	0	0	0	0	0	0	0	0	0	0	0
广东	32	79	1	86	0	0	0	3	4	10	0	34	249
广西	38	103	6	19	9	1	2	0	0	6	5	36	225
贵州	1	38	4	13	0	0	0	0	0	0	1	6	63
海南	0	0	0	0	0	0	0	0	0	0	0	0	0

续表

省(区、市)	发生于林地火点数统计(2518 个)												总计
	1 月	2 月	3 月	4 月	5 月	6 月	7 月	8 月	9 月	10 月	11 月	12 月	
河北	0	0	1	10	2	1	0	0	0	0	0	0	14
河南	0	2	0	0	0	0	0	0	0	0	0	2	4
黑龙江	0	0	50	212	17	1	0	3	16	242	143	0	684
湖北	2	13	11	0	0	2	0	0	0	0	0	4	32
湖南	24	77	4	56	0	0	0	0	2	8	6	44	221
吉林	0	0	5	20	0	1	0	0	0	33	80	0	139
江苏	0	0	0	0	0	0	0	0	0	0	0	0	0
江西	27	112	19	41	0	0	0	0	0	0	5	38	242
辽宁	0	10	10	11	2	0	0	0	0	3	3	0	39
内蒙古	0	1	14	34	16	2	5	1	4	46	16	0	139
宁夏	0	0	0	0	0	0	0	0	0	0	0	0	0
青海	0	0	1	0	0	0	0	0	0	0	0	0	1
山东	1	0	2	0	0	2	0	0	0	0	1	1	7
山西	0	5	3	5	1	0	0	0	0	0	2	1	17
陕西	0	0	1	0	0	0	0	0	0	0	0	0	1
上海	0	0	0	0	0	0	0	0	0	0	0	0	0
四川	29	8	9	0	0	0	0	0	0	0	0	0	46
台湾	0	0	0	0	0	0	0	0	0	0	0	0	0
天津	0	0	0	0	0	0	0	0	0	0	0	0	0
西藏	6	35	16	9	1	0	0	0	0	0	0	2	69
香港	0	0	0	1	0	0	0	0	0	0	0	0	1
新疆	0	0	0	0	0	0	0	0	0	0	0	0	0
云南	30	93	24	16	12	0	0	0	0	0	0	7	182
浙江	0	11	3	2	0	0	0	1	0	0	0	4	21
重庆	0	0	0	3	0	0	0	3	0	0	0	0	6

表 2.12.2　2017 年气象卫星监测我国草原火点分省(区、市)统计表

Table 2.12.2　Provincial statistics of grassland fire numbers over China monitored by meteorological satellite in 2017

省(区、市)	发生于草地火点数统计(1124 个)												总计
	1 月	2 月	3 月	4 月	5 月	6 月	7 月	8 月	9 月	10 月	11 月	12 月	
安徽	0	0	2	0	0	0	0	0	0	0	0	0	2
澳门	0	0	0	0	0	0	0	0	0	0	0	0	0
北京	0	0	0	0	0	0	0	0	0	0	0	0	0
福建	1	7	2	2	0	0	0	0	2	2	2	5	23

续表

省(区、市)	发生于草地火点数统计(1124 个)												总计
	1 月	2 月	3 月	4 月	5 月	6 月	7 月	8 月	9 月	10 月	11 月	12 月	
甘肃	1	1	0	0	0	0	0	0	0	1	0	0	3
广东	2	4	1	39	0	0	1	0	0	0	0	1	48
广西	3	6	0	7	0	1	0	0	1	1	3	7	29
贵州	0	16	1	6	0	0	0	0	0	0	0	4	27
海南	0	0	0	0	0	0	0	0	0	0	0	0	0
河北	0	6	3	5	2	5	0	0	0	0	0	0	21
河南	1	4	1	0	0	0	0	0	0	0	0	1	7
黑龙江	0	0	69	133	11	0	2	0	6	133	65	0	419
湖北	1	0	0	0	0	0	0	0	0	0	0	0	1
湖南	1	4	0	2	0	0	0	0	0	0	0	2	9
吉林	0	1	14	7	1	1	0	1	0	16	12	0	53
江苏	0	1	0	0	0	0	0	0	0	0	0	0	1
江西	3	8	0	9	0	0	0	0	0	0	0	2	22
辽宁	0	1	3	2	0	0	1	0	0	0	0	0	7
内蒙古	1	8	45	34	16	9	4	3	14	71	35	0	240
宁夏	0	2	0	0	0	0	0	1	0	1	0	0	4
青海	0	0	0	0	0	0	0	0	0	0	0	0	0
山东	2	4	1	2	0	1	0	0	0	0	0	0	10
山西	2	22	4	2	1	0	0	0	0	1	6	0	38
陕西	1	4	4	8	0	0	0	0	0	0	1	0	18
上海	0	0	0	0	0	0	0	0	0	0	0	0	0
四川	17	19	0	2	1	0	0	0	0	1	1	5	46
台湾	0	0	0	0	0	0	0	0	0	0	0	0	0
天津	0	0	0	0	0	0	0	0	0	0	1	0	1
西藏	4	2	1	1	0	0	0	0	0	0	0	0	8
香港	0	0	0	0	0	0	0	0	0	0	0	0	0
新疆维	0	0	0	1	1	0	0	0	0	0	0	0	2
云南	11	47	12	9	3	0	0	0	0	0	0	3	85
浙江	0	0	0	0	0	0	0	0	0	0	0	0	0
重庆	0	0	0	0	0	0	0	0	0	0	0	0	0

注：火点即卫星监测到的一处火区，各火点范围根据火区大小而不同，即各火点所含像元数随火区大小而异。

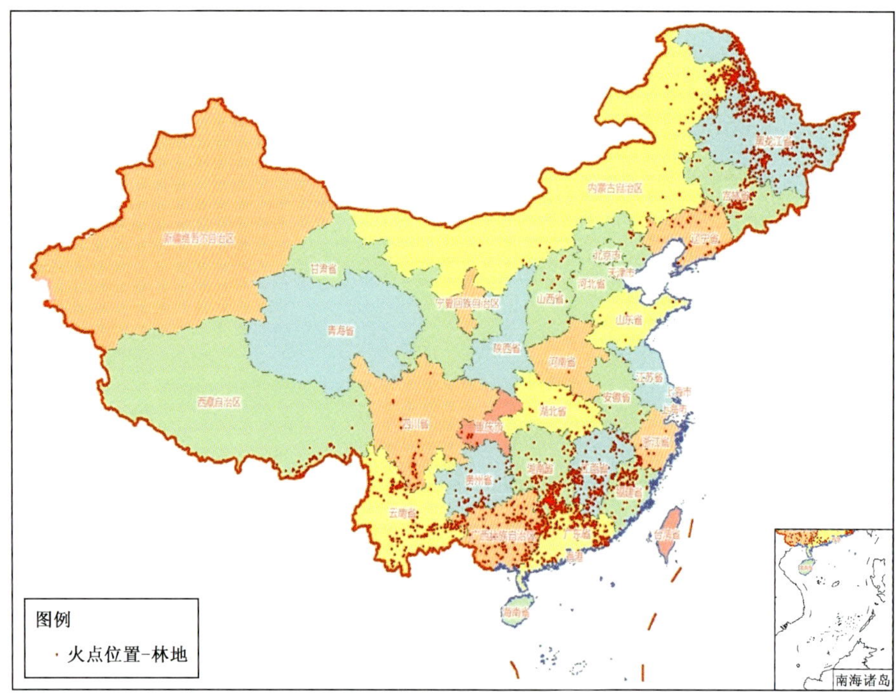

图 2.12.1　2017 年卫星监测全国林地火点分布示意图

Fig. 2.12.1　Sketch of forest fire spots monitored by meteorological satellite over China in 2017

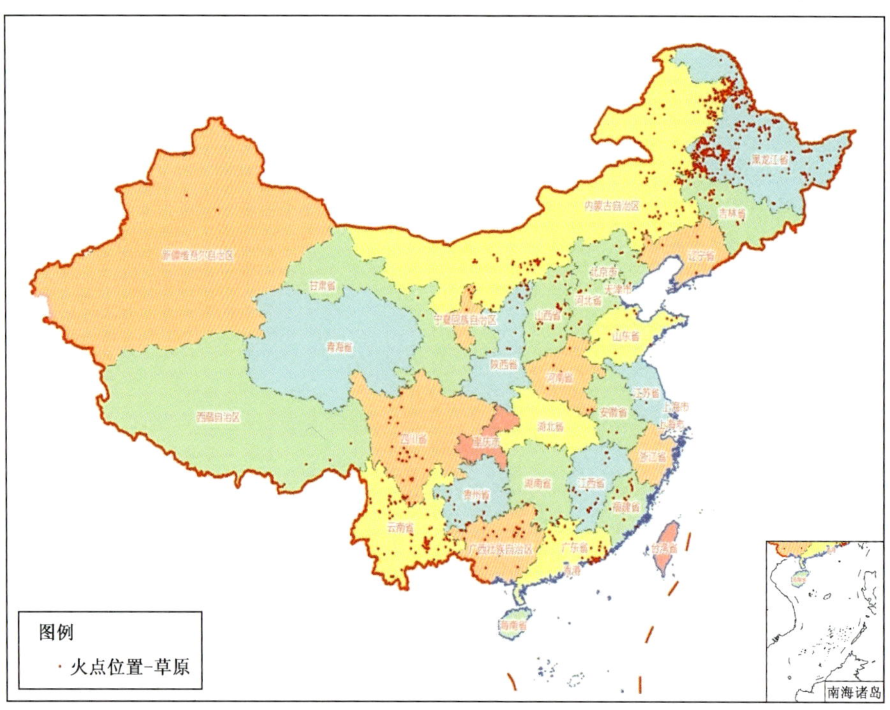

图 2.12.2　2017 年卫星监测全国草场火点分布示意图

Fig. 2.12.2　Sketch of grassland fire spots monitored by meteorological satellite over China in 2017

2.12.2 主要森林、草原火灾事件

1. 5月2日发生在内蒙古大兴安岭毕拉河林业局北大河林场的森林火灾

5月2日12时内蒙古大兴安岭毕拉河林业局北大河林场发生森林火灾，由于沟塘草甸植被干枯，风力较大(4～5级)，气温较高(达到28.6℃)，呈急进地表火向东北发展，火场有5个火头，火势较强，面积约500公顷。2日20时，火势向西南发展，较大的风力和突变的风向，导致火场蔓延迅速，火线南北各长7千米。经过三天三夜、9000多名扑火人员的全力扑救，到5月5日12时，外围明火全面扑灭，火灾得到全面封控。截至5月10日12时，火灾被全部扑灭，火场面积达1.15万多公顷。

2. 6月29日内蒙古自治区呼伦贝尔市中蒙边境外侧的蒙古国境内发生草原火灾

6月29日，内蒙古自治区呼伦贝尔市中蒙边境外侧的蒙古国境内发生草原火灾，火借风势迅速逼近我国，直接威胁我国森林草原资源。火灾发生后，当地紧急调动驻地武警森林部队270余名官兵和扑火队员对过境火实施扑打、清理、看守、点烧于一体的堵截方式堵截火头。大火于2017年7月4日被扑灭。

2.13 病虫害

2.13.1 基本概况

2017年全国农业病虫害发生程度为2004年以来最轻年份；与2016年和常年相比，玉米病虫害发生面积较常年偏多、接近2016年，小麦、水稻病虫害发生面积均偏少(图2.13.1、图2.13.2)。2016/2017年冬季，全国平均气温较常年同期偏高1.9℃，为1961年以来最暖的冬季，利于各种害虫、病菌安全越冬。此外，暖冬突出，春季气温接近常年或偏高，导致小麦条锈病冬繁重、春季现病早，在江汉、江淮、黄淮等地偏重发生。7月中旬至8月上旬东北地区和西北地区东北部出现集中降雨过程，导致部分地区迁飞性玉米黏虫发生程度重于2016年。长江中下游地区受夏季阶段性高温干旱的影响，稻飞虱、稻瘟病等发生程度轻于2016年和近5年同期，但7月末至8月，多个台风集中登陆东南沿海地区，对华南、华东地区稻飞虱、稻纵卷叶螟的迁入和危害有一定促进作用。

2.13.2 主要病虫害事例

1. 玉米病虫害重于常年，其中玉米二、三代黏虫在河南、陕西等地发生危害较重

2017年玉米病虫害发生约6933万公顷次，接近2016年，比2001—2016年平均值增加约15%。玉米黏虫发生面积约381万公顷次，较2016年增加91%，造成实际损失30万吨；玉米螟发生面积约2067万公顷次，较2016年减少约11%；玉米大斑病发生约352万公顷次，较2016年减少约21%。玉米螟和玉米大斑病发生程度均为近5年最轻的一年。

2017年夏季，华北西部、西北地区中部和东北部等地降水偏多2成至1倍，7月中旬至8月上旬东北地区、西北地区东北部均出现了集中降水过程，对于玉米黏虫迁入和发生发展比较有利，再加上大部玉米田水分条件好，生长后期植株高大、田间郁闭，导致二、三代黏虫在河南、陕西、内蒙古、辽宁等地发生危害较重。

2. 水稻病虫害总体中等发生、轻于2016年和近5年平均值，发生面积为2002年来最少值

2017年全国水稻病虫害发生约8096万公顷次，比2016年减少约2%，比2011—2016年平均值减少约14%，为2002年以来最轻的年份。水稻虫害发生面积约5543万公顷次，重于病害。稻飞虱、稻纵卷叶螟、二化螟均为中等发生；稻纹枯病偏重发生，但轻于2016年和常年；稻瘟病、稻曲病均偏轻发生，且均轻于2016年。

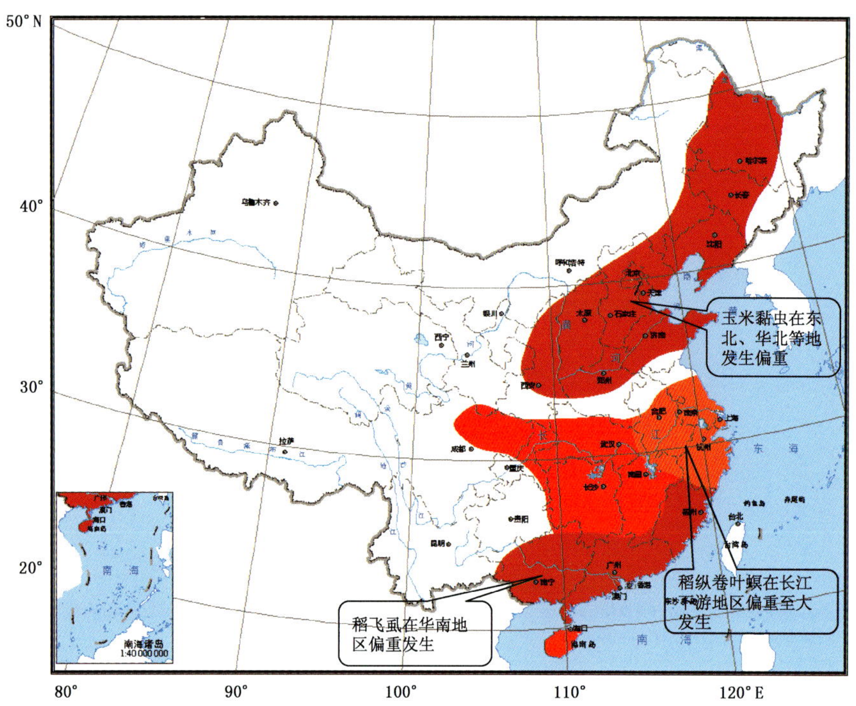

图 2.13.1　2017 年主要农业虫害分布区域

Fig2.13.1　Main agricultural insects and distribution regions in China in 2017

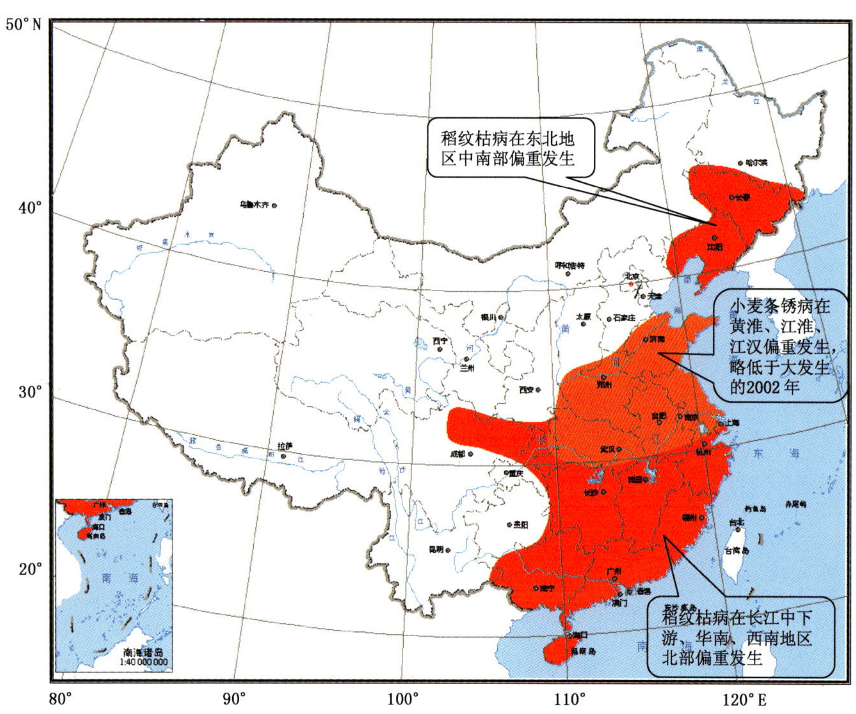

图 2.13.2　2017 年主要作物病害分布区域

Fig2.13.2　Main crop diseases and distribution regions in China in 2017

稻飞虱全国发生总面积为 1954 万公顷次左右，较 2016 年减少约 6%，比 2011—2016 年平均值减少近 24%，为 2004 年以来最轻年份；华南稻区为偏重发生，江南、西南和长江中游稻区中等发生，长江下游和江淮稻区偏轻发生。稻纵卷叶螟全国发生面积约1390万公顷次，比2016年增加约2%，比近15年平均值减少约27%，是2002年以来发生面积第三少年份；长江下游稻区偏重至大发生且重于2016年，华南、江南、西南地区东部、长江中游稻区中等发生，西南地区西部稻区偏轻发生。2017年7月江淮南部、江南大部高温日数达到16～20天，8月江南地区区域平均高温日数为1961以来第3多年份，大范围持续高温天气一定程度上抑制了长江中下游地区稻飞虱的发生发展。但7月末至8月，台风“纳沙”“海棠”“天鸽”“帕卡”等相继登陆东南沿海地区，对华南、华东地区稻飞虱、稻纵卷叶螟的迁入和危害有一定促进作用。

受冬季气温偏高的影响，二化螟越冬基数高，2017年发生程度呈明显回升态势，全国发生面积1353万公顷次，比2016年增加约4%，比2011—2016年平均值减少约2%；造成实际损失比2016年增加2%，比2011—2016年平均值增加3%。在江南、西南地区北部和长江中游稻区偏重发生，湘南衡阳、株洲和邵阳局部大发生；西南地区东部、长江下游和江淮稻区中等发生；华南、西南地区南部和东北稻区偏轻发生。水稻纹枯病全国发生面积为1677万公顷，分别比2016年和2011—2016年平均值减少2%和5%；华南、江南、西南地区北部、长江中下游及东北中南部稻区偏重发生，江淮稻区中等发生，西南地区南部、东北北部稻区偏轻发生。

全国稻瘟病发生面积约325万公顷次，是1993年以来发生面积最少的年份，分别比2016年和2011—2016年平均值减少约16%和28%；其中叶瘟在西南大部和长江中下游稻区中等发生，穗颈瘟在华南南部稻区中等发生。夏季，东北地区、长江中下游等地出现阶段性高温天气，西南稻区温高雨少，对水稻稻瘟病的发生发展有遏制作用。

3. 小麦病虫害偏重发生，其中条锈病发生程度仅次于大发生的2002年

2017年小麦病虫害发生约5733万公顷，比2016年减少约7%，造成小麦实际损失260万吨，病害重于虫害。条锈病流行范围广，发生面积约520万公顷，比2016年增加约2.4倍，较常年偏重发生，比近10年平均值和重发的2009年分别增加1.6倍和47%，仅次于大发生的2002年。赤霉病发生约730万公顷，比2016年增加约5.8%。白粉病发生面积约600万公顷，较2016年减少约24%。小麦蚜虫发生1536万公顷左右，较2016年增加2.6%。

2016/2017年冬季全国平均气温较常年同期偏高1.9℃，全国性暖冬突出，且春季回暖快，再加上西北地区东南部、江汉、西南地区东北部等地冬季和春季前中期降水偏多、田间湿度大，利于小麦条锈病病菌冬繁和春季扩散蔓延；加之2017年全国小麦品种布局无较大改变，90%以上生产品种仍为易感病品种，导致小麦条锈病在江汉、江淮、黄淮等地偏重发生。5月小麦生长后期，华北、黄淮冬麦区气温偏高1～4℃，华北等地出现罕见高温，降水偏少，利于小麦穗期蚜虫发生发展，但温高雨少一定程度上抑制了喜湿性病害的发生发展。5月下旬初，黄淮西部及北京等地出现较强降水过程，湿热天气促使河南、北京小麦白粉病发病偏重。

4. 马铃薯病虫害较2016年偏重发生，农牧交错区草原蝗虫中等发生

受病虫越冬基数偏高、马铃薯种植面积和规模仍较大和气象条件等综合影响，2017年全国马铃薯病虫害中等发生，发生面积约560万公顷次，比2016年略有增加，造成实际损失63万吨，同比略偏少。其中，马铃薯晚疫病发生面积约187万公顷，基本接近2015年，略高于2016年，造成实际损失21万吨，同比略偏少。

2017年全国蝗虫总体为中等偏轻发生。东亚飞蝗发生面积约118万公顷次，发生面积比2016年减少约8%；亚洲飞蝗夏蝗发生约1万公顷次，较2016年同期增加1.5倍；西藏飞蝗夏蝗约5.4万公顷次，偏轻发生；北方农牧交错区草原蝗虫夏蝗发生面积125万公顷次，侵入农田面积59万公顷，分别比2016年同期增加约4%、24%，在新疆察布查尔、温泉，内蒙古呼和浩特市、锡林郭勒盟等地呈现高密度点片发生。

第3章 每月气象灾害事记

3.1 1月主要气候特点及气象灾害

3.1.1 主要气候特点

1月，全国气温较常年同期偏高，为1961年以来历史同期第三高值；全国平均降水量较常年同期偏少。月内，江南、华南等地出现阶段性阴雨寡照天气；我国中东部遭遇3次大范围冷空气过程；华北东南部、黄淮中部等地雾日明显偏多；甘肃、宁夏、内蒙古等地出现沙尘天气。

月降水量与常年同期相比，东北东南部和中部、华北北部、黄淮、江淮、江汉大部及海南、广西中西部、云南中南部、西藏中南部和北部、新疆西南部和东南部、内蒙古西部等地降水量较常年同期偏多2成至1倍，部分地区偏多1倍以上；全国其余大部地区偏少或接近常年，四川中西部、甘肃大部、新疆中部和东北部、内蒙古中部和东北部、宁夏、陕西北部、山西中北部、河北东南部等地偏少5成以上（图3.1.1）。

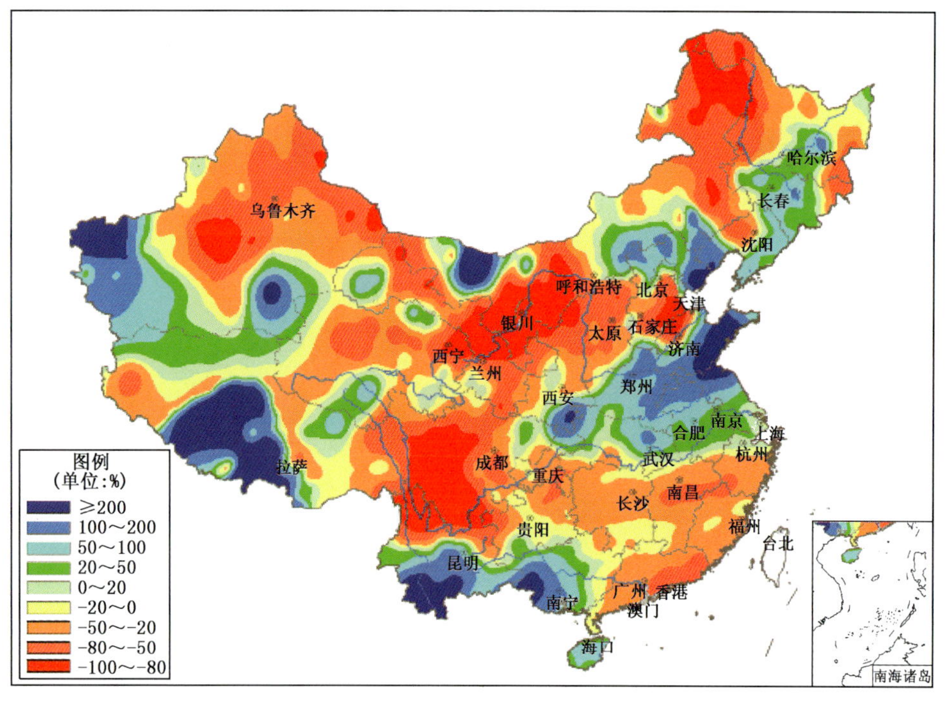

图3.1.1 2017年1月全国降水量距平百分率分布

Fig. 3.1.1 Distribution of precipitation anomaly percentage over China in January 2017 (unit: %)

月平均气温与常年同期相比，全国大部地区偏高1℃以上，淮河秦岭以南大部地区、黄淮东南部、华北西部、西北东部及内蒙古中部、辽宁中北部、吉林中部、黑龙江东部等地偏高2～4℃（图3.1.2）。

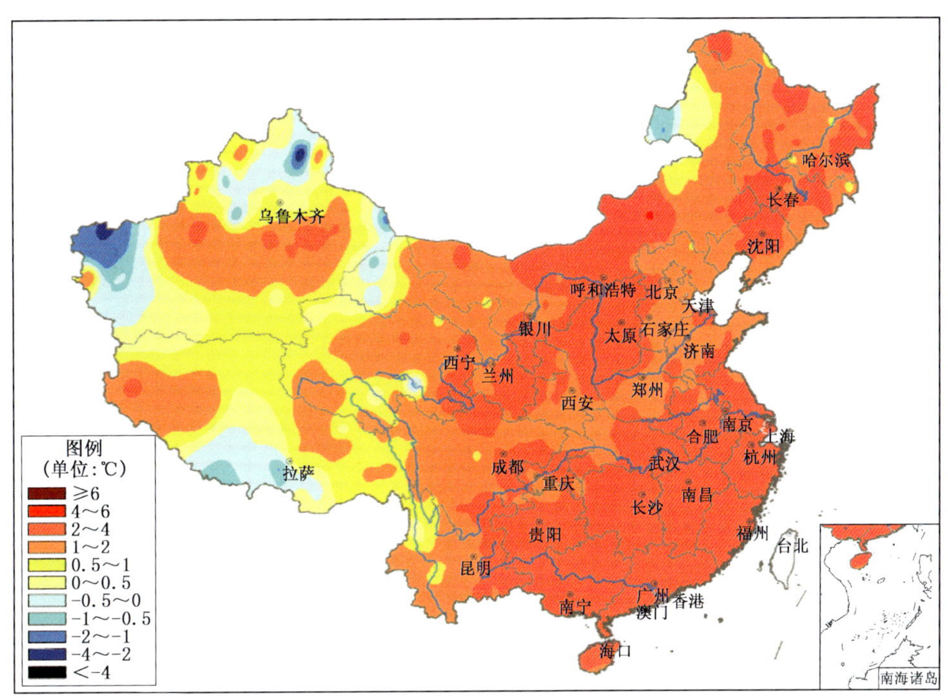

图3.1.2　2017年1月全国平均气温距平分布

Fig. 3.1.2　Distribution of mean temperature anomaly over China in January 2017(unit:℃)

3.1.2　主要气象灾害事记

1月上中旬，江南、华南及贵州等地降水日数8～16天，普遍较常年同期偏多，广西西部偏多4天以上；江南、华南等地日照时数较常年同期偏少20～40小时，局部偏少超过40小时。11—13日，长江中下游以南地区降水量普遍有10～50毫米，广西中南部有50～100毫米。阴雨寡照天气不利油菜、蔬菜、经济林果生长。

受冷空气影响，1月8—12日，全国过程最大降温普遍有4～8℃，其中东北、内蒙古中东部、华北北部和中部、西北地区东南部和西部及广西大部、广东中部、西藏西部等地有8～16℃，东北部分地区超过16℃，我国北方部分地区出现降雪。19—22日，我国中东部过程最大降温普遍有4～8℃，其中东北中部和东南部、华北大部、黄淮北部和东南部、江淮、江南东部及内蒙古部分地区、福建东部等地有8～12℃，局部地区超过12℃；全国最低气温的0℃线南端达到福建北部；东北大部、内蒙古中东部、华北中北部、黄淮东部等地还出现降雪、大风天气，导致河北、北京、辽宁等地多条高速公路封闭，机场航班延误，19日大连机场因大雪造成百余架次进出港航班延误或取消，逾万名旅客出行受阻，渤海海峡部分省际航线春运客船因大风停航。27—31日，全国过程最大降温普遍有4～8℃，东北、华北、西北东部、黄淮中部、江淮东部及内蒙古、浙江东部、西藏中部和西部、青海西部等地有8～16℃，东北东南部和西北部、华北西北部及内蒙古中部、陕西北部等地超过16℃；全国最低气温的0℃线南端达到浙江北部；受其影响，部分地区出现大风、雪、雨夹雪或雨天气，不利于春运和人们出行。

1月，华北东南部、黄淮中东部、江淮大部及福建东北部、重庆大部、四川东部、贵州北部和西南部、云南南部、新疆中部等地雾日数有5～10天，部分地区有10～15天。与常年同期相比，山东西部和北部、河南东北部、河北东南部、安徽北部等地雾日数偏多5～10天。月初，京津冀地区以及河南、山东、安徽、江苏等地的部分地区出现雾或浓雾天气，导致多地高速公路封闭，部分航班延误或取消。23日，大雾致成都机场100多个出港航班延误；27日，大雾再袭成都机场，致70个航班延误。

1月25—26日，甘肃中西部、宁夏和内蒙古西部等地出现浮尘或扬沙，宁夏中卫和中宁出现沙尘暴。这是2017年首次沙尘天气过程，其发生时间较2000—2016年平均首发时间(2月15日)明显偏早，较2016年(2月18日)也明显偏早。

3.2 2月主要气候特点及气象灾害

3.2.1 主要气候特点

2月，全国平均气温较常年同期偏高，平均降水量较常年同期偏少。月内，我国中东部遭遇2次大范围的降温雨雪天气过程；新疆遭受暴雪袭击。

月降水量与常年同期相比，东北大部、华北大部、西北大部及内蒙古大部、四川盆地及湖北西南部、贵州东部、湖南西北部、西藏北部和南部部分地区偏多2成至2倍，部分地区偏多2倍以上；全国其余大部地区偏少或接近常年，江南地区东南部、华南大部及云南中部、四川西南部、西藏中部、甘肃河西走廊、内蒙古西部、黑龙江西北部等地偏少5～8成，黑龙江、内蒙古、西藏等地局部地区偏少8成以上(图3.2.1)。

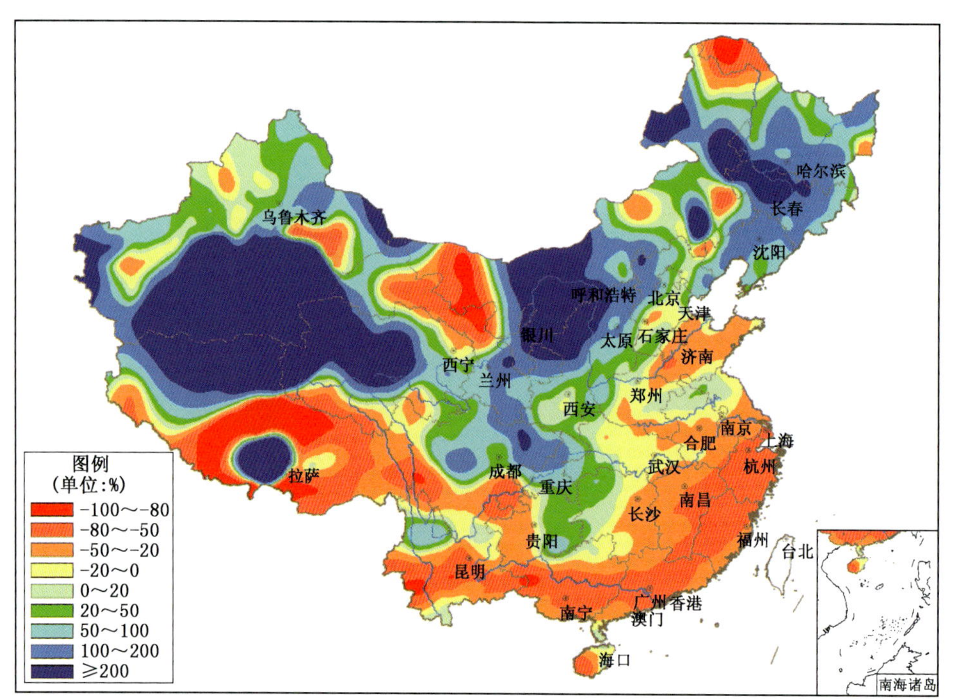

图3.2.1　2017年2月全国降水量距平百分率分布

Fig. 3.2.1　Distribution of precipitation anomaly percentage over China in February 2017 (unit: %)

月平均气温与常年同期相比，全国大部地区偏高1℃以上，西北大部、东北西部及内蒙古大部、西藏等地偏高2～4℃(图3.2.2)。

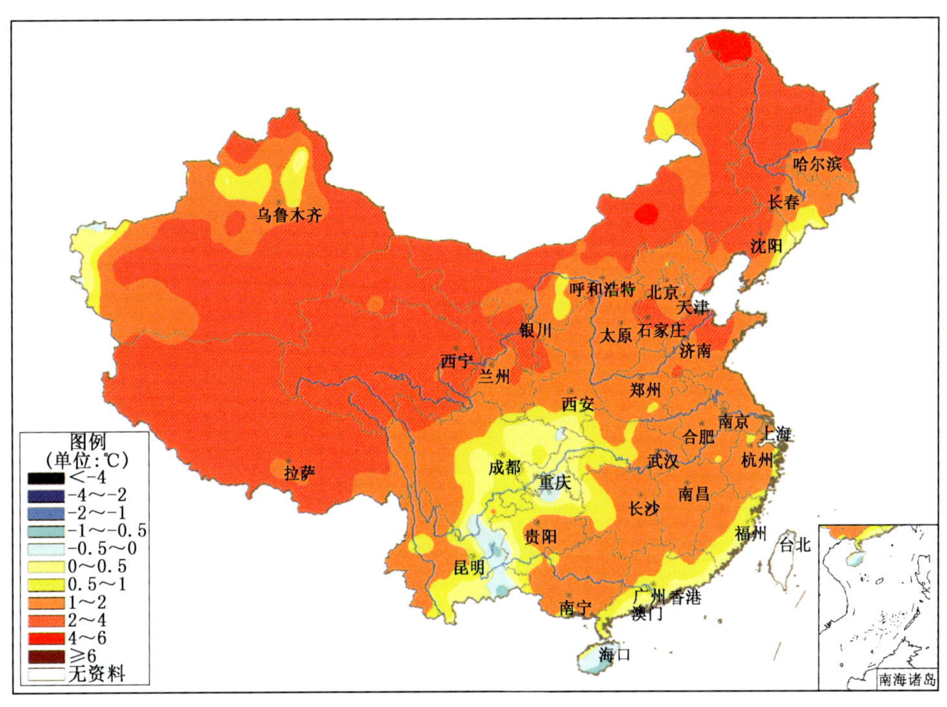

图 3.2.2 2017 年 2 月全国平均气温距平分布

Fig. 3.2.2 Distribution of mean temperature anomaly over China in February 2017(unit:℃)

3.2.2 主要气象灾害事记

2 月 6—10 日、20—22 日,我国中东部地区出现 2 次大范围降温雨雪天气过程,其中 20—22 日的过程降温幅度大、雨雪范围广。6—10 日,受强冷空气过程影响,东北地区东南部、华北西部、西北大部及内蒙古大部、浙江大部、江西大部、福建、广东等地降温幅度在 8℃以上。伴随此次降温,我国中东部地区出现大范围雨雪天气,江汉、江淮、江南北部部分地区累计降雪量有 4～10 毫米,局部超过 10 毫米。此次冷空气和雨雪过程对东北地区设施农业和畜牧业生产略有不利,江汉、江淮、江南北部部分地区已现蕾、抽薹的油菜遭受轻度冻害。20—22 日,受强冷空气影响,我国中东部地区出现大风降温和雨雪天气过程。华北西部及内蒙古中西部、黄淮、江汉大部、江南西部等地最大降温幅度在 8℃以上,内蒙古中部、山西北部、河北西北部、山东西部、河南南部、湖南东部等地甚至超过 12℃。黑龙江大部、吉林东部、内蒙古东部等地极端最低气温降至－20℃以下,东北中南部、华北大部、西北大部、青藏高原等地降至－20～－4℃。受此次强冷空气过程影响,我国大部地区出现雨雪天气,西北地区东部、华北大部、黄淮等地累计降雪量有 4～10 毫米,黄淮南部、江汉及内蒙古河套地区、陕西北部等地降雪量超过 10 毫米。大风降温及雨雪天气造成部分地区交通拥堵、高速公路道路封闭,蔬菜大棚垮塌、受损,农作物遭受冻害。

2 月 18—21 日,新疆出现 2017 年最强降雪过程。北疆大部地区降雪量 12～25 毫米,乌鲁木齐市超过 25 毫米。石河子以东的北疆沿天山一带新增积雪深度 25 厘米以上,乌鲁木齐最大新增积雪达 29 厘米。此次降雪过程具有降雪强度强、新增积雪厚、极端性强等特点。乌鲁木齐(25.8 毫米)、沙雅(25.0 毫米)、奇台(16.2 毫米)、石河子(15.9 毫米)、乌苏(11.6 毫米)、铁干里克(6.6 毫米)、淖毛湖(3.3 毫米)等 15 站日降水量居 2 月历史同期第一位。此次暴雪使高速公路、民航、农业受到不同程度的影响。乌鲁木齐国际机场跑道关闭,航班取消 36 架次,吐鲁番机场备降 13 个航班;部分地区基础农业设施受损。但降雪增加农田土壤墒情,有利于增加春季河道来水、净化空气、降低森林草原城市火险气象等级。

3.3 3月主要气候特点及气象灾害

3.3.1 主要气候特点

3月，全国平均气温较常年同期偏高，平均降水量较常年同期偏多。月内，我国东部地区出现2次强冷空气过程；南方大部地区遭遇持续性低温阴雨寡照天气；南方地区出现2次区域性暴雨天气过程；北方地区出现2次沙尘天气过程；江苏、湖南等省局地遭受风雹袭击。

月降水量与常年同期相比，江南大部、华南中西部、西南地区东北部和南部、西北中东部及西藏大部、内蒙古中西部等地偏多2成至2倍，内蒙古、青海、西藏等省(区)的部分地区偏多2倍以上；东北、华北南部、黄淮、江淮大部、西北西部及内蒙古东部等地偏少2～8成，局部偏少8成以上(图3.3.1)。

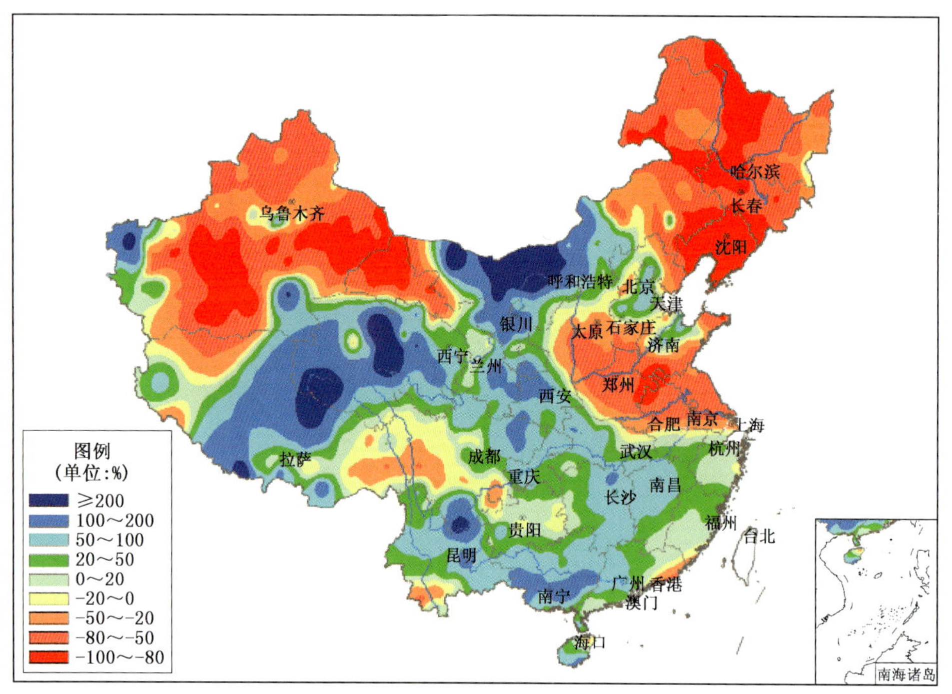

图3.3.1 2017年3月全国降水量距平百分率分布

Fig. 3.3.1 Distribution of precipitation anomaly percentage over China in March 2017 (unit: %)

月平均气温与常年同期相比，东北、华北东部、黄淮中东部、江淮西部及内蒙古东部和西部、新疆东部、海南北部等地气温较常年同期偏高1℃以上，黑龙江大部、内蒙古东北部等地偏高2～4℃；新疆北部、广西中北部局地偏低1～4℃；全国其余大部地区接近常年(图3.3.2)。

3.3.2 主要气象灾害事记

3月，我国东部地区出现2次强冷空气过程。1—2日，长江以北大部地区遭遇强冷空气过程，东北大部及黄淮东部地区降温幅度在6～8℃，东北北部和中部地区降温幅度超过8℃；东北、华北和黄淮东部地区还出现降雪天气。13—15日，黄河下游以南大部地区遭遇强冷空气过程，江汉、江淮西部、江南西部、华南地区降温幅度普遍在6℃以上，华南西部和中部地区降温幅度在8℃以上。

3月，江南、华南及贵州等地降雨日数普遍在15天以上，江南南部、华南北部及贵州中部等地达

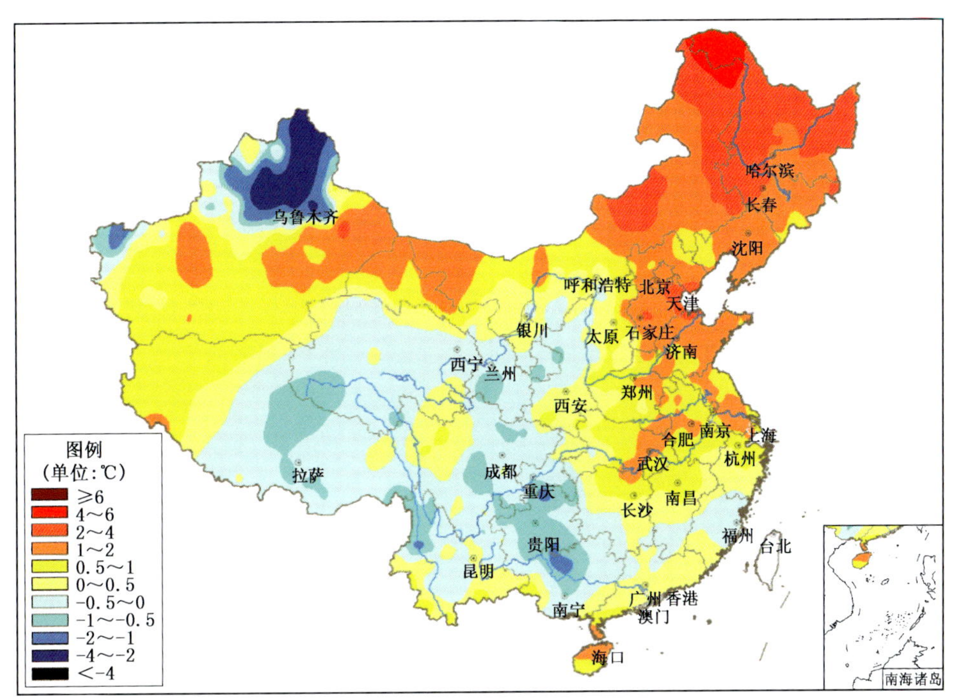

图 3.3.2 2017 年 3 月全国平均气温距平分布

Fig. 3.3.2 Distribution of mean temperature anomaly over China in March 2017(unit:℃)

20～25 天。与常年同期相比，上述大部地区雨日偏多，江西中部、湖南南部、广西北部、贵州东南部等地偏多 5 天以上。同期，上述大部地区日照时数较常年同期偏少，部分地区偏少 30～60 小时。中旬至下旬中期，贵州大部、湖南中部和南部、江西南部、广西北部、广东西北部气温较常年同期偏低 1～4℃。长时间低温阴雨寡照，致使部分农田土壤持续过湿，不利于作物根系生长，油菜开花授粉受到影响，菌核病发生程度较重，同时对早稻播种育秧和春播工作的开展也有一定影响。

3 月，我国南方地区出现 2 次区域性暴雨过程。9—10 日，江南南部、华南中部及东部地区出现区域性暴雨天气过程，福建南部、江西南部和广东北部等地降水量达到 50 毫米以上，暴雨影响范围 15.7 万平方千米。21—22 日，江南和华南西部地区出现区域性暴雨天气过程，江西大部和湖南南部地区日降水量达到 50 毫米以上，湖南祁东、衡阳等地日降水量超过 80 毫米，强降水导致湖南和江西部分地区出现洪涝、滑坡等灾害，造成 17.3 万人受灾，900 余间房屋不同程度损毁，农作物受灾面积 8900 公顷，直接经济损失 7400 余万元。

3 月，北方地区共出现 2 次沙尘天气过程。12 日，新疆东部和南疆盆地、甘肃西部、内蒙古西部等地出现扬沙浮尘天气。23 日，新疆南疆盆地、甘肃河西、内蒙古西部、宁夏北部出现扬沙天气，新疆铁干里克和塔中地区出现沙尘暴，最小能见度不足 500 米，此次沙尘过程持续时间较长，给当地居民生产生活、出行及道路交通安全带来不利影响。

3 月，江苏、湖南、云南、四川、贵州、宁夏、甘肃、广西、海南等省(区)局地遭受风雹灾害。27 日，云南省普洱、西双版纳 2 市(自治州)5 个县(市)出现瞬时大风、冰雹、短时强降水等强对流天气，2 万人受灾，农作物受灾面积 800 余公顷，100 余间房屋不同程度损坏，直接经济损失 1100 余万元。

3.4 4月主要气候特点及气象灾害

3.4.1 主要气候特点

4月，全国平均气温较常年同期偏高，平均降水量接近常年同期。月内，南方地区出现3次区域性暴雨天气过程；东北西部气象干旱发展；多省（区）局地遭遇风雹灾害；北方地区出现2次沙尘天气过程。

月降水量与常年同期相比，西北大部、西南大部、华北南部、江淮西部、江汉及内蒙古西部、黑龙江北部、山东西南部、浙江东北部、海南西部等地偏多2成至1倍，局部偏多1倍以上；全国其余大部地区偏少或接近常年，东北大部、江南南部、华南大部及内蒙古中东部、宁夏、青海中部部分地区、西藏中部、江苏中部等地偏少2～8成，部分地区偏少8成以上（图3.4.1）。

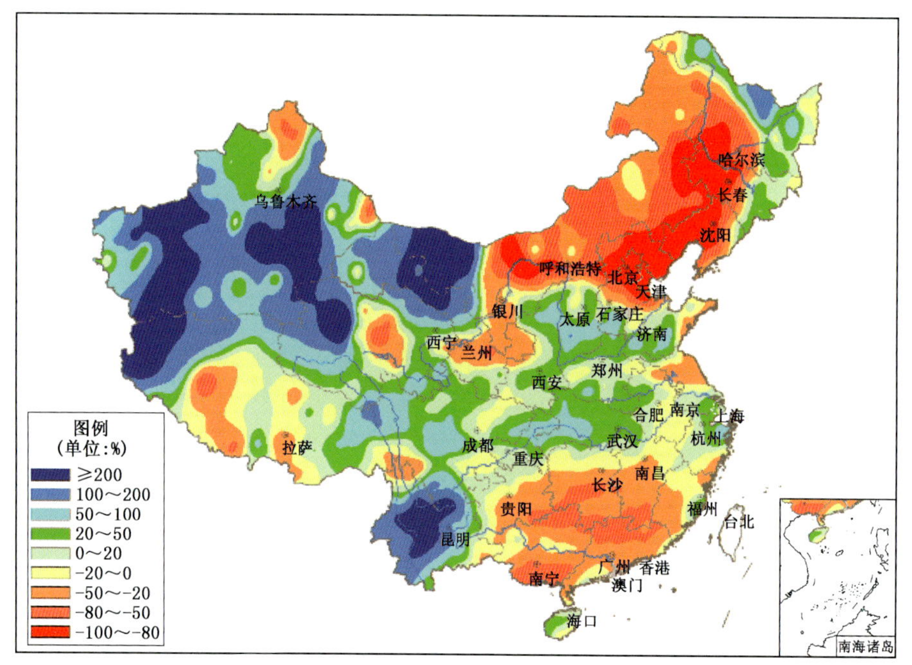

图3.4.1　2017年4月全国降水量距平百分率分布

Fig. 3.4.1　Distribution of precipitation anomaly percentage over China in April 2017 (unit: %)

月平均气温与常年同期相比，除云南中部气温偏低1～2℃外，全国大部地区接近常年或偏高，江苏、浙江北部、山东东部、河北中部、吉林西部、辽宁西部、内蒙古中东部部分地区偏高2～4℃（图3.4.2）。

3.4.2 主要气象灾害事记

4月，我国南方地区出现3次区域性暴雨过程。8—9日，长江中下游等地出现区域性暴雨天气过程，湖北东南部和西部及重庆北部、江西东北部、浙江西部等地降水量有50～100毫米，局部地区超过100毫米，暴雨影响范围达17万平方千米。19—21日，华南大部、江南东部等地出现区域性暴雨天气过程，广东大部、福建中南部等地降水量有50～100毫米，局部地区超过100毫米，暴雨影响范围达19.7万平方千米。25—26日，江南中西部、华南中部等地出现区域性暴雨天气过程，江西中部部分地区、两广部分地区降水量有50～100毫米，局部地区超过100毫米，暴雨影响面积小，仅有5万平方千米。暴雨导致福建、江西、湖北、湖南、重庆等地遭受洪涝灾害。

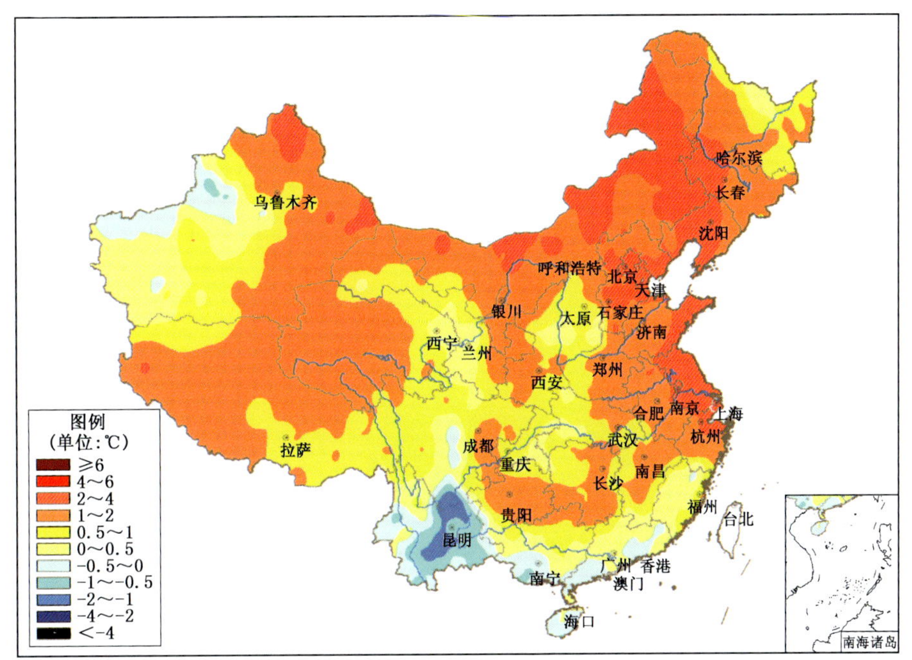

图 3.4.2 2017 年 4 月全国平均气温距平分布

Fig. 3.4.2 Distribution of mean temperature anomaly over China in April 2017 (unit:℃)

4 月,华北北部、东北西部等地降水量不足 25 毫米,河北中部和北部、辽宁西部、吉林西部、黑龙江西南部、内蒙古中东部等地降水量不足 10 毫米。与常年同期相比,东北大部、内蒙古中东部、河北北部等地偏少 2~8 成。受降水持续偏少加上同期气温偏高影响,土壤失墒快,东北地区西部及河北北部干旱发展,对春耕生产不利。

4 月,全国有 18 省(区、市)遭受风雹袭击,贵州、江西、湖南、重庆等地受灾较重。4 月中旬,重庆部分地区遭受风雹灾害,造成 4.1 万人受灾,2 人死亡,1 人失踪,直接经济损失 5600 余万元。

4 月,北方共出现 2 次沙尘天气过程,分别为 17 日和 18—19 日。沙尘天气过程次数较 2006—2017 年同期平均值偏少。17 日,内蒙古西部、甘肃河西、宁夏北部等地出现扬沙,内蒙古西部局地出现沙尘暴。18—19 日,新疆南疆盆地、内蒙古中西部、甘肃中部等地出现扬沙,局地出现沙尘暴。沙尘天气给当地居民生产生活、出行及道路交通安全带来不利影响。

3.5 5 月主要气候特点及气象灾害

3.5.1 主要气候特点

5 月,全国平均气温较常年同期偏高,平均降水量较常年同期偏少。月内,南方地区出现 5 次区域性暴雨天气过程;东北西部、华北北部等地发生严重气象干旱;北方出现高温天气;北方地区出现 2 次沙尘天气过程,风雹等局地强对流灾害点多面广。

月降水量与常年同期相比,东北地区中东部、大兴安岭北部及西藏等地偏多 2 成至 1 倍,西藏西部偏多 1 倍以上;西北地区西部、东北地区南部、华北地区中东部、黄淮东部、江南大部、华南东部、西南地区东南部等地偏少 2~8 成,局部地区偏少 8 成以上(图 3.5.1)。

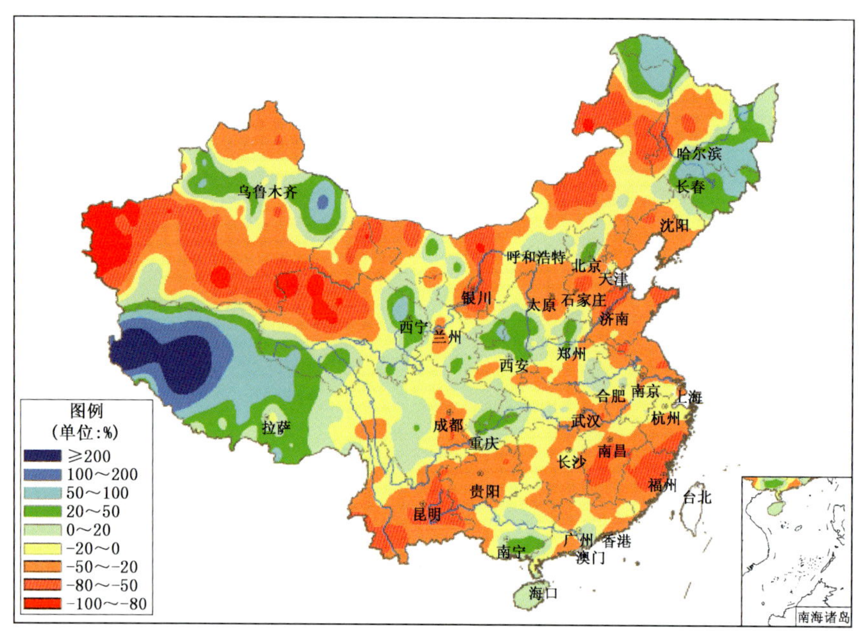

图 3.5.1　2017 年 5 月全国降水量距平百分率分布

Fig. 3.5.1　Distribution of precipitation anomaly percentage over China in May 2017 (unit:%)

月平均气温与常年同期相比，全国大部地区接近常年或偏高，东北大部、华北、黄淮、江淮、江南北部部分地区及内蒙古、甘肃河西大部、宁夏、新疆等地偏高 1～4℃(图 3.5.2)。

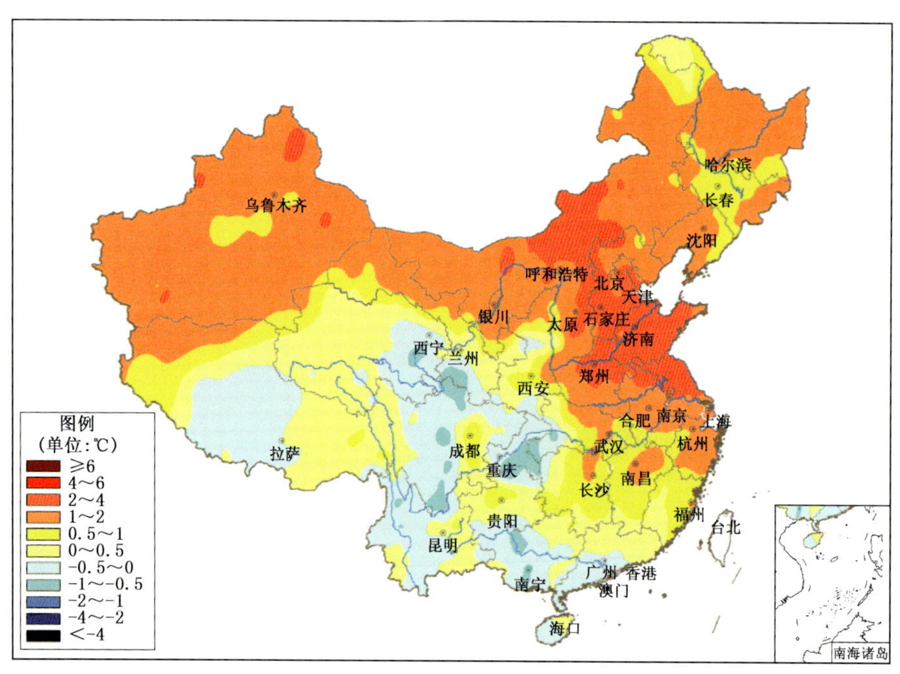

图 3.5.2　2017 年 5 月全国平均气温距平分布

Fig. 3.5.2　Distribution of mean temperature anomaly over China in May 2017(unit:℃)

3.5.2　主要气象灾害事记

5 月，南方出现 5 次暴雨过程，分别为 2—3 日、7—8 日、10—12 日、14—16 日和 22—24 日。2—3 日，强降水主要发生在长江中游及四川盆地，降水量一般有 50～100 毫米，四川东部及重庆超过

100 毫米。7—8 日，强降水主要发生在江西大部、浙江西部、福建西北部、两广地区，降水量有 50～100 毫米，局部超过 100 毫米。7 日广州出现暴雨到大暴雨，黄埔、增城、中新、花都等地出现特大暴雨，增城新塘镇 3 小时雨量 382.6 毫米，破广东 3 小时雨量历史极值，黄埔区九龙镇日降水量 544.5 毫米，打破广州市日雨量历史极值。10—12 日，强降水主要发生在重庆、湖南东部、江西、浙江西部、福建西部、广西等地，降水量有 50～100 毫米，局部超过 100 毫米。14—16 日强降水主要发生华南、西南东部的部分地区，降水量有 50～100 毫米。22—24 日降水为 5 月强度最强、范围最广的一次强降水过程，发生在江淮、江汉、江南、华南、西南地区东部等地。23 日湖南南部、广西中东部、广东中部等地出现暴雨，局地大暴雨(100～130 毫米)；广东广州及广西玉林、钦州等局地雨量达 150～197 毫米，最大 3 小时雨量 130～169 毫米。强降雨导致湖南、湖北、广东、广西 4 省(区)遭受洪涝灾害。据统计，5 月强降水造成全国 15 个省(区、市)123.6 万人受灾，17 人死亡；1.5 万间房屋不同程度倒损；农作物受灾面积 5.86 万公顷；直接经济损失 15.3 亿元。与 2009—2016 年同期平均值相比，灾情明显偏轻。

4 月 1 日至 5 月 20 日，华北大部、东北西部及内蒙古中东部、山东东部等地降水普遍少于 50 毫米，部分地区不足 10 毫米，上述大部地区降水量较常年同期偏少 5～9 成。受持续少雨影响，东北西部、华北北部及内蒙古、山东、河南等地气象干旱发展，至 5 月 21 日重旱以上面积达 41 万平方千米，干旱使得农业、水资源及森林草原防火受到影响。5 月 21—22 日，北方旱区出现入春以来最明显的降雨过程，累计降雨量普遍超过 10 毫米，部分地区达 20～40 毫米，旱情缓和。

5 月，华北、黄淮、内蒙古东部、吉林西部、辽宁西部等地出现 35℃以上高温天气。17—19 日，内蒙古东南部、吉林西部、辽宁西部等地的最高气温超过 40℃，局地超过 42℃。东北、华北、黄淮等地共 68 个气象观测站点最高气温达到或突破当地 5 月历史极值。监测表明，2017 年东北、华北高温是 1961 年以来出现最早的。

5 月，我国北方出现 2 次沙尘天气过程，较 2000—2017 年同期平均值(2.6 次)偏少。3—7 日，新疆南疆盆地、甘肃中西部、宁夏、内蒙古、陕西北部、山西中北部、河北北部、北京、吉林西部、黑龙江西南部、山东、江苏、湖北、湖南北部等地出现沙尘天气，内蒙古部分地区有沙尘暴，局地出现强沙尘暴。28—29 日，内蒙古西部、甘肃西部、新疆南疆盆地等地出现扬沙浮尘天气，内蒙古拐子湖出现强沙尘暴。

5 月，全国有 20 多个省(区、市)遭受风雹袭击，河南、内蒙古、河北、山东、湖南等省(区)局地受灾较重。

3.6 6 月主要气候特点及气象灾害

3.6.1 主要气候特点

6 月，全国平均气温较常年同期偏高，平均降水量较常年同期偏多。月内，南方共出现 6 次暴雨过程，部分地区暴雨洪涝重；北方遭遇强降水，北京、天津、河北普降大到暴雨；台风“苗柏”登陆广东深圳，东北、华北及内蒙古东部等地少雨高温，气象干旱持续；多地遭受风雹袭击，部分地区损失较重。

月降水量与常年同期相比，江南、华南东部及广西北部和西部、贵州大部、河南北部、宁夏、陕西南部、甘肃河西走廊、新疆西部等地偏多 2 成至 1 倍，局部地区偏多 1 倍以上；辽宁、吉林、黑龙江西部、内蒙古东部、江苏大部、安徽中部、云南西部、海南、青海西北部、新疆东部等地偏少 2～8 成，局部地区偏少 8 成以上(图 3.6.1)。

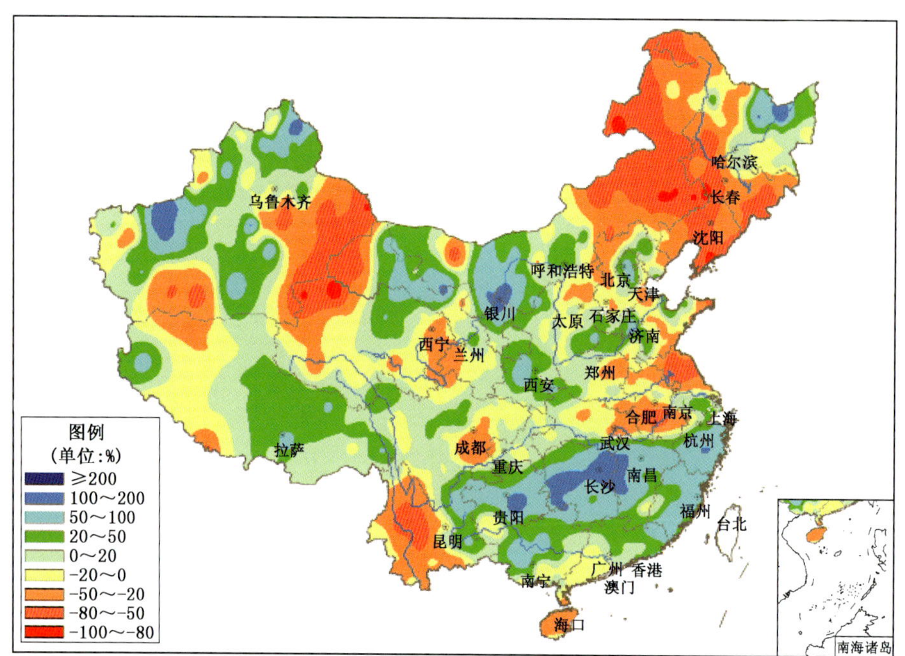

图 3.6.1　2017 年 6 月全国降水量距平百分率分布

Fig. 3.6.1　Distribution of precipitation anomaly percentage over China in June 2017 (unit: %)

月平均气温与常年同期相比，黑龙江东北部、吉林中部、浙江南部、福建北部、江西中部和北部、湖南南部、贵州东北部等地偏低 1～2℃；内蒙古大部、新疆东部等地偏高 1～2℃；全国其余大部地区接近常年(图 3.6.2)。

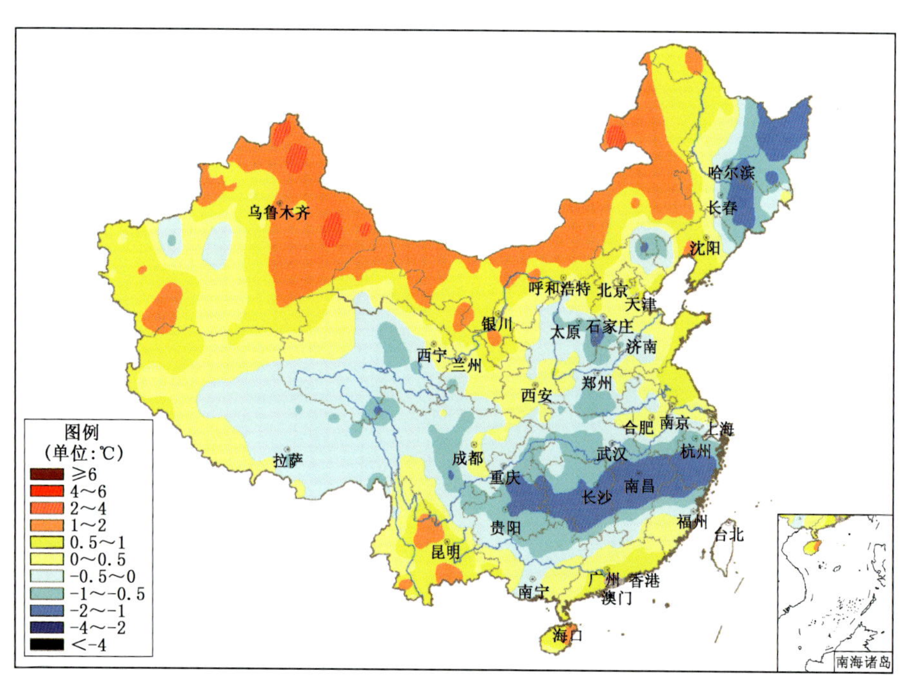

图 3.6.2　2017 年 6 月全国平均气温距平分布

Fig. 3.6.2　Distribution of mean temperature anomaly over China in June 2017(unit: ℃)

3.6.2 主要气象灾害事记

6月，南方出现6次暴雨过程：3—5日、8—13日、13—14日、14—16日、22—28日和29日至7月2日，比常年同期偏多1次。6月22—28日暴雨过程持续时间最长、影响面积最大，过程累计降水50毫米以上的面积有133.5万平方千米，100毫米以上面积有73.8万平方千米，250毫米以上面积有2.8万平方千米。8—13日暴雨过程影响面积次之，累计降水50毫米以上的面积有86.8万平方千米，100毫米以上面积有23.8万平方千米。6月29日至7月2日暴雨过程灾害影响最重，累计100毫米以上的面积有37.2万平方千米，排名第二位；累计降水50毫米以上面积有84.1万平方千米，排名第三位。6月29日至7月2日，西南地区东部、江南西部、江汉、江淮、黄淮一带出现强降雨天气过程，湖南、江西北部、湖北东部、苏皖南部、广西中东部、广东中西部、贵州中南部、云南东部、四川南部等地部分地区累计雨量有100～300毫米，广西东部、湖南中部、江西西北部等局地400～500毫米，广西桂林局地691毫米。持续强降雨导致浙江、安徽、江西、湖北、湖南、广东、广西、重庆、四川、贵州、云南等省(区、市)遭受洪涝、滑坡、风雹灾害。上述11省(区、市)61市(自治州)285个县(市、区)1108.2万人受灾，56人死亡，22人失踪；2.7万间房屋倒塌，3.7万间房屋严重损坏，18.4万间房屋一般损坏；农作物受灾面积76万公顷，绝收面积11.4万公顷；直接经济损失252.7亿元。

6月20—23日，受冷涡影响，华北大部、东北中部等地出现明显降水过程。东北、华北、黄淮大部及内蒙古东部等地累计降水量有10～50毫米，部分地区超过50毫米。河北、山东和辽宁等地旱情得到缓和。6月21日12时至23日07时，北京、天津、河北等地出现大到暴雨天气，北京有198个站累计降水量超过50毫米，26个站超过100毫米。

6月12日23时前后，2017年第2号台风“苗柏”在广东省深圳市大鹏半岛沿海登陆(热带风暴级，9级，23米/秒)。“苗柏”为2017年首个登陆我国的台风，较常年首登陆台风的平均时间(6月27日)偏早15天。受台风“苗柏”影响，广东中东部沿海、福建东部沿海出现8～9级阵风，广东深圳至汕尾沿海局地达10～12级。12—13日，广东中东部、福建南部、江西南部部分地区出现100～200毫米降雨，广东深圳、惠州、汕尾及江西赣州局地超过250毫米，广东惠州沿海局地达427毫米；上述地区最大小时雨量50～70毫米，最大3小时雨量100～149毫米。台风“苗柏”造成广东深圳、惠州、汕尾等地出现道路积水、交通受阻、断电、幼儿园和中小学校停课等情况；广东珠江口以东至粤东沿海出现20～60厘米的风暴增水，部分中小河流水位出现较大幅度上涨。广东、福建、江西3省部分地区不同程度受灾。

4月1日至6月30日，华北北部、东北西部及内蒙古中东部等地降水量普遍少于100毫米，部分地区不足50毫米，上述大部地区降水量较常年同期偏少5～9成。受持续少雨影响，东北西部和南部、华北北部及内蒙古东部、山东东部等地气象干旱发展，6月17日干旱范围达到最大，重旱及以上干旱面积达84万平方千米，农业、水资源及森林草原防火受到一定不利影响。6月，东北南部、华北东部以及内蒙古东部、新疆南部等地高温日数有3～10天，部分地区超过10天，与常年同期相比，普遍偏多1～5天，部分地区偏多5天以上。6月14—17日，东北南部、华北东部以及内蒙古东部等地出现持续高温天气，河北抚宁(40.3℃)、迁安(40.2℃)、秦皇岛(40.0℃)和辽宁本溪(38.5℃)、抚顺(38.0℃)等站最高气温破历史极值。高温天气进一步加剧了东北南部、华北北部及内蒙古东部的旱情。6月18日开始，北方旱区陆续出现降水，21—24日，出现入春以来最明显的降雨过程，降水量普遍有10～20毫米，部分地区达50～100毫米，华北北部及黑龙江西部、山东东部等地旱情得到有效缓解。6月30日，内蒙古东部、辽宁等地仍然存在中到重度气象干旱，部分地区达特旱。据民政部初步统计，干旱共造成内蒙古、河北、山西、山东、辽宁、吉林、黑龙江等省(区)387.5万公顷农作物受灾，绝收面积12.0万公顷，直接经济损失90.2亿元。

6月，全国有20多个省(区、市)遭受风雹袭击，山东、甘肃、新疆、河北、陕西、内蒙古、云南等省(区)局地受灾较重。

3.7 7月主要气候特点及气象灾害

3.7.1 主要气候特点

7月，全国平均气温较常年同期偏高，为1961年以来历史同期最高值；全国平均降水量较常年同期偏少。月内，强降水过程频繁，湖南、吉林、陕西等地遭受严重暴雨洪涝灾害；台风活跃，生成、登陆个数多，时间和登陆地点集中；高温日数为1961年以来历史同期最多值；内蒙古东部等地气象干旱持续，江淮、江汉伏旱发展；强对流天气影响范围广。

月降水量与常年同期相比，吉林东部、山东南部和东部、山西大部、陕西北部、甘肃中西部、内蒙古西部、青海北部、新疆西南部、华南中部和南部、云南、西藏中西部等地一般偏多2成至1倍，局部地区偏多1倍以上；全国其余大部地区接近常年或偏少，黑龙江西南部、吉林西部、内蒙古东北部、湖北东南部、浙江西部和北部、湖南北部、贵州北部、新疆北部等地偏少5～8成，局部偏少8成以上(图3.7.1)。

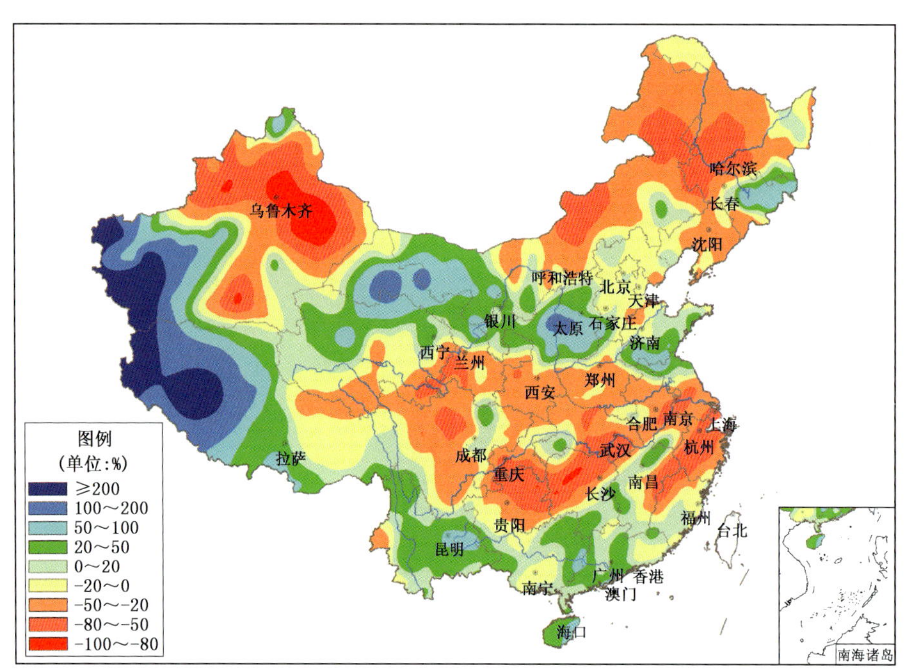

图3.7.1 2017年7月全国降水量距平百分率分布

Fig. 3.7.1 Distribution of precipitation anomaly percentage over China in July 2017 (unit: %)

月平均气温与常年同期相比全国大部地区偏高或接近常年月平均气温，内蒙古中东部、新疆东部、甘肃大部、陕西中部和南部、宁夏南部、江苏、安徽中部、浙江东北部、重庆西部、四川东南部等地偏高2～4℃(图3.7.2)。

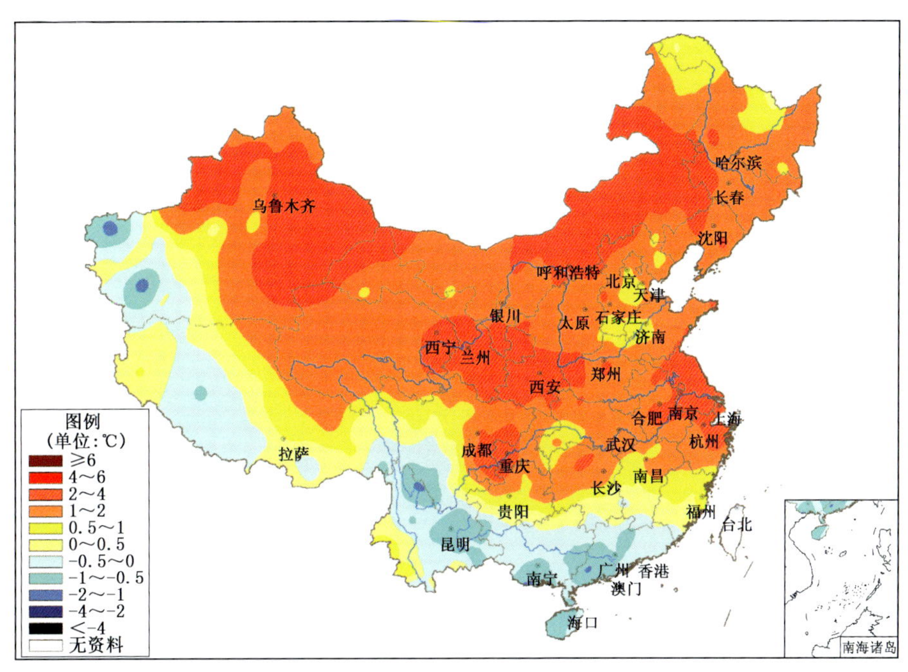

图 3.7.2 2017 年 7 月全国平均气温距平分布

Fig. 3.7.2 Distribution of mean temperature anomaly over China in July 2017(unit:℃)

3.7.2 主要气象灾害事记

7 月,我国主雨带由南向北移动,区域性强降水过程频繁,共出现 10 次。6 月 29 日至 7 月 2 日,西南地区东部、江南西部、江汉、江淮、黄淮一带出现强降雨。湖南、江西北部、湖北东部、苏皖南部、广西中东部、广东中西部、贵州中南部、云南东部、四川南部等地部分地区累计雨量有 100~300 毫米,广西东部、湖南中部、江西西北部等局地 400~500 毫米,广西桂林局地 691 毫米。持续强降雨导致浙江、安徽、江西、湖北、湖南、广东、广西、重庆、四川、贵州、云南等省(区、市)遭受洪涝、滑坡、风雹灾害。上述 11 省(区、市)61 市(自治州)285 个县(市、区)1108.2 万人受灾,56 人死亡,22 人失踪;2.7 万间房屋倒塌,3.7 万间房屋严重损坏,18.4 万间房屋一般损坏;农作物受灾面积 76 万公顷,绝收面积 11.4 万公顷;直接经济损失 252.7 亿元。7 月 13—17 日,东北大部、华北中南部、黄淮、江淮北部、江汉、西南东部一带出现明显降水过程,吉林中部、山东南部、江苏北部局部超过 100 毫米,吉林省中部 13—14 日出现历史罕见特大暴雨,短时雨量强、累计雨量大、局地性突出。7 月 19—21 日,东北地区中南部、内蒙古东南部等地出现暴雨,吉林中部和东北部降大暴雨,累计雨量有 100~200 毫米,局部超过 300 毫米。吉林有 195.3 万人受灾,23 人死亡,12 人失踪;5200 余间房屋倒塌,3.1 万间房屋严重损坏;农作物受灾面积 39.47 万公顷,绝收面积 8.7 万公顷;直接经济损失 415.5 亿元。7 月 25—28 日,西北东部、华北大部、黄淮东部、西南大部等地出现强降水过程,陕西北部、山西中南部降雨量有 50~200 毫米,陕西吴堡、富县、子洲及山西柳林超过 200 毫米,榆林境内一水库发生溃坝,引发严重洪涝灾害,共造成陕西北部 51.9 万人受灾,12 人死亡,1 人失踪;直接经济损失达 70 多亿元。

7 月,南海及西北太平洋台风活跃,共有 8 个台风生成,较常年同期明显偏多。有 3 个台风登陆我国,登陆个数也较常年同期偏多。9 号台风"纳沙"于 29 日在台湾宜兰县东部沿海登陆(中心附近最大风力 13 级,40 米/秒),并于 30 日在福建福清市沿海再次登陆(中心附近最大风力有 12 级,33 米/秒)。10 号台风"海棠"于 30 日在台湾屏东县沿海登陆(中心附近最大风力有 9 级,23 米/秒),31

日在福建福清市沿海登陆(中心附近最大风力8级,18米/秒)。受台风“纳沙”“海棠”及低压北上和西风槽的共同影响,7月29日至8月初,我国东部由南向北相继出现强降水过程,多地出现暴雨或大暴雨天气,局部特大暴雨,截至8月4日统计,共造成福建、江西、湖南、广东、河南、山东、河北、北京等省(市)81.7万人受灾,19.1万人紧急转移安置;农作物受灾面积5.58万公顷;直接经济损失7.6亿元。

7月,全国平均高温日数达5.8天,比常年同期多2.6天,为1961年以来历史同期最多值。7月7—15日,北方出现大范围持续高温天气,华北大部、黄淮、西北地区东部和西部及内蒙古中西部和东南部等地极端最高气温达35℃以上,河北南部、陕西中北部、宁夏北部、内蒙古西部、新疆大部达38～40℃,新疆南部、内蒙古西部等地超过40℃,局部超过42℃。7月10日,北方地区35℃和40℃以上高温影响面积最广,分别为215.7万、48.7万平方千米。

7月11日出梅后,南方地区以及黄淮等地相继出现大范围持续高温天气,最高气温普遍超过35℃,江淮、江南、江汉、四川盆地东部、黄淮南部和西部以及陕西南部、山西西南部达38～40℃,浙江大部、江苏南部、安徽南部、重庆南部及陕西、湖北、湖南等地的局部高达40～42℃;江南中东部及福建北部、苏皖南部等地最长连续高温日数普遍有10～15天,浙江大部、上海、江苏东南部达15～20天;26日35℃以上、27日38℃和40℃以上高温面积最大,分别为176万、92万、16万平方千米。持续高温导致江苏、山东、上海、安徽、湖南等省(市)用电负荷创历史新高,高温中暑病例增多。

7月初,内蒙古东部、辽宁中部及黑龙江西南部旱情一度非常严重。7—10日,部分地区出现降水,旱情明显缓解。但中下旬,内蒙古东北部、黑龙江西南部、吉林西部等地降水仍明显偏少,旱情又有发展。7月底统计,内蒙古旱灾造成467.2万人受灾;农作物受灾面积280.03万公顷,绝收面积13.95万公顷;直接经济损失55.6亿元。山西287.9万人受灾;农作物受灾面积54.74万公顷,绝收面积8.89万公顷;直接经济损失20.7亿元。7月11日出梅以后,江淮大部、江汉东部等地降水量比常年同期普遍偏少5～8成,同时出现持续高温天气,导致伏旱露头并发展,出现中到重度气象干旱。

月内,全国有26个省(市、区)遭受风雹灾害,河南、河北、陕西、甘肃等省受灾较重。7月10—11日,河南洛阳、平顶山、三门峡、南阳4市13个县(市、区)遭受风雹袭击,造成1人死亡;农作物受灾面积1万公顷,绝收面积1300公顷;直接经济损失1亿元;7月13—15日,河北秦皇岛、邯郸、邢台等6市19个县(区)遭遇风雹袭击,农作物受灾面积1.58万公顷,绝收面积1300公顷;直接经济损失1.6亿元;7月13—15日,陕西西安、铜川、咸阳等9市23个县(市、区)遭受风雹袭击,造成1人死亡;农作物受灾面积1.95万公顷,绝收面积3000公顷;直接经济损失2.9亿元;7月14—15日,甘肃兰州、白银、天水等5市15个县(区)遭遇风雹袭击,农作物受灾面积2.43万公顷,绝收面积2600公顷;直接经济损失1.5亿元。

3.8 8月主要气候特点及气象灾害

3.8.1 主要气候特点

8月,全国平均气温较常年同期偏高,平均降水量较常年同期明显偏多,为1961年以来历史同期第三多值。月内,我国出现8次区域性暴雨过程,部分地区发生暴雨洪涝灾害;2个台风在我国登陆,台风“天鸽”重创珠三角地区;南方地区出现大范围持续高温天气。

月降水量与常年同期相比,东北西部、华北东部和西北部、西北地区中东部、黄淮南部、江淮大部、江南中北部以及西藏西部、新疆西部和东部、内蒙古东南部、山东半岛、贵州东南部、广西等地偏多2成至1倍，局部地区偏多1倍以上；华南东北部及新疆东南部、内蒙古中西部、河南北部、山东中南部、浙江东南部、湖南东南部、海南、重庆大部等地偏少2～8成，局地偏少8成以上（图3.8.1）。

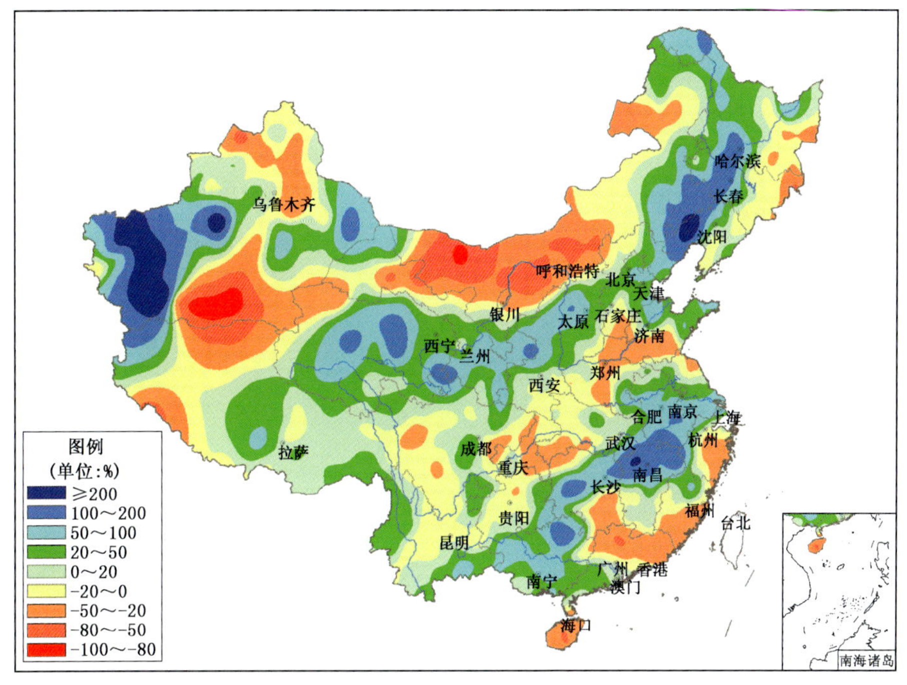

图3.8.1　2017年8月全国降水量距平百分率分布

Fig. 3.8.1　Distribution of precipitation anomaly percentage over China in August 2017 (unit: %)

月平均气温与常年同期相比，除新疆西南部偏低1～2℃外，全国大部地区接近常年或偏高，黄淮中西部、江南南部和东部、西南地区北部以及青海南部、陕西南部、江苏南部、浙江大部、福建大部、广东北部等地偏高1℃以上，局部偏高2～4℃（图3.8.2）。

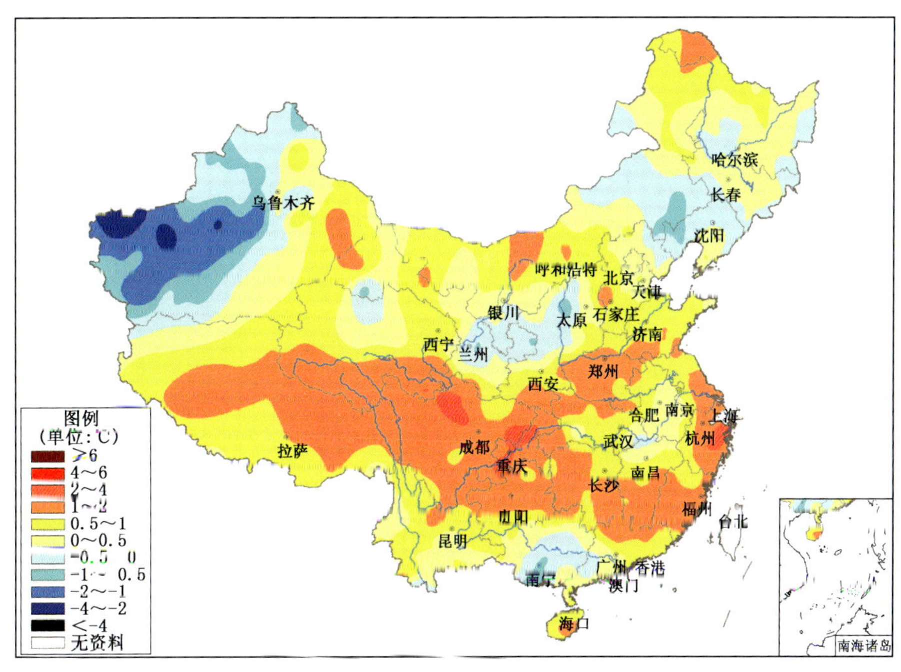

图3.8.2　2017年8月全国平均气温距平分布

Fig. 3.8.2　Distribution of mean temperature anomaly over China in August 2017 (unit: ℃)

3.8.2 主要气象灾害事记

8月，我国出现8次区域性暴雨过程。8月6—9日，西北地区东部、西南地区东部、江汉、黄淮南部、江淮、江南北部等地出现暴雨或大暴雨天气。安徽、江苏、湖北、云南等地局部地区累计降水量超过100毫米。强降水导致云南、重庆、四川、甘肃、青海、湖北等省（市）部分地区遭受洪涝、泥石流等灾害。6日晚间至7日早晨，甘肃文县强降水引发局部暴洪泥石流灾害，造成7人死亡，2人失踪。8日，四川普格县泥石流，造成26人死亡。8月11—14日，贵州大部、广西北部、湖南西部和北部、江西中北部、湖北东南部、安徽中南部、黄淮东南部等地出现暴雨或大暴雨天气，广西东北部、湖南中部、江西西北部、湖北东南部等地累计降水量有100～250毫米，强降水致使珠江和柳江的部分江段出现超警戒水位，广西、湖南、湖北、江西等省（区）局部地区出现严重洪涝灾害，湖南灾情最重。

8月，共有5个台风生成，2个台风登陆。台风“天鸽”于8月23日12时50分前后在广东珠海南部沿海登陆，登陆时中心附近最大风力有14级（45米/秒），中心最低气压950百帕。受其影响，广东珠三角及沿海地区出现11～14级大风；22—25日，广东西南部、广西东南部出现100～250毫米、局地超过250毫米的降水。“天鸽”登陆期间恰逢天文大潮，强风带来的巨浪和天文大潮叠加造成珠江口沿岸出现50～210厘米的风暴增水，多处站点均超历史实测最高潮位。初步统计，台风“天鸽”造成广东、广西、云南、贵州等省（区）共26人死亡（其中澳门8人），失踪13人，直接经济损失超过200亿元，其中广东直接经济损失190多亿元。台风“帕卡”于8月27日9时前后在广东省台山市东南部沿海登陆，登陆时中心附近最大风力12级（33米/秒），中心最低气压978百帕。“帕卡”与“天鸽”相继登陆珠三角地区，影响区域重叠，致使部分地区重复受灾。

8月，黄淮西部、江淮、江汉、江南、华南及四川盆地、陕西南部、新疆南部等地出现了日最高气温≥35℃的持续性高温天气。21日，广东广州、深圳、佛山等16个城市电网负荷均创下历史新高，多个城市频繁跳闸停电。高温天气致广州市多家医院的发热、急性肠胃炎、心脑血管等病患者数量明显增多，深圳出现多名群众中暑。

3.9 9月主要气候特点及气象灾害

3.9.1 主要气候特点

9月，全国平均气温较常年同期偏高，为1961年以来第一高值；全国平均降水量较常年同期略偏少。月内，台风“玛娃”登陆广东；四川、云南部分地区秋雨明显，局地灾情重；北方多地遭受风雹袭击。

月降水量与常年同期相比，西北大部、东北南部、华北大部、江南南部及内蒙古大部、山东、西藏南部和西部、云南西北部、福建、广东东部、海南等地偏少2～8成，部分地区偏少8成以上；黄淮南部、江淮、江汉、江南北部及广西西北部、贵州大部、重庆、四川北部、新疆北部等地偏多2成至2倍，局部地区偏多2倍以上（图3.9.1）。

除新疆北部局地气温偏低1～2℃外，全国大部地区气温接近常年同期或偏高，西北大部、华北、黄淮北部、西南大部、江南南部、华南及内蒙古中西部等地偏高1～2℃，河北中部、山东西北部、内蒙古中部、湖南南部、江西南部、福建等地偏高2～4℃（图3.9.2）。

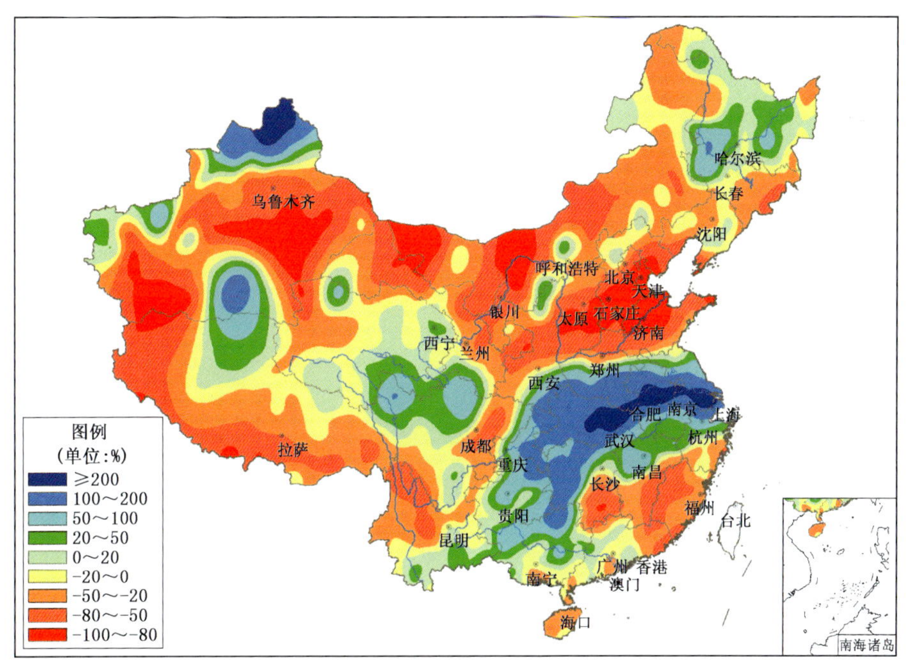

图 3.9.1　2017 年 9 月全国降水量距平百分率分布

Fig. 3.9.1　Distribution of precipitation anomaly percentage over China in September 2017 (unit: %)

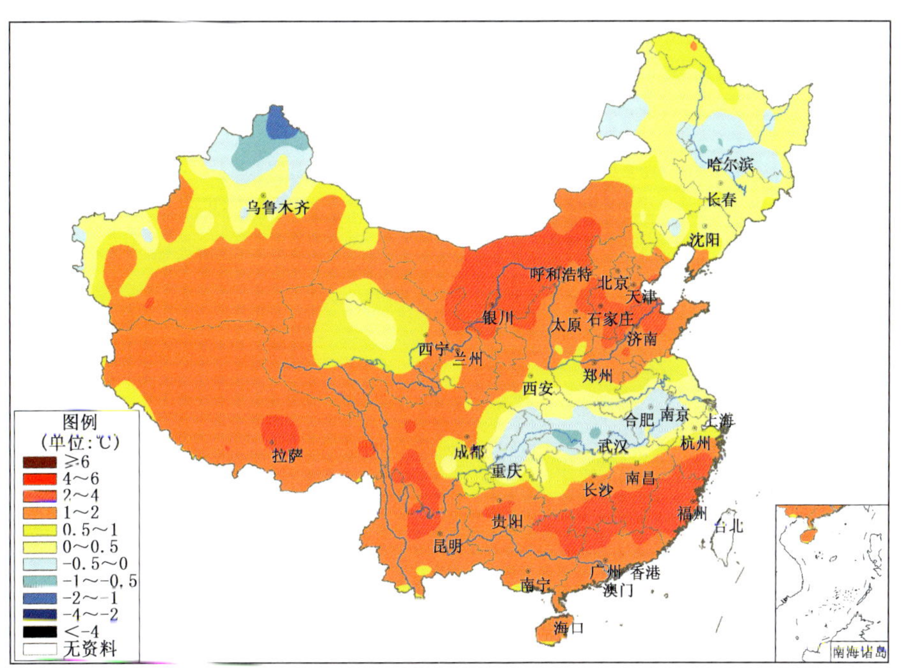

图 3.9.2　2017 年 9 月全国平均气温距平分布

Fig. 3.9.2　Distribution of mean temperature anomaly over China in September 2017 (unit: ℃)

3.9.2　主要气象灾害事记

9 月，在西北太平洋和南海上共有 4 个台风生成，1 个登陆我国，生成个数和登陆个数均较常年同期偏少。台风“玛娃”于 9 月 3 日 21 时在广东汕尾市陆丰市沿海登陆，登陆时中心附近最大风力有 8 级(20 米/秒)，中心最低气压 995 百帕。受其影响，广东、福建 2 省避险转移近 5.7 万人；广东多地宣布中小学、幼儿园停课，东莞多地积水严重。

9 月，华西地区大部降水量在 50 毫米以上，重庆中部和北部、湖北西部和东部及云南南部局地超过 200 毫米。与常年同期相比，湖北大部、湖南西部、广西北部、贵州中北部和东部、重庆，以及四川北部和云南南部的局部地区降水量偏多 5 成至 1 倍；陕西南部、湖北大部、重庆北部降水日数偏多 4 天以上。华西多地遭受暴雨洪涝灾害，部分地区引发山洪地质灾害。四川、贵州、云南、广西、湖北、湖南、陕西、青海等省（区、市）遭受洪涝灾害。据不完全统计，共有 273.7 万人受灾，88 人死亡，28 人失踪，农作物受灾面积 12.7 万公顷，直接经济损失超过 51.7 亿元，四川、贵州、重庆、云南等省（市）受灾较重。

9 月，黑龙江、辽宁、吉林、内蒙古、甘肃、陕西、山西、河北、山东、安徽、湖南、青海、新疆等 13 个省（市、区）遭受风雹灾害，内蒙古、陕西、辽宁等省（区）受灾较重。

3.10 10 月主要气候特点及气象灾害

3.10.1 主要气候特点

10 月，全国平均气温较常年同期偏高，全国平均降水量较常年同期偏多。月内，第 20 号台风“卡努”登陆我国；华西至江淮地区出现强降雨。

月降水量与常年同期相比，内蒙古中部和东北部、华北、黄淮、江淮、江南地区东北部、华南沿海大部、西南地区东北部、西北地区东部，以及新疆西南部等地偏多 2 成以上，华北大部、黄淮南部、江淮大部、江汉以及广西南部、新疆西南部等地偏多 1～2 倍，部分地区偏多 2 倍以上；东北大部、江南大部以及广西东北部、青海西部、甘肃西部、内蒙古西部和东部部分地区、新疆东部、西藏西部、云南西南部等地偏少 2～8 成，部分地区偏少 8 成以上（图 3.10.1）。

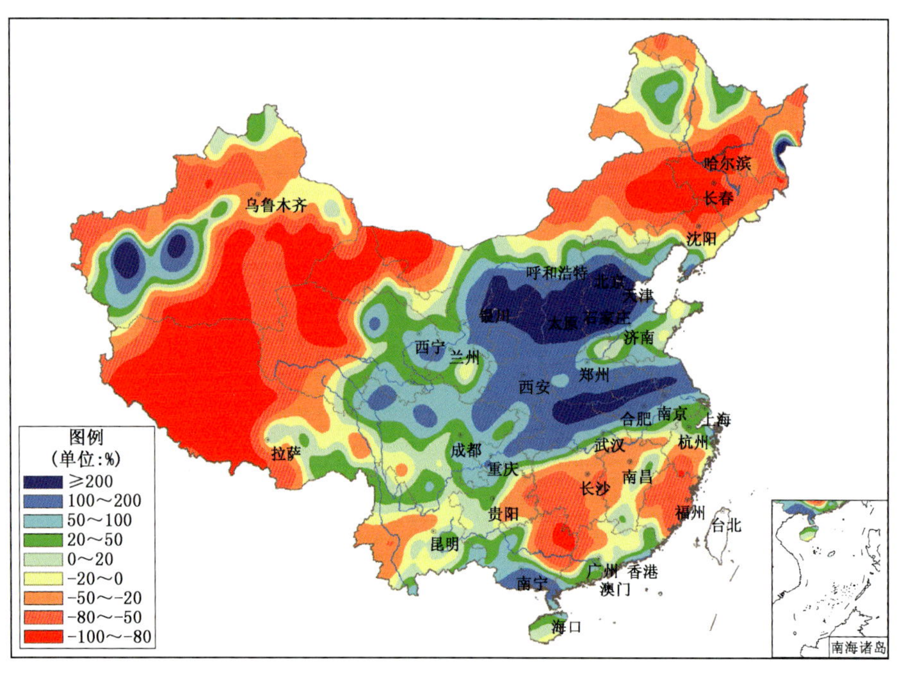

图 3.10.1 2017 年 10 月全国降水量距平百分率分布

Fig. 3.10.1 Distribution of precipitation anomaly percentage over China in October 2017 (unit: %)

月平均气温与常年同期相比，青藏高原大部偏高1℃以上，西藏东北部、青海南部等地偏高2～4℃；华北东部、黄淮大部、江淮、江汉、江南北部、华南西部沿海以及重庆西部、四川东部、辽宁西部、黑龙江大部、内蒙古东北部、新疆西北部等地偏低1～2℃；全国其余大部地区接近常年(图3.10.2)。

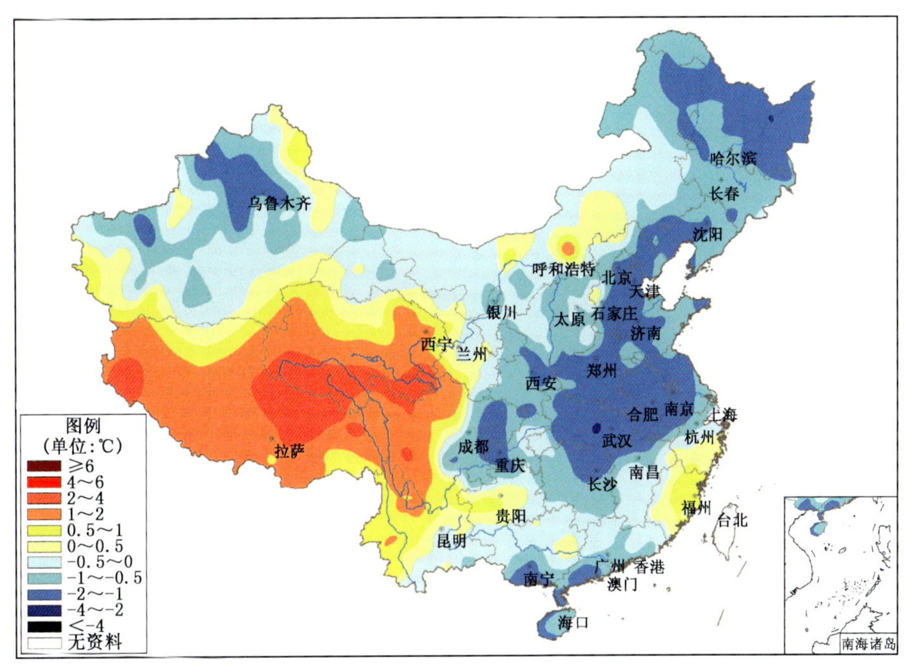

图3.10.2　2017年10月全国平均气温距平分布

Fig. 3.10.2　Distribution of mean temperature anomaly over China in October 2017 (unit:℃)

3.10.2　主要气象灾害事记

10月，在西北太平洋和中国南海上共有3个台风生成，1个登陆我国。台风"卡努"于10月16日在广东省湛江市徐闻县沿海登陆，登陆时中心附近最大风力有10级(28米/秒)，中心最低气压988百帕。受台风"卡努"和冷空气共同影响，浙江东部、广东东部沿海和雷州半岛、海南北部等地降水量有50～100毫米，浙江东北部沿海局地达300～500毫米，象山局地点雨量达516毫米；台湾省东部累计雨量超过400毫米，屏东局地雨量超过1000毫米。"卡努"共造成浙江、福建、广东、广西和海南5省(区)133万人受灾，46.6万人紧急转移；直接经济损失22.7亿元。

10月上旬，华西、江汉、江淮地区接连遭受2次强降雨袭击，降水量普遍超过50毫米，陕西南部、四川东部、湖北北部、江苏中部达100～250毫米，较常年同期偏多2倍以上。强降雨导致安徽、河南、湖北、重庆、四川、陕西6省(市)17市(自治州)81个县(市、区)278万人受灾，23人死亡；5200余间房屋倒塌，2.4万间房屋不同程度损坏；农作物受灾面积23.3万公顷，绝收面积5万公顷；直接经济损失32.6亿元。

3.11　11月主要气候特点及气象灾害

3.11.1　主要气候特点

11月，全国平均气温较常年同期偏高，全国平均降水量较常年同期偏少。月内，江南、华南降雨日数多，农作物生长受影响；海南出现2次暴雨过程，部分地区发生雨涝灾害。

月降水量与常年同期相比，北疆南部、内蒙古东北部、东北北部和长白山一带、江南南部、华南大部及四川西部、青海南部部分地区偏多2成至1倍，部分地区偏多1倍以上；全国其余大部地区接近常年或偏少2～8成，西北大部、东北地区西南部、华北大部、黄淮大部及西藏大部、内蒙古西部等地偏少8成以上(图3.11.1)。

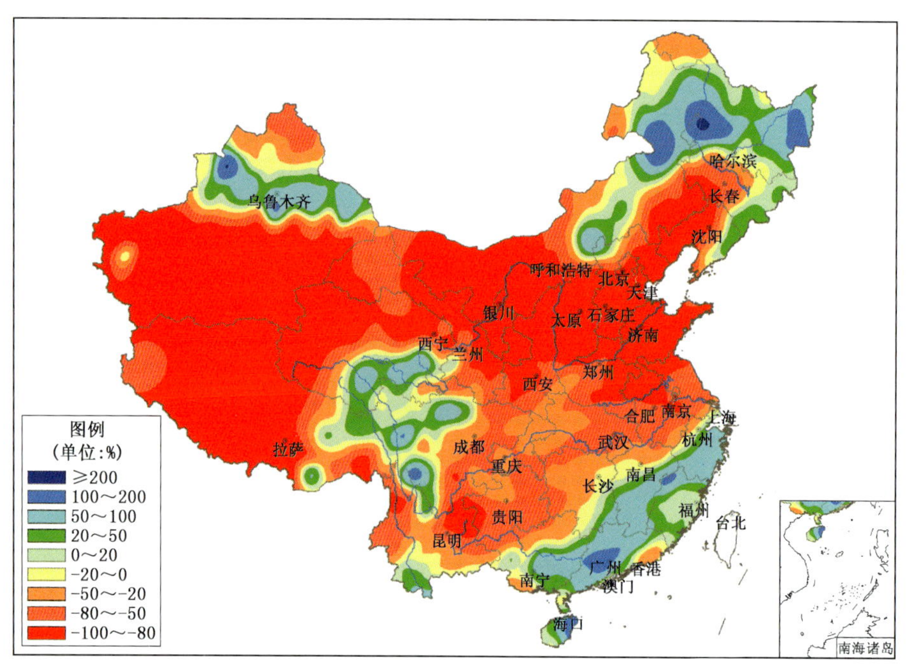

图3.11.1　2017年11月全国降水量距平百分率分布

Fig. 3.11.1　Distribution of precipitation anomaly percentage over China in November 2017 (unit:%)

月平均气温与常年同期相比，除内蒙古东部、东北北部和东部等地的部分地区偏低1～2℃、局部偏低2℃以上外，全国大部地区接近常年或偏高，青藏高原大部及新疆大部、甘肃部分地区、宁夏南部、河南东部、安徽西北部、福建大部、云南西南部等地偏高1℃以上，新疆西北部等地偏高2～4℃(图3.11.2)。

3.11.2　主要气象灾害事记

11月，江南大部、华南大部、贵州东北部等地降水日数普遍在10天以上，浙江南部、江西南部、湖南南部、广东北部、广西东部、海南东部等地超过14天。江南中部和东部、华南中西部等地最长连续降雨日数普遍有6～10天，湖南南部、广东西北部、广西东北部等地在10天以上。江南、华南降水主要集中在7—26日。长时间阴雨天气导致江南、华南部分田块田间湿度大，油菜、越冬蔬菜生长缓慢。另外，对秋粮等秋收收尾工作不利，部分已收获的秋粮等无法及时晾晒、入库。

11月，海南出现2次暴雨过程。6—7日，海南中部和东部大部地区出现50毫米以上降水，东南部降水量达100～250毫米(万宁超过250毫米)，强降水导致琼海市和万宁市发生雨涝灾害。20日，受台风“鸿雁”环流和冷空气共同影响，海南东南部出现暴雨到大暴雨，局地出现了特大暴雨，部分地区再次遭受雨涝灾害。

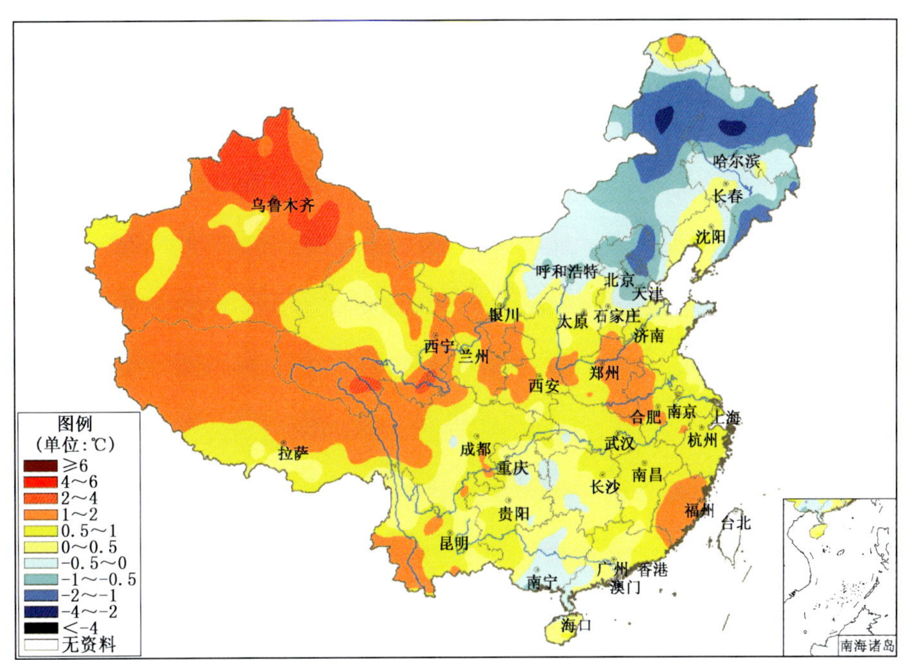

图 3.11.2 2017 年 11 月全国平均气温距平分布

Fig. 3.11.2 Distribution of mean temperature anomaly over China in November 2017 (unit:℃)

3.12 12 月主要气候特点及气象灾害

3.12.1 主要气候特点

12 月,全国平均气温较常年同期偏高,全国平均降水量较常年同期偏少。月内,北方部分地区遭受雪灾;福建南部局部地区气象干旱严重。

月降水量与常年同期相比,除新疆西南部、西藏西北部、青海东部、广西南部、云南东南部等地偏多 2 成至 2 倍外,全国大部地区偏少或接近常年,西北大部、华北、东北大部、黄淮、江淮、江汉、西南大部、江南大部、华南大部及内蒙古大部偏少 2～8 成,部分地区偏少 8 成以上(图 3.12.1)。

月平均气温与常年同期相比,除东北大部及内蒙古东北部等地偏低 1～4℃、局部偏低 4℃以上外,全国大部地区接近常年或偏高,青藏高原大部及云南西部、新疆大部、甘肃西部、内蒙古中西部、山西北部、河北中西部、河南大部、湖北中部等地偏高 1～4℃,局部偏高 4℃以上(图 3.12.2)。

3.12.2 主要气象灾害事记

12 月,受冷空气影响,新疆西部、西北地区东部、内蒙古中东部、东北、华北大部、黄淮、江汉、江淮北部、四川北部、贵州西部等地出现降雪天气,黑龙江(双鸭山东部、鸡西东部)、吉林等地出现大到暴雪,吉林东南部局地积雪超过 20 厘米。

12 月,福建降水量偏少 2 成以上,厦门、漳州等地降水量偏少 8 成以上。厦门局部地区气象干旱严重,库塘蓄水严重不足,致使同安、翔安两区出现用水紧张态势。

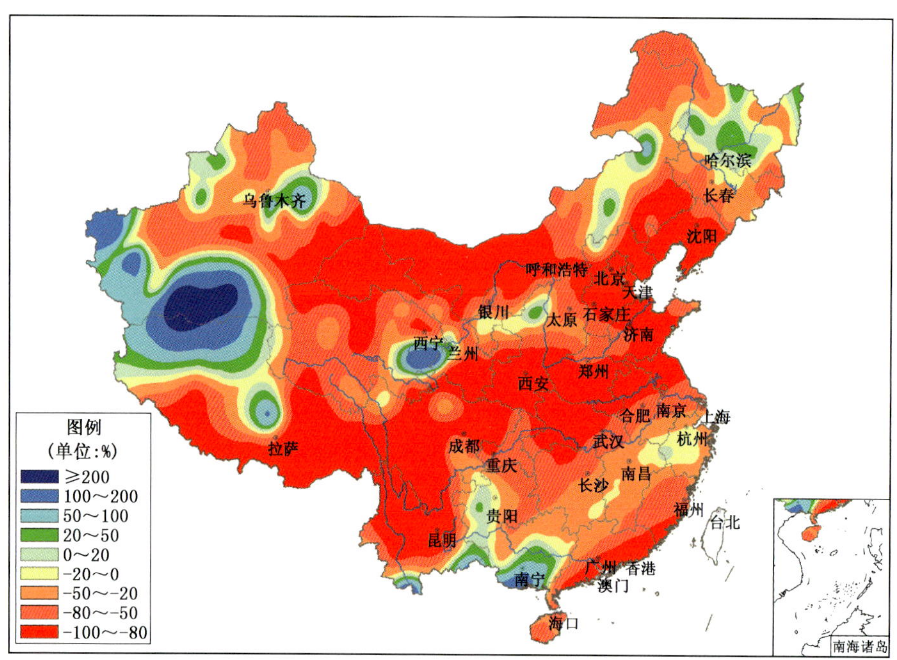

图 3.12.1　2017 年 12 月全国降水量距平百分率分布

Fig. 3.12.1　Distribution of precipitation anomaly percentage over China in December 2017 (unit: %)

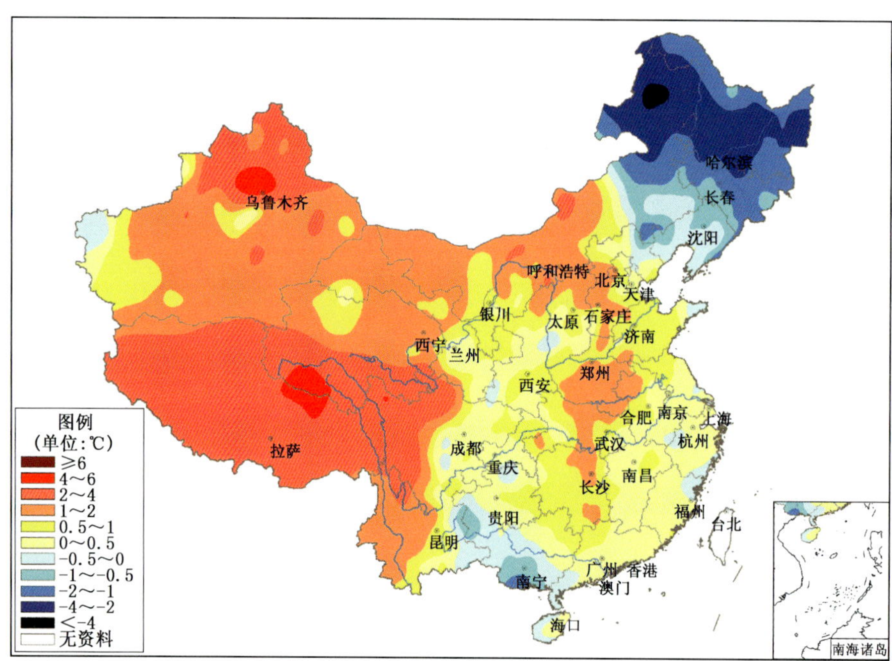

图 3.12.2　2017 年 12 月全国平均气温距平分布

Fig. 3.12.2　Distribution of mean temperature anomaly over China in December 2017 (unit: ℃)

第 4 章　分省气象灾害概述

4.1　北京市主要气象灾害概述

4.1.1　主要气候特点及重大气候事件

2017 年北京市平均气温 12.5℃，比常年偏高 1.0℃，为历史同期第二高值(2014 年 12.6℃)(图 4.1.1)；年平均降水量 620.6 毫米，比常年(541.7 毫米)偏多 14.6%(图 4.1.2)。年内，2016/2017 冬季、春季、夏季气温偏高，秋季气温接近常年。冬季、春季、秋季降水偏少，夏季降水偏多。2017 年 6 月 21 日中午至 24 日凌晨，北京地区普降暴雨，部分地区达到特大暴雨量级，为 2017 年最强降水过程，昌平站和汤河口站刷新了 6 月下旬日最大降水量历史极值。

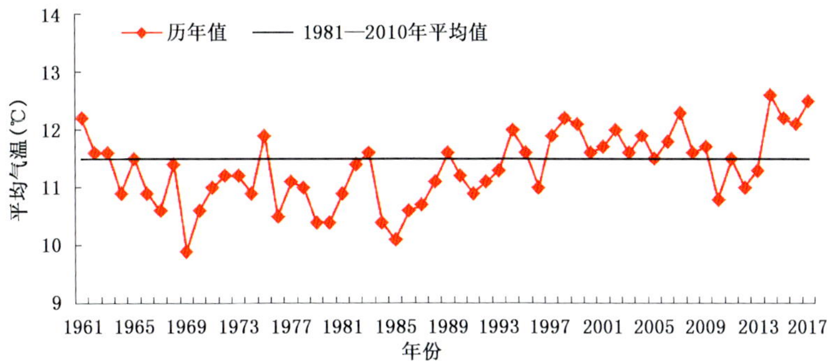

图 4.1.1　1961—2017 年北京市平均气温

Fig. 4.1.1　Annual mean temperature variation in Beijing during 1961－2017(unit:℃)

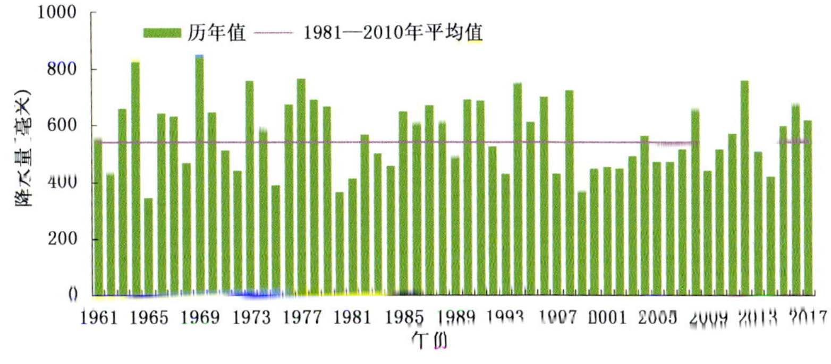

图 4.1.2　1961—2017 年北京市年降水量

Fig. 4.1.2　Annual precipitation variation in Beijing during 1961－2017(unit:mm)

2017 年北京市出现多次暴雨洪涝、一级大风、冰雹等局地强对流天气，并造成了一定程度的损失。据不完全统计，2017 年北京因气象灾害造成 4.6 万人次受灾，死亡 7 人；农作物受灾面积 0.67

万公顷;直接经济损失0.84亿元。总的来看,2017年为气象灾害较轻年景。

4.1.2 主要气象灾害及影响

1. 暴雨洪涝

2017年北京市暴雨洪涝主要集中在夏季,受灾人口0.9万人次,直接经济损失0.03亿元。

6月18日午后到傍晚,受东移对流云带影响,门头沟区自西向东出现雷阵雨天气,16时20分左右,沿河口村内的石羊沟突发洪水溢出河道,村内部分房屋进水,直接经济损失200万元。

8月1日白天到夜间,受第10号台风"海棠"减弱的低压倒槽和东移高空槽的共同影响,房山区出现中到大雨,部分地区大暴雨,长阳等乡镇56处积水,近百辆汽车被淹。

2. 冰雹

2017年北京市冰雹天气主要集中在夏季,农作物受灾面积0.3万公顷,受灾人口1.5万人次,直接经济损失0.17亿元。

7月6—7日,北京市多地出现风雹天气。灾害致使延庆区4个乡镇51个行政村受灾,受灾户数3184户,受灾人口9554人。农作物受损情况主要是玉米倒伏、水果和蔬菜受损及农业设施受损,受灾总面积1253公顷,成灾面积497公顷,农业损失1669.59万元。

3. 大风

4月24日10—20时,朝阳区出现大风天气,局地风力达8级。朝阳区红军营南路6号附近,大风刮倒折叠篷,造成1名过路女子被砸身亡。

11月17日,通州区出现大风,11时极大风达15.4米/秒。杨秀店村一处围墙倒塌致2死1伤。

4.2 天津市主要气象灾害概述

4.2.1 主要气候特点及重大气候事件

2017年,天津市年平均气温14.0℃,较常年偏高1.4℃,与2014年并列为1961年以来历史第一高值(图4.2.1);年平均降水量520.1毫米,较常年偏少4%(图4.2.2)。从季节上看,冬季、春季平均气温较常年显著偏高,夏季、秋季较常年偏高;除春季降水量较常年偏少外,冬季、夏季和秋季均为接近常年略偏多。

年内主要出现了暴雨洪涝、局地强对流、高温以及大雪等灾害性天气气候事件。冬季的强降雪造成道路湿滑、结冰,导致出行高峰期间道路拥堵严重,交通事故增加;夏季暴雨洪涝、局地强对流和高温天气给农业生产以及百姓生活造成了不同程度的影响。因气象灾害造成直接经济损失约100万元,其中农业损失所占比重最大。2017年农作物生长气象条件比较有利,为丰产年景。

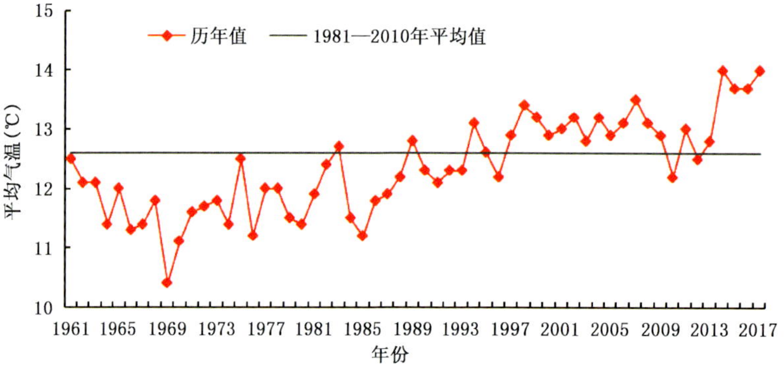

图4.2.1 1961—2017年天津市年平均气温变化

Fig. 4.2.1 Annual average temperature variation in Tianjin during 1961−2017(unit:℃)

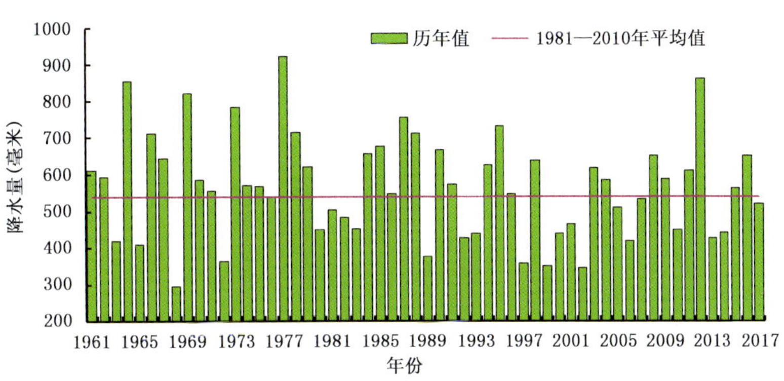

图 4.2.2　1961—2017 年天津市年降水量

Fig. 4.2.2　Annual rainfall variation in Tianjin during 1961—2017 (unit:mm)

4.2.2　主要气象灾害及影响

1. 暴雨洪涝

2017 年,天津市共出现了 11 次暴雨过程。7 月 6 日,天津市普降大雨,局部暴雨,此次降雨过程累计雨量大、雨量分布不均、短时雨强大。宝坻有 4 个站雨量超过 200 毫米,最大雨量出现在史各庄,为 243.5 毫米,最大小时雨强出现在大口屯,为 100 毫米/小时(6 日 18—19 时)。宝坻气象站 6 日降雨量 132.1 毫米,达到大暴雨量级,突破 7 月上旬日雨量历史极值(91.0 毫米,1994 年 7 月 10 日)。此次过程造成宝坻区直接经济损失达 88.1 万元,其中农业直接经济损失 66.8 万元(图 4.2.3)。

图 4.2.3　2017 年 7 月 6—7 日天津市强降水造成宝坻区牛道口镇民房倒塌(宝坻区气象局提供)

Fig. 4.2.3　Building collapses in Baodi District by strong rainfall in Tianjin on July 6—7, 2017 (By Baodi Meteorological Service)

2. 局地强对流

7 月 9 日夜间静海区普降雷阵雨,并伴有短时大风、雷电,部分地区出现冰雹。气象站及全部区域自动气象站均测到 8 级以上大风,最大为 35.4 米/秒,出现在团泊镇。此次大风天气致使树木折断,高秆作物倒伏,大棚薄膜损坏,果树落果,广告牌、房屋特别是临时建筑屋顶被掀,多辆车被砸(图 4.2.4)。

8 月 8 日蓟州出现大风,导致局地玉米倒伏和大棚坍塌。

图 4.2.4　2017 年 7 月 9 日天津静海区短时大风造成大棚薄膜损坏(静海区气象局提供)
Fig. 4.2.4　Destroyed greenhouse film by strong wind in Jinghai District of Tianjin on July 9, 2017
(By Jinghai Meteorological Service)

3. 高温

2017 年天津市高温日数为 21 天，比常年多 15 天，与 1972 年、2000 年并列成为历史第一高值。6 月 14—19 日、6 月 27 日至 7 月 1 日和 7 月 8—14 日出现持续高温天气。7 月 11 日天津市气象台发布高温红色预警，据国家电网天津市电力公司统计，当日天津电网最大负荷达到 1426.9 万千瓦，创历史新高。

4. 大雪

2017 年 2 月 21 日，天津市普降中到大雪，平均降雪量 5.5 毫米，平均积雪深度 4.2 厘米，各区降雪量在 4.7(津南)～6.4 毫米(宁河)之间，积雪深度 3(东丽、津南、滨海新区)～6.3 厘米(宁河)，西青为 1991 年以来历史同期第一位。降雪天气造成的道路湿滑、结冰等导致 22 日早高峰期间道路拥堵严重，机场航班延误或取消，进出天津的各条高速公路关闭。

4.3　河北省主要气象灾害概述

4.3.1　主要气候特点及重大气候事件

2017 年河北省年平均气温 13.0℃，比常年偏高 1.2℃，与 2014 年并列历史最高(图 4.3.1)。四季气温均偏高，冬季显著偏高，春季异常偏高。年平均降水量 484.2 毫米，较常年偏少 3.8%，属正常年份(图 4.3.2)。2017 年冬季降水偏多，春季降水偏少，夏、秋两季接近常年。

2017 年河北省主要遭受了局地强对流、区域性暴雨、干旱、高温、雾和霾、沙尘、寒潮等灾害性天气。2017 年河北省因气象灾害共造成 1070 个乡镇 722.0 万人次受灾，6 人死亡；农作物受灾面积 71.8 万公顷，绝收面积 4.29 万公顷；直接经济损失约 46.0 亿元。经总体评估分析，2017 年河北省受灾人口、死亡和失踪人口、农作物受灾面积、绝收面积、直接经济损失等均为近 10 年以来最低值，属于轻灾年份。

4.3.2　主要气象灾害及影响

1. 局地强对流

2017 年河北共出现 8 次影响范围较大的强对流天气，共造成 332.6 万人受灾，4 人死亡，紧急转移安置人口 2197 人；直接经济损失 18.2 亿元。7 月 6—11 日，河北省有 92 个县(市、区)出现 8 级以

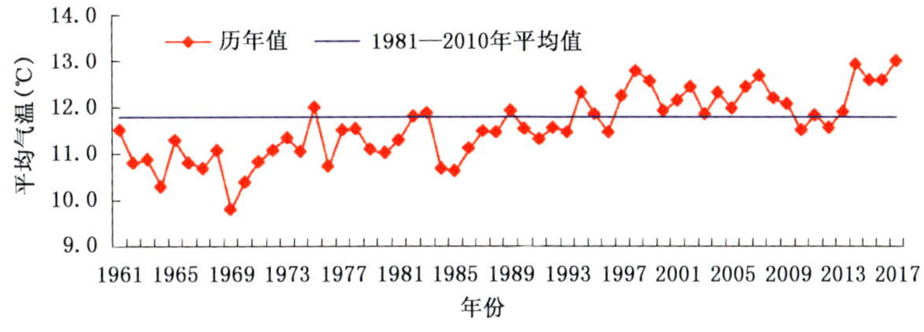

图 4.3.1　1961—2017 年河北省年平均气温

Fig. 4.3.1　Annual mean temperature variation in Hebei during 1971－2017(unit:℃)

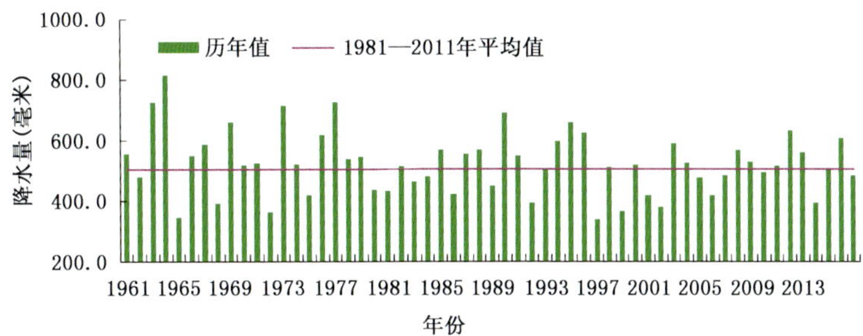

图 4.3.2　1961—2017 年河北省年降水量

Fig. 4.3.2　Annual precipitation variation in Hebei during 1971－2017(unit:mm)

上瞬时大风，最大瞬时风速 39.3 米/秒(13 级)；有 13 个县(市、区)出现冰雹；有 57 个县(市、区)最大小时降水量在 20 毫米以上。据统计，此次强对流天气共造成沧州、保定、承德等 10 个设区市 110.6 万人受灾，因灾死亡 2 人，需紧急生活救助 1561 人；直接经济损失 9.8 亿元。7 月 21 日，受大范围强对流天气影响，河北有 92 个县(市、区)最大小时降水量在 20 毫米以上，多个城市开启“看海”模式(图 4.3.3)。

图 4.3.3　2017 年 7 月 21 日，受短时强降水影响，石家庄市区城市内涝严重(河北省气象局提供)

Fig. 4.3.3　The serious urban waterlogging under the influence of short-time strong rainfall in Shijiazhuang city on July 21, 2017(By Hebei Meteorological Bureau)

2. 区域性暴雨

2017 年河北省出现暴雨 139 站次，较常年偏少 30.7%。暴雨洪涝造成 130.3 万人次受灾，2 人死亡；农作物受灾面积 5.8 万公顷，绝收面积 0.3 万公顷；直接经济损失 14.1 亿元。10 月 7—10 日河北省出现有气象观测记录以来秋季第二强降水，平均过程降水量 70.9 毫米，为 10 月常年平均降水量的 2.8 倍。同时，强降水伴随大范围 6 级以上瞬时大风和持续寡照天气，导致秦皇岛、石家庄、沧州等地出现大量落果、裂果、烂果现象，农业损失严重，直接经济损失 3.5 亿元。

3. 台风

受台风"海棠"减弱后的低压和冷空气共同影响，8 月 2—3 日，河北省东部地区出现强降水，有 42 个县（市、区）过程降水量超过 100 毫米，最大过程降水量 318.6 毫米。此次区域性大暴雨天气过程造成 7 个设区市 38.9 万人受灾，紧急转移安置 0.7 万人；直接经济损失 4.1 亿元。大暴雨导致兴隆县洪水肆虐，百余户村民被困于洪水之中，消防官兵连夜展开救援。

4. 干旱

2017 年河北省发生 2 次大范围干旱灾害，共造成 208.6 万人受灾，4.7 万人饮水困难；直接经济损失 8.8 亿元。旱灾主要发生在春季和夏季，部分地区出现春夏连旱。春季河北省有 71 个县（市、区）降水量较常年偏少 30%以上，特别是 4 月中旬至 5 月中旬，有 84 个县（市、区）降水量较常年偏少 80%以上，河北发生大范围旱灾，特别是山区，因无灌溉条件，大面积白地无法耕种。春旱造成直接经济损失 6.4 亿元，占全年旱灾总损失的 72.7%。

5. 高温

2017 年河北省平均高温日数 21.6 天，较常年偏多 1.1 倍，为 1971 年以来第三多值。2017 年河北主要出现 3 次持续性高温天气过程，其中，7 月 7—14 日高温天气影响范围最广，持续时间最长，强度最大，有 101 个县（市、区）出现 37℃以上高温，有 18 个县（市、区）出现 40℃以上高温。有 59 个县（市、区）连续 8 天最高气温超过 35℃。高温天气导致用水、用电量陡增，7 月 9 日，河北省南部电网负荷创历史新高。

4.4 山西省主要气象灾害概述

4.4.1 主要气候特点及重大气候事件

2017 年，山西省年平均气温 10.9℃，较常年偏高 1.1℃，为历史第二高值（图 4.4.1）；年平均降水量为 552.1 毫米，较常年（468.3 毫米）偏多 17.9%（图 4.4.2）。四季气温均较常年偏高，冬季气温历史最高；春季降水略偏少，其他季节均偏多。年内最大日降水量出现在 7 月 26 日柳林，降水量达到 163.1 毫米。年内，山西省主要气象灾害有暴雨、冰雹、干旱、霜冻、大风、高温、寒潮等，给工农业生产及人民生活造成了一定影响，干旱、冰雹、暴雨造成的影响较为严重。气象灾害共造成农作物受灾面积 82.1 万公顷，绝收面积 5.4 万公顷；受灾人口 658 万人，死亡 5 人；直接经济损失 58.0 亿元。

4.4.2 主要气象灾害及影响

1. 干旱

2017 年，山西省因旱造成 399.3 万人受灾；农作物受灾面积 49.7 万公顷，绝收面积 2.1 万公顷；直接经济损失 27.4 亿元。

汾阳市春末夏初降水持续偏少，7 月上旬出现持续高温天气，使汾阳市普遍干旱（图 4.4.3），受灾人口 16.6 万人，因旱需生活救助 5 万人；农作物受灾面积 2.8 万公顷，成灾面积 2 万公顷，绝收面积 0.3 万公顷;直接经济损失 0.6 亿元(图 4.4.3)。

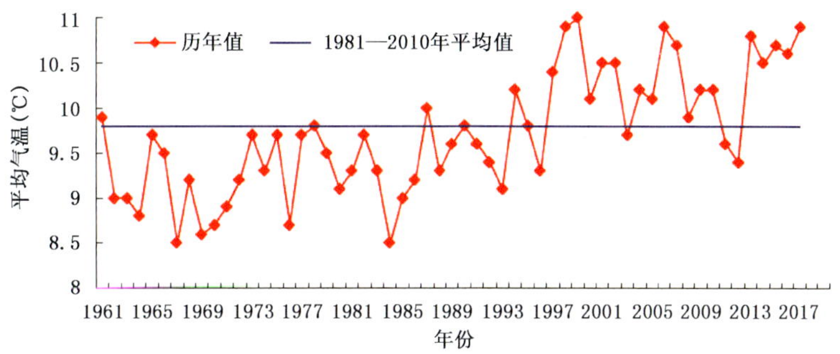

图 4.4.1　1961—2017 年山西省年平均气温

Fig. 4.4.1　Annual mean temperature variation in Shanxi during 1961—2017(unit:℃)

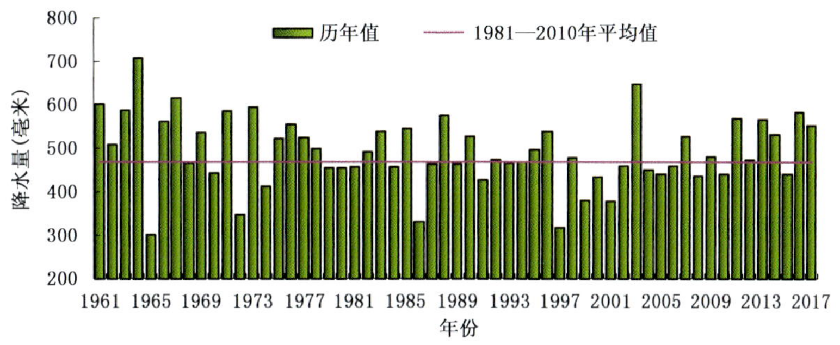

图 4.4.2　1961—2017 年山西省年降水量

Fig. 4.4.2　Annual precipitation variation in Shanxi during 1961—2017(unit:mm)

图 4.4.3　2017 年夏季,汾阳遭受严重旱灾(山西省气候中心提供)

Fig. 4.4.3　Severe drought in Fenyang on Summer, 2017

(By Shanxi Climate Center)

2. 局地强对流

2017 年,山西省局地强对流天气共造成 21.8 万公顷农作物受灾,绝收面积 2.4 万公顷;受灾人口 140.2 万人,死亡 2 人;损坏房屋 0.2 万间;直接经济损失 15.9 亿元。

6 月 22 日 19 时 30 分至 20 时,定襄县季庄、受禄、神山等乡镇遭到大风、冰雹袭击,持续半小时,最大冰雹直径 2 厘米,平均积雹厚度 2.4 厘米,共涉及 4 乡 25 村,受灾面积 0.5 万公顷,绝收面积 0.2 万公顷;直接经济损失 0.6 亿元(图 4.4.4)。

图 4.4.4　2017 年 6 月 22 日山西省定襄县遭受冰雹灾害(定襄县气象局提供)
Fig. 4.4.4　The hail disaster occurred in Dingxiang County on June 22, 2017(By Dingxiang Meteorological Service)

3. 暴雨洪涝

2017 年,山西省因暴雨洪涝造成 117.1 万人受灾,死亡 3 人;倒塌房屋 0.2 万间,损坏房屋 1.7 万间;农作物受灾面积 5.3 万公顷,绝收面积 0.5 万公顷;直接经济损失 14.1 亿元。

受副热带高压摆动和低层切变线共同影响,2017 年 7 月 25—29 日,柳林县出现区域性大暴雨。此次降水强度大、范围广、持续时间长,造成多个乡镇不同程度受灾,农作物倒伏,农田被毁,道路损毁严重,多处房屋损毁,给人民生活生产带来极大影响。柳林县受灾人口 12.5 万人,直接经济损失 2.3 亿元(图 4.4.5)。

图 4.4.5　2017 年 7 月 26 日柳林县因暴雨导致严重洪涝(柳林县气象局提供)
Fig. 4.4.5　The flood disaster in Liulin County on July 26, 2017
(By Liulin Meteorological Service)

4.5 内蒙古自治区主要气象灾害概述

4.5.1 主要气候特点及重大气候事件

2017年，内蒙古年平均气温6.2℃，较常年偏高1.1℃，为1961年以来第三高值(图4.5.1)；年平均降水量282毫米，较常年偏少11.5%(图4.5.2)。冬季、春季气温显著偏高，冬季气温为1961年以来同期第二高值，春季为第四高值；夏季气温偏高，秋季气温接近常年。冬季降水偏多，为1961年以来同期最多；春季、夏季、秋季降水均偏少。2017年，春季出现4次大范围沙尘过程，少于常年，且首次出现时间偏晚；春季和夏季中东部持续干旱，农牧业损失严重；夏季暴雨、洪涝、冰雹、雷电频发，8月11日赤峰市克什克腾旗、翁牛特旗还发生了罕见的龙卷灾害。气象灾害造成722.6万人受灾，因灾死亡16人，其中洪涝灾害死亡6人，大风、冰雹、雷电灾害死亡10人，失踪2人；直接经济损失126.15亿元，以旱灾损失最为严重，直接经济损失达87.68亿元。

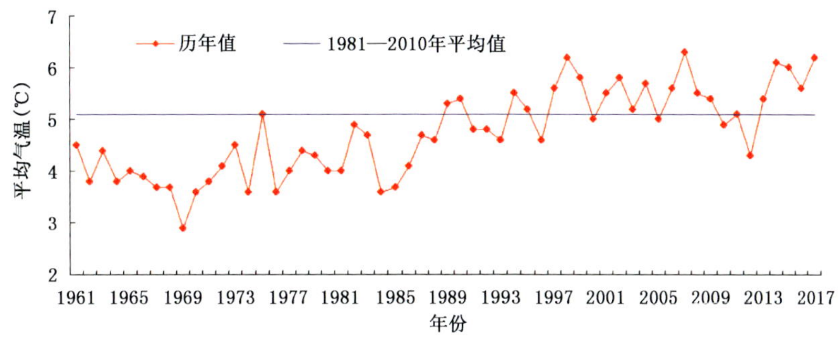

图4.5.1 1961—2017年内蒙古年平均气温

Fig. 4.5.1 Annual mean temperature variation in Inner Mongolia during 1961—2017(unit:℃)

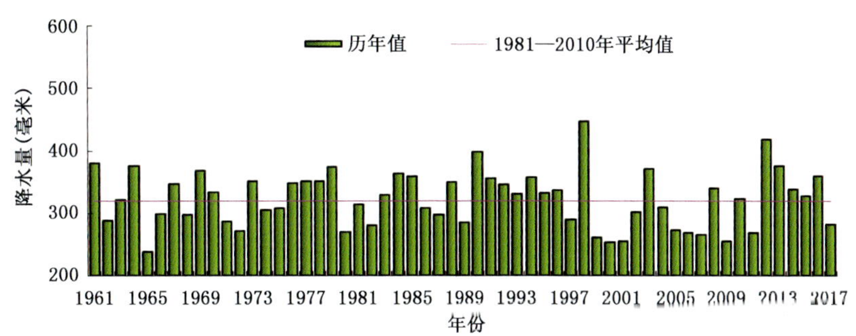

图4.5.2 1961—2017年内蒙古年降水量

Fig. 4.5.2 Annual precipitation variation in Inner Mongolia during 1961—2017(unit:mm)

4.5.2 主要气象灾害及影响

1. 干旱

2017年内蒙古因干旱造成的直接经济损失达87.68亿元；受灾人口537.7万人，73.6万人因干旱饮水困难；农业绝收面积24.69万公顷；牧草受灾面积1697万公顷；受灾大牲畜296.8万头。

2017年内蒙古发生严重的春夏连旱。3—6月中旬降水量大部地区偏少5成以上，干旱面积达61%，重到特旱主要分布在东部地区。兴安盟、赤峰市和通辽市几乎所有旗县全部受灾，部分农田无法播种，牧草难以返青。夏季内蒙古大部地区受降水偏少、温度偏高影响，气象干旱持续发生并发展，8月以后，东部地区降水过程较多，旱情有所缓解，而中部地区干旱面积增大。

2. 暴雨洪涝

夏季，内蒙古大部地区出现不同程度的暴雨洪涝灾害，其中以赤峰市、通辽市、鄂尔多斯市、巴彦淖尔市及呼伦贝尔市较为严重。暴雨洪涝灾害造成人口78.1万人受灾，因灾死亡6人；农业受灾面积21.2万公顷，绝收面积4.43万公顷；直接经济损失19.48亿元。

夏季，内蒙古共21站次出现极端降水(雨)事件，5站日降水量超过历史极值。8月2—3日通辽市出现暴雨到大暴雨，局部特大暴雨(图4.5.3)，最大过程降雨量出现在奈曼旗的青龙山镇，为373.3毫米，创下内蒙古国家级气象站首个实测特大暴雨纪录。连续降雨导致大范围内涝灾害，给当地群众生产生活带来重大损失。

图4.5.3　2017年8月2日通辽市遭受暴雨洪涝灾害(通辽市气象局提供)
Fig. 4.5.3　The flood disaster in Tongliao City on August 2, 2017 (By Tongliao Meteorological Service)

3. 局地强对流

2017年夏季，内蒙古多次发生局地强对流天气(图4.5.4)，主要集中在6—9月，全区12个盟(市)除阿拉善盟和乌海市外均有发生，发生频率最高的是赤峰市。风雹灾害共造成67.5万人受灾，10人死亡；农作物受灾面积25.46万公顷，绝收面积2.86万公顷；直接经济损失11.39亿元。

图4.5.4　2017年7月1日通辽市科尔沁左翼中旗遭受冰雹灾害(通辽市气象局提供)
Fig. 4.5.4　The hail disaster in Tongliao City on July 1, 2017 (By Tongliao Meteorological Service)

4. 低温冷冻害和雪灾

2017 年，内蒙古多个盟（市）遭受雪灾和低温冷害，共造成 39.3 万人受灾；农作物受灾面积 21.2 万公顷，绝收面积 5.6 万公顷；直接经济损失 7.6 亿元。

2 月 20—22 日，内蒙古自西向东出现一次大范围降雪过程，雪灾造成鄂尔多斯市鄂托克旗 6 个嘎查村受灾。

5 月 24 日至 6 月 1 日，呼伦贝尔市受强冷空气过程影响发生低温冻害（霜冻），阿荣旗、扎兰屯市、莫力达瓦达斡尔族自治旗农作物受灾。

8 月 27—30 日，受强冷空气影响，赤峰市北部、兴安盟阿尔山市发生低温冻害（霜冻），克什克腾旗、巴林右旗、巴林左旗、阿鲁科尔沁旗农作物受灾。

5. 高温

春季高温导致土壤失墒严重，兴安盟多个旗（县）无法开展春播，通辽市多地农作物受灾；草原地区牧草难以返青。夏季高温加剧了牧区干旱，致使牧草产量遭受损失。

5 月 17—20 日，内蒙古大部地区出现≥30℃的高温天气，主要分布在呼伦贝尔市南部、兴安盟大部、通辽市、赤峰市大部、阿拉善盟西部。内蒙古大部地区持续 2 天以上，通辽市南部、赤峰市南部、阿拉善盟西部等地持续 4 天。

7 月初至 7 月中旬内蒙古大部地区出现一次覆盖范围广、持续时间较长、最高气温≥35℃的高温天气，西部偏西地区及锡林郭勒盟西北部等地持续 5 天以上，阿拉善盟西部持续 10 天以上，最长为阿拉善盟拐子湖站，达到 14 天。

4.6 辽宁省主要气象灾害概述

4.6.1 主要气候特点及重大气候事件

2017 年，辽宁省年平均气温 9.4℃，比常年（8.8℃）偏高 0.6℃（见图 4.6.1）；年平均降水量 506.2 毫米，比常年（648.2 毫米）偏少 2 成（见图 4.6.2）；年日照时数 2619 小时，比常年（2543 小时）偏多 76 小时。与常年同期相比，冬季平均气温明显偏高，春季、夏季比常年偏高，秋季接近常年同期。春季降水比常年同期明显偏少，夏季、秋季降水比常年偏少，冬季比常年偏多。

2017 年，辽宁省主要气象灾害有干旱、暴雨、局地强对流和低温冷冻害，春夏连旱对辽宁西部地区的春播造成了严重影响，盛夏"8.3"和"8.5"连续强降水引发的洪涝灾害造成的损失最为严重。灾害共造成 599.4 万人次受灾，死亡人口 5 人；农作物受灾面积 95 万公顷，绝收面积 5.8 万公顷；直接经济损失 108.5 亿元。

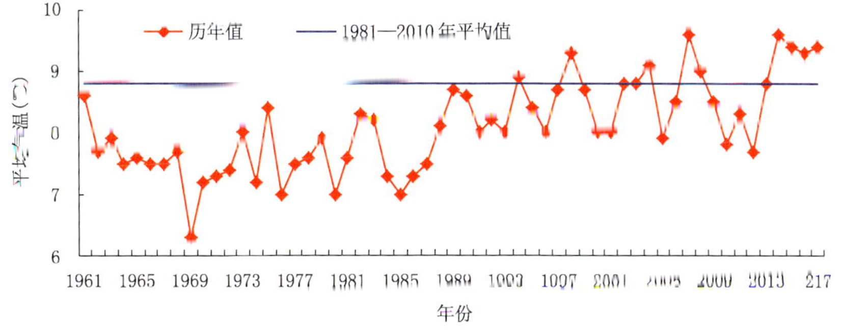

图 4.6.1 1961—2017 年辽宁省年平均气温

Fig. 4.6.1 Annual mean temperature in Liaoning Province during 1961—2017(unit:℃)

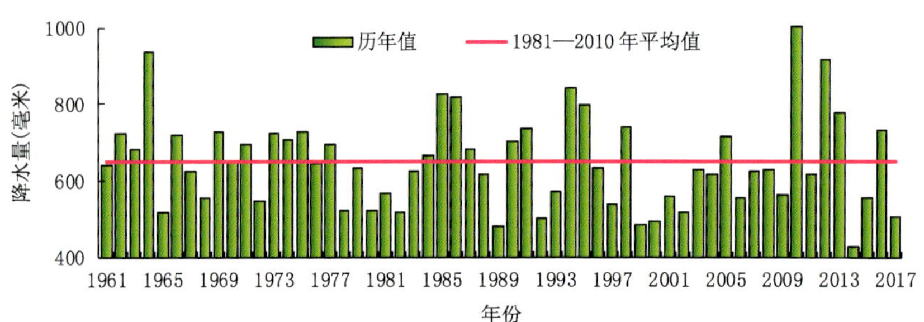

图 4.6.2 1961—2017 年辽宁省平均年降水量

Fig. 4.6.2 Annual precipitation in Liaoning Province during 1961－2017(unit:mm)

4.6.2 主要气象灾害及影响

1. 干旱

2017 年,辽宁省出现春夏连旱,造成 472.7 万人受灾,饮水困难 8.6 万人;农作物受灾面积 77.8 万公顷,绝收面积 3.0 万公顷;直接经济损失 34.2 亿元。

3—7 月,辽宁省平均降水量为 205 毫米,比常年同期偏少 4 成,为 1972 年以来历史同期最少值;平均降水日数为 24 天,比常年同期偏少 33 天,为 1951 年有气象观测记录以来历史同期最少值。5—7 月期间,辽宁省又出现了 3 次(5 月 18—20 日、6 月 13—17 日和 6 月 27 日至 7 月 1 日)大范围的持续时间长、极端性强的连续高温天气过程,其中 5 月 18—20 日出现的高温过程是辽宁省 1961 年以来最早的高温过程,辽西地区多站日最高气温突破 40℃。受持续高温少雨影响,辽宁省大部地区出现春夏连旱,致使各地出现不同程度的旱灾。3 月至 5 月中旬,锦州、阜新、朝阳、盘锦和葫芦岛地区平均降水量仅为 8 毫米,比常年同期偏少 9 成,锦州、黑山、义县、凌海、大洼及葫芦岛观测站连续 61 天无降水。辽西地区春播期首场透雨出现日期偏晚,特别是锦州大部、朝阳和葫芦岛地区 5 月 22 日才出现透雨,严重影响了旱田作物的春播进度(见图 4.6.3)。

图 4.6.3 6 月营口市鲅鱼圈大田作物旱情(盖州市气象局提供)

Fig. 4.6.3 Drought situation of field crops in June in Bayuquan (By Gaizhou Meteorological Service)

2. 暴雨洪涝

2017 年,辽宁省共出现 2 次暴雨过程,分别为 7 月 19—21 日和 8 月 2—5 日。暴雨洪涝共造成 87.9 万人次受灾,死亡 4 人,紧急转移安置人口 1.5 万人次;农作物受灾面积 11.3 万公顷,绝收面积 2.2 万公顷;倒塌房屋 0.1 万间,严重损坏房屋 0.3 万间,一般损坏房屋 1.0 万间;直接经济损失 65.9 亿元。

8月2—5日，受第10号台风“海棠”减弱低压和副热带高压的共同影响，辽宁省东南部和西部出现多日连续特大暴雨，鞍山市岫岩县永贵村1小时降水量达到112.5毫米，岫岩县马岭过程降水量达502.5毫米。岫岩县(317.3毫米)、朝阳市区(180.3毫米)气象观测站日降水量突破历史极值，喀左县(94.6毫米)、建昌县(171.7毫米)气象观测站日降水量突破8月份历史极值。此次特大暴雨引起的洪涝灾害集中发生在鞍山、丹东、阜新、朝阳(图4.6.4)和葫芦岛地区，给群众生产生活造成了严重影响，鞍山岫岩地区受灾最为严重，造成直接经济损失达43.5亿元。

图4.6.4　8月特大暴雨造成朝阳市区严重城市内涝(辽宁省气象服务中心提供)
Fig. 4.6.4　Heavy rain caused severe urban waterlogging in August in Chaoyang
(By Liaoning Meteorological Service Center)

3. 局地强对流

5—10月，辽宁省共有7市、20个县(市、区)发生大风、冰雹和雷电灾害，造成38.4万人受灾，因雷电灾害死亡1人；倒损房屋2173间；农作物受灾面积5.9万公顷，绝收面积0.6万公顷；直接经济损失8.3亿元。

5月5—6日，受飑线过境影响，抚顺市新宾满族自治县全县范围内遭遇风灾，平均风速21.6米/秒，红升乡极大风速达29.8米/秒。灾害造成设施农业育秧大棚等受灾304栋，木耳受灾面积25.3万公顷，中药材受灾面积40万公顷，直接经济损失1036万元。

6月10日，受东北冷涡影响，朝阳县出现了大风、冰雹强对流天气，10个乡镇43个村遭受风雹灾害。灾害造成玉米苗被打断和部分水果被打落，受灾人口3.4万人，农作物受灾面积0.6万公顷，直接经济损失2468.1万元。

8月8日，盘锦市盘山县出现雷暴天气，甜水镇一居民受雷击死亡。

4. 低温冷冻害

8月28日至9月2日，受地面高压、西北气流影响，朝阳市建平县罗福沟乡气温持续偏低，发生低温冷冻害。灾害造成全乡农作物(谷子)全部冻死，受灾面积380公顷，绝收面积380公顷，直接经济损失342万元。辽宁省往年同期从未发生过该灾害，9月份发生亦不多见。

4.7 吉林省主要气象灾害概述

4.7.1 主要气候特点及重大气候事件

2017年吉林省年平均气温6.1℃，比常年偏高0.7℃(图4.7.1)，居历史同期高温第六位；年平均降水量571.5毫米，比常年偏少6%(图4.7.2)。春季气温明显偏高，居历史高温第四位；降水较常年略偏多，呈中西部地区少、东部地区多的特点。夏季平均气温为23.8℃，较常年偏高2.4℃，居历史同期高温第二位，6月14日至7月19日出现长达36天之久的明显高温段；降水略偏少。西部白城降水从春季至初夏持续偏少，出现春夏连旱；南部通化6月中旬至7月上旬降水较常年同期偏少60%，居历史同期少雨的第二位，出现明显夏旱；7月中旬至8月初，3次历史罕见暴雨天气过程袭击吉林中北部，强降水造成温德河发生超历史纪录的特大洪水，永吉县城两次被淹，灾情严重。秋季气温略偏高，季内冷暖空气交替影响明显。

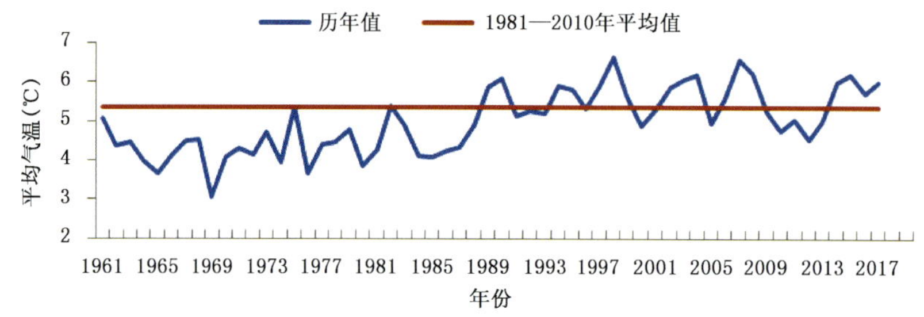

图4.7.1 1961—2017年吉林省年平均气温

Fig. 4.7.1 Annual mean temperature variation in Jilin during 1961—2017(unit:℃)

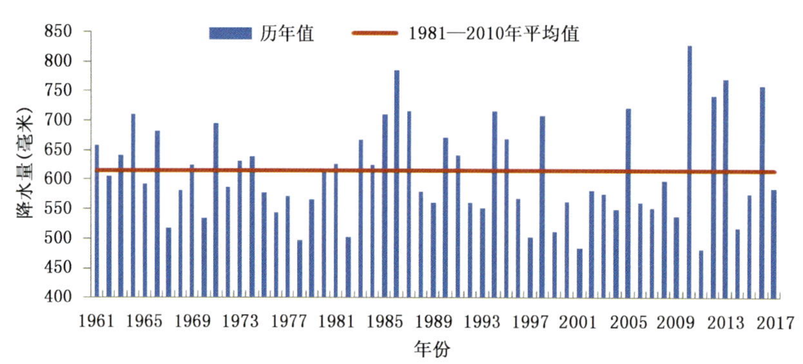

图4.7.2 1961—2017年吉林年降水量

Fig. 4.7.2 Annual precipitation variation in Jilin during 1961—2017(unit:mm)

2017年吉林省由于气象灾害受灾人口为362.2万人，死亡25人，失踪13人；农作物受灾面积为98.3万公顷，绝收面积10万公顷；直接经济损失为393.5亿元。近5年吉林省气象灾害直接经济损失在36.4亿元至117.2亿元之间，只有2年超过100亿元，因此，2017年为气象灾害偏重年。

4.7.2 主要气象灾害及影响

1. 暴雨洪涝

2017年，吉林省因暴雨洪涝灾害，共造成231.3万人受灾，死亡23人，失踪13人；倒塌房屋0.6万间，损坏房屋10.7万间；农田受灾面积45.2万公顷，绝收面积8.3万公顷；直接经济损失370.8

亿元。

7月13日、19—20日和8月2—3日吉林省相继出现历史罕见的强降水天气过程，降水具有间隔时间短、落区重叠、降水量特大、降水强度特强等特点。7月13日和7月19—20日降水中心均出现在永吉县，永吉县城区过程平均降水量分别高达261.7毫米和245.7毫米，8月2—3日平均降水量也达到135.8毫米，3次过程累计降水量达643.2毫米，接近该地年平均降水量(687.7毫米)；永吉县城区最大日降水量、最大1小时降水量分别突破360毫米和107毫米，远超历史极值。强降水造成第二松花江支流温德河发生超历史实测记录的特大洪水，永吉县城两次被淹，永吉县因灾造成19人死亡，12人失踪；农作物受灾面积4万公顷，绝收面积7864公顷；直接经济损失138.8亿元(图4.7.3)。

图4.7.3　2017年7月19日吉林省永吉县暴雨洪涝灾害(永吉县气象局提供)
Fig. 4.7.3　Heavy rain and flood disaster in Yongji City on July 19,2017
(By Yongji Meteorological Service)

2. 干旱

2017年吉林省因旱受灾人口85万人，饮水困难人口0.1万人；农作物受灾面积47.5万公顷，绝收面积0.9万公顷；直接经济损失15.3亿元。

2017年春夏季，吉林省西部和南部出现干旱，西部白城春夏连旱。4月1日至7月31日白城降水量较常年同期偏少50%，居1949年以来少雨的第三位，且6月14日至7月19日出现明显高温段，白城平均气温较常年同期偏高3.4℃，居历史同期高温的第一位，温高雨少，导致白城出现春夏连旱，当地农作物播种、生长发育均受到影响，大田作物出现旱情；洮南市因旱灾损失最为严重(图4.7.4)，尤其6月1—19日洮南持续高温少雨，土壤墒情急剧下降，农作物生长受到严重影响，局部还出现不同程度的苗枯死现象，旱情十分严重，洮南市18个乡镇22万人受灾，农作物受灾面积20万公顷，直接经济损失6亿元。6月中旬至7月上旬，南部通化地区降水较常年同期偏少60%，居历史同期少雨的第二位，导致通化地区受旱严重。

3. 局地强对流

2017年5—9月吉林省部分地区遭受雷雨大风、冰雹、弱龙卷等局地强对流天气，共有29县(市)次出现大风灾害，18县(市)次出现冰雹灾害，5县(市)次遭受雷击，扶余市出现弱龙卷。因局地强对流共造成吉林省45.4万人受灾，死亡2人；损坏房屋2.2万间；农作物受灾面积为5.5万公顷，绝收面积为0.8万公顷；直接经济损失7.2亿元。其中，雷电灾害造成直接经济损失为5万元，雷击死亡2人，受伤1人。

图 4.7.4　2017 年 6 月 9 日吉林省洮南市干旱灾害(吉林省气象台提供)

Fig. 4.7.4　Drought disaster in Taonan City on June 9,2017 (By Jilin Meteorological Observatory)

5 月 31 日 15—16 时,受东北冷涡影响,安图县 6 个乡镇 58 个村受到风雹侵袭(图 4.7.5),最大冰雹直径 15 毫米,同时伴有 8 级大风(极大风速为 18.6 米/秒)。安图县 10212 人受灾;农作物受灾面积 4492 公顷,成灾面积 4102 公顷,绝收面积 809 公顷;直接经济损失 2412 万元,

图 4.7.5　2017 年 5 月 31 日吉林省安图县受冰雹灾害(安图县气象局提供)

Fig. 4.7.5　Hail disaster in Antu County on May 31,2017 (By Antu Meteorological Service)

4.8　黑龙江省主要气象灾害概述

4.8.1　主要气候特点及重大气候事件

2017 年黑龙江省年平均气温 3.6℃,比常年偏高 0.6℃(图 4.8.1);年平均降水量 524.8 毫米,与常年持平(图 4.8.2)。年内,冬季、春季平均气温特高,夏季偏高,秋季略低;降水冬季略多,春季、夏季、秋季正常。黑龙江省 2017 年 7 月平均气温偏高 1.4℃,为 1961 年以来历史第二位;冬季气温

偏高，为1961年以来历史第三位。

2017年黑龙江省主要气象灾害有暴雨洪涝、局地强对流、干旱、低温冷冻害、霾。全年因气象灾害共造成241.5万人受灾，死亡7人；农作物受灾面积155.1万公顷，绝收面积11.1万公顷；直接经济损失54.7亿元。总体评价，2017年属气象灾害较轻年份。

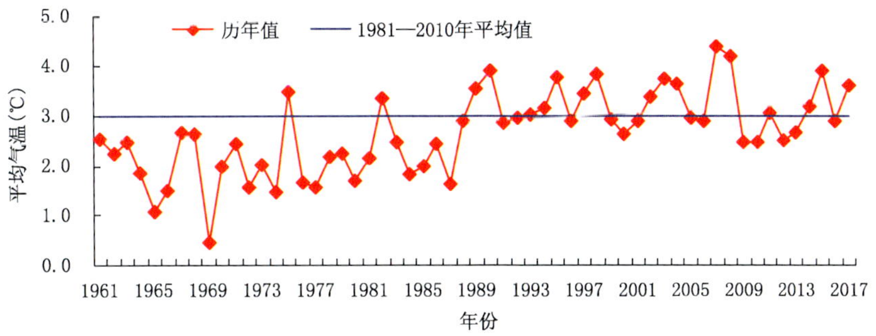

图4.8.1 1961—2017年黑龙江省年平均气温

Fig. 4.8.1 Annual mean temperature variation in Heilongjiang during 1961—2017 (unit:℃)

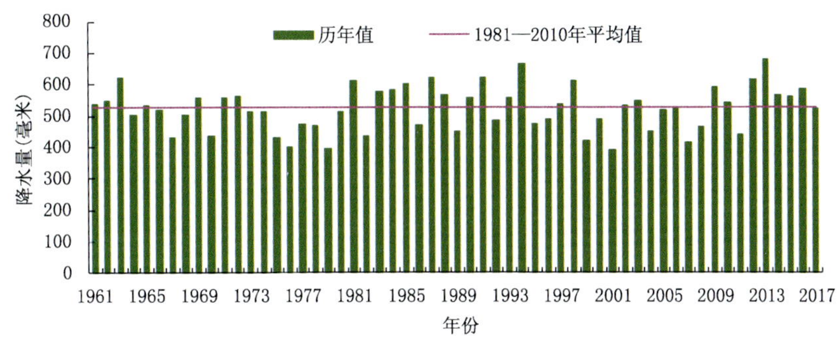

图4.8.2 1961—2017年黑龙江省年降水量

Fig. 4.8.2 Annual precipitation variation in Heilongjiang during 1961—2017 (unit:mm)

4.8.2 主要气象灾害及影响

1. 暴雨洪涝

2017年黑龙江省暴雨洪涝频发，共有13市(地)74个县(市、区)发生洪涝灾害。受灾人口97.1万人，死亡3人；农作物受灾面积18.8万公顷；损坏房屋15494间；直接经济损失达31.7亿元。

暴雨时段主要集中在6月中旬、7月中下旬及8月上中旬。8月黑龙江省共有30个县(市)观测站降暴雨，4个县(市)观测站降大暴雨。8月1—4日、5—7日接连发生强降雨过程，安达市任民镇累计雨量499.4毫米，超过历史最大月雨量(1998年8月310毫米)，通肯河、呼兰河、肇兰新河、别拉洪河、茅兰河、东小河、海伦河等多条中小河流发生洪水，水位上涨迅速。因强降水共造成哈尔滨、绥化等6市20个县(市、区)112个乡镇11.2万人受灾，农作物受灾面积11.4万公顷，倒塌房屋170间，直接经济损失3.2亿元(图4.8.3)。

2. 局地强对流

2017年黑龙江省13市(地)67个县(市、区)发生局地强对流天气。受灾人口67.1万人，死亡4人；农作物受灾面积32.5万公顷；直接经济损失11.3亿元(图4.8.4)。

7月18日，绥化北林区三井乡出现龙卷，导致农作物(主要为玉米)受灾面积151公顷；8间房屋屋盖被掀，刮倒树木300多颗，刮倒电线杆30多根；直接经济损失70多万元。8月21日14时许，嫩

图 4.8.3 2017 年 8 月 5 日，黑河北安市赵光镇大豆遭受洪涝灾害（黑龙江省气候中心提供）
Fig. 4.8.3 Flooded soybean by rainstorm in Bei'an County on August 5, 2017 (By Heilongjiang Climate Center)

江县城南发生龙卷天气，狂风掀飞多家房屋的房盖，电线不时冒出火花，造成多处房屋受损，3 人受轻伤。

7 月 22 日，黑河市爱辉区、嫩江县、逊克县、孙吴县、五大连池市发生短时强降雨、大风、冰雹袭击，嫩江县积雹厚度 15 厘米，冰雹直径 3 厘米，讷河市瞬时最大风力达 8 级。灾害造成杂豆、玉米、小麦等作物受灾，部分树木折断，共造成受灾人口 14761 人；农作物受灾面积 3.0 万公顷，绝收面积 9574 公顷；直接经济损失 8975 万元。

图 4.8.4 2017 年 6 月 9 日，鸡东县兴农镇遭受冰雹袭击后的大豆田（黑龙江省气候中心提供）
Fig. 4.8.4 Destroyed soybean by hail hazard in Jidong County on June 9, 2017
(By Heilongjiang Climate Center)

3. 干旱

2017 年黑龙江省 4 市(地)11 个县(市、区)发生干旱灾害。共造成 62.1 万人受灾;农作物受灾面积 99.7 万公顷,绝收面积 4.1 万公顷;直接经济损失 9.9 亿元。

7 月以来气温持续偏高,降水偏少,松嫩平原大部县(市)旱象抬头,中旬西部地区因降水不足而持续干旱,至 7 月末旱区范围扩大,杜尔伯特、肇州、肇源和阿城重旱。安达自 6 月 20 日起一直持续高温少雨,最高气温达到 36℃,致使农田苗情出现严重旱灾,截至 7 月 10 日安达市受灾人口 66208 人,农作物受灾面积 2.9 万公顷,直接经济损失 2.2 亿元。

4. 低温冷冻害

2017 年松嫩平原北部农区终霜冻较晚,6 市(地)16 个县(市、区)发生低温冷冻害。受灾人口 15.2 万人;农作物受灾面积 11.0 万公顷,绝收面积 1.6 万公顷;直接经济损失达 1.9 亿元。

5 月 30 日,黑河市嫩江县、五大连池市发生低温冷冻害。受灾人口 1.3 万人;农作物受灾面积 2.6 万公顷,绝收面积 8231 公顷;直接经济损失 4384.3 万元。

5. 霾

2 月中旬、10 月中旬黑龙江省多次出现霾天气,多地形成空气重污染。10 月 18 日,由于大气扩散条件差,层结稳定,污染物积累导致哈尔滨市发生重污染天气,空气质量指数值达到 500 以上,19 日全市各中小学校紧急停课一天。受霾天气影响,多条高速公路封闭,机场航班延误或取消。

4.9 上海市主要气象灾害概述

4.9.1 主要气候特点及重大气候事件

2017 年上海市年平均气温为 17.5℃,比常年偏高 1.2℃,是 1961 年以来第 3 个最暖年,与 2016 年持平,已连续 18 年高于常年平均值(图 4.9.1);中心城区气温最高,年平均气温 18.2℃,比常年偏高 1.3℃,是 1873 年有气象记录以来的第三个高值年,郊区为 16.5～17.9℃,崇明最低;冬季气温异常偏高,春季和夏季气温显著偏高,秋季气温略高。上海市平均降水量 1258 毫米,比常年偏多 6.5%(图 4.9.2),各区年降水量为 1066.2～1462.3 毫米,奉贤最多,崇明最少;冬春季降水略少,夏季降水正常,秋季降水明显偏多。2017 年上海市主要气象灾害有暴雨洪涝、台风、局地强对流、寒潮大风和高温。全年因气象灾害造成直接经济损失 20 万元,总体评价,2017 年属气象灾害偏轻年份。

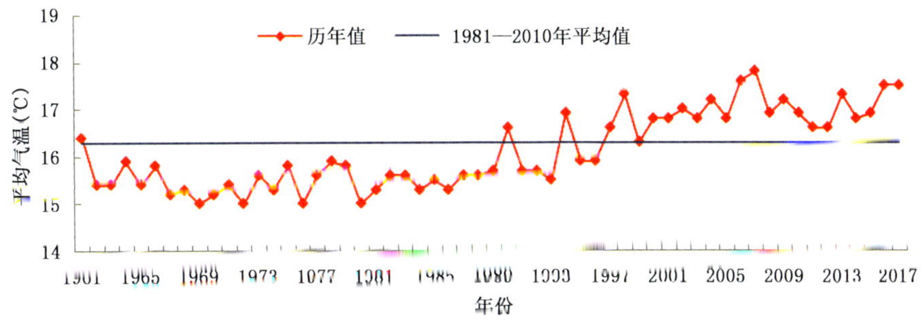

图 4.9.1 1961—2017 年上海市年平均气温

Fig. 4.9.1 Annual mean temperature variation in Shanghai during 1961—2017 (unit:℃)

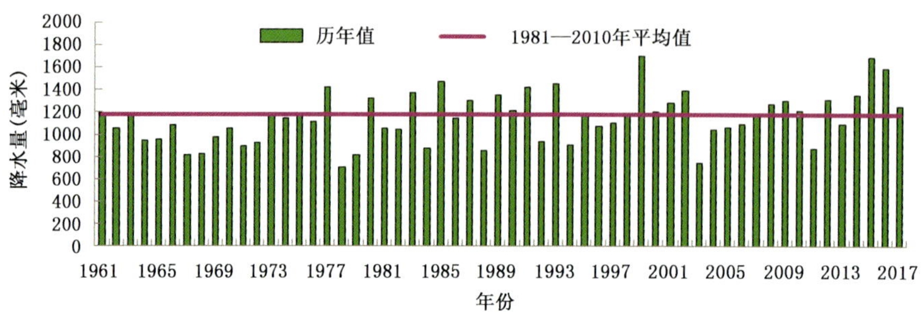

图 4.9.2　1961—2017 年上海市年平均降水量

Fig. 4.9.2　Annual precipitation variation in Shanghai during 1961－2017 (unit:mm)

4.9.2　主要气象灾害及影响

1. 暴雨洪涝

2017 年上海市平均暴雨日数(11 站平均)3 天,与常年持平。暴雨主要出现在 6—9 月,以局地性强降水为主,多个街道或小区或房屋积水,造成 19 人受灾,紧急转移安置 15 人,直接经济损失 14 万元。9 月 24—25 日上海市普降暴雨,造成 242 处以上的街道或小区或房屋积水,10 余处下立交积水 20 厘米以上的,道路积水最深处超 120 厘米。

2. 台风

9 月 14—15 日受台风"泰利"外围环流影响,上海市出现 6～9 级阵风。大风造成 3 辆轿车被砸,1 棵大树刮倒在路面上影响 2 条车道通行。

3. 局地强对流

2017 年夏季上海市出现风飑灾害 18 起,共造成 3 人受灾,直接经济损失 6 万元。青浦区水上运动中心站点甚至出现>40 米/秒的极大风速,周围有树木被折断或连根拔起(图 4.9.3)。

图 4.9.3　2017 年 7 月 5 日雷雨大风造成上海青浦区水上运动中心树枝折断(青浦区气象局提供)

Fig. 4.9.3　The broken branches by thunder wind in Qingpu aquatic sports center of shanghai on July 5, 2017 (By Qingpu Meteorological Service)

4. 高温

7月受副热带高压加强的影响，上海市区出现23个高温日，18—28日连续11天出现日最高气温高于37℃的高温，21日极端最高气温达40.9℃，均创上海市区1873年有气象记录以来同期之最。持续高温使上海地区出现用电新高峰，上海日最高用电负荷达到3252万千瓦(7月24日)，创造上海新的最高用电负荷纪录。

4.10 江苏省主要气象灾害概述

4.10.1 主要气候特点及重大气候事件

2017年，江苏省年平均气温16.6℃，较常年偏高1.3℃(图4.10.1)，创1961年以来历史新高；2016/2017年冬季、春季、夏季气温显著偏高，秋季及12月气温略偏高。平均年降水量为1081毫米，较常年略偏多(图4.10.2)；冬季、秋季明显偏多，春季及12月显著偏少，夏季正常。

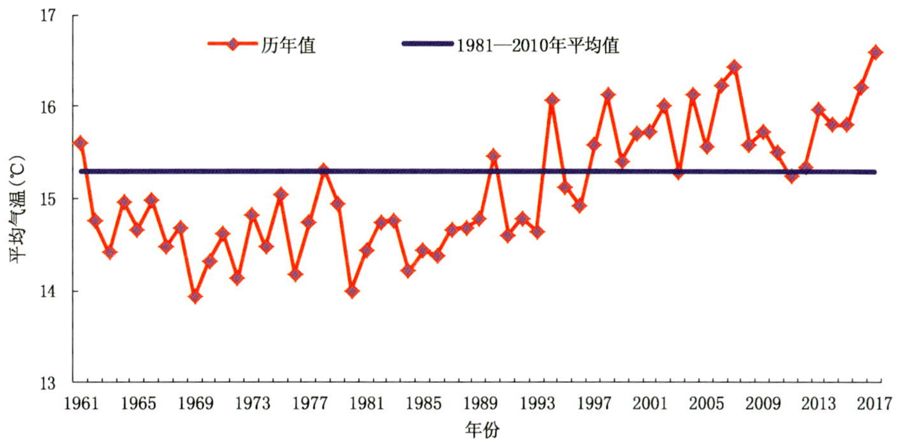

图4.10.1　1961—2017年江苏省年平均气温

Fig 4.10.1　Annual mean temperature variation in Jiangsu during 1961—2017 (unit:℃)

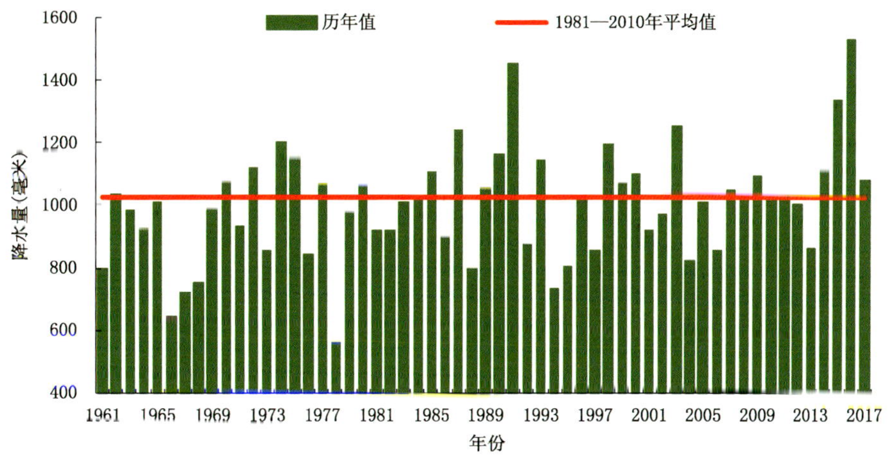

图4.10.2　1961—2017年江苏省年降水量

Fig 4.10.2　Annual precipitation variation in Jiangsu during 1961—2017 (unit:mm)

2017年主要气象灾害有暴雨洪涝、强对流、高温热浪、连阴雨等。据统计，江苏省共有77万人次不同程度受灾，因灾死亡11人，受伤858人；房屋损坏2.2万间，房屋倒塌4878间；农作物受灾面积约 9.1 万公顷；直接经济损失约 7.9 亿元，其中农业经济损失约 2.4 亿元。从灾情分析来看，因暴雨洪涝、强对流、高温热浪等造成的人民生命财产、农业经济损失和直接经济损失较重。2017 年江苏省主要农作物、旅游及交通行业气候年景较好，水资源、海盐及河蟹养殖生产等行业气候年景正常。

4.10.2 主要气象灾害及影响

1. 强对流

2017 年江苏省因强对流天气共造成 62.7 万人受灾，受伤 51 人，死亡 11 人，紧急转移 909 人；房屋损坏 2.2 万间，房屋倒塌 0.1 万间；农作物受灾面积 5.3 万公顷；直接经济损失约 6.7 亿元，农业经济损失约 1.54 亿元。

3 月 1 日受冷空气影响，江苏省大部分地区出现 7 级以上大风，33 个县(市)风力超过 8 级，各站极大风速有 12.8(泰兴)～26.9 米/秒(阜宁，10 级)。阜宁 3 月 1 日的极大风为该站历史最大值，该风速也刷新了江苏省 3 月历史同期纪录。

3 月 1 日的大风灾害造成盐城、南通、连云港等 8 市 21 个县(市、区)3.5 万人受灾，7 人死亡(阜宁 3 人、射阳 2 人、靖江 1 人、沭阳 1 人)，500 余人紧急转移安置，700 余间房屋倒塌，1.3 万间房屋不同程度损坏；农作物受灾面积 2600 公顷，绝收面积 200 余公顷；直接经济损失 1.9 亿元。

2. 暴雨洪涝

2017 年因暴雨洪涝共造成江苏省 1.2 万人受灾；房屋损坏 0.1 万间，房屋倒塌 22 间；农作物受灾面积 0.06 万公顷，成灾面积 1.6 万公顷；直接经济损失 0.79 亿元。

6 月 9—11 日苏南沿江地区出现大暴雨天气，雨量最大值出现在金坛(266.2 毫米)，期间共有 115 个站出现暴雨，19 个站出现大暴雨，2 个站出现特大暴雨(金坛和句容)。日降水量南京 245.3 毫米、浦口 242.0 毫米及句容 259.9 毫米分别创下了本站 6 月历史新极值。

9 月 24—25 日江苏省江淮南部、苏南地区出现一次大暴雨过程，过程累计最大雨量为 274.8 毫米(太仓)。无锡站日降水达 211.3 毫米，刷新了该站日降水量纪录，张家港站 190.9 毫米为历史第二高值。此次降水过程强度为江苏省秋季历史罕见。

3. 高温热浪

7 月 11 日出梅之后，出现持续高温天气，受其影响，江苏省受灾人口 125.3 万人，农作物受灾面积 6283 公顷，直接经济损失 2 万元。江苏电网的电力负荷也屡次刷新历史最高纪录。

7 月 12—30 日江苏省出现 1961 年以来罕见的大范围持续性高温天气，期间江苏省平均气温为 31.7℃，较常年同期(27.9℃)偏高 3.8℃，为 1961 年以来历史同期最高值。22 站日最高气温创本站历史新高；4 站累计高温日数超同站 7 月历史极值；26 站≥35℃持续高温日数刷新本站历史纪录；≥38℃及≥40℃区域性高温过程持续时间和出现站日数均为 1961 年以来历史之最。

4. 秋季连阴雨

9 月以后多阴雨寡照天气，9 月 1 日至 10 月 18 日，江苏省累计降水量为 308.56 毫米，为历史同期次多值(仅次于 1962 年 350.9 毫米)，9 站刷新了历史极值；37 站累计雨日数为 1961 年以来历史同期最多值；江苏省平均日照时数仅为 179.4 小时，较常年同期偏少 3.4 成，为 1961 年以来最小值。其中以 9 月 19 日至 10 月 6 日过程最为严重，持续时间达到 18 天，有 58 个站点出现了连续阴雨天气，过程最大雨量达到 336.6 毫米(无锡)。秋季连阴雨过程影响范围广、累计雨量大，多雨寡照伴随低温，导致较大面积的杂交籼稻出现倒伏、零星穗发芽(图 4.10.3)。

图 4.10.3 盱眙县马坝镇欧湖村连阴雨导致水稻倒伏(江苏省气象服务中心提供)
Fig 4.10.3 The lodging rice caused by continuous rain in Ouhu Village, Maba Town, Xuyi County (By Jiangsu Meteorological Service Center)

4.11 浙江省主要气象灾害概述

4.11.1 主要气候特点及重大气候事件

2017 年浙江省年平均气温 18.2℃,比常年偏高 1.1℃,仅次于 2007 年,为 1951 年以来次暖年(图 4.11.1);年平均降水量 1448.7 毫米,与常年基本持平(图 4.11.2);日照时数 1781.4 小时,比常年偏多 22.1 小时。

2017 年气候异常多变,浙江省经历了有气象观测记录以来最暖的冬天,平均气温较历史同期偏高 2.2℃。2 月 24 日浙江中南部出现雨雪天气,部分地区中到大雪。3 月浙江中南部地区出现 10~16 天的长连阴雨天气,不利于作物生长。梅雨期降水量较常年偏多 3 成,致兰江遭遇 62 年来第二大洪峰。强对流频发,造成一定损失。高温日数异常偏多,尤其是 7—8 月浙江省出现持续性大范

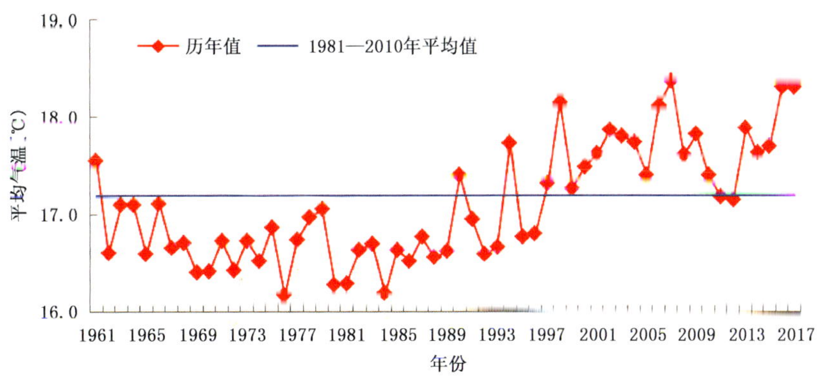

图 4.11.1 1961—2017 年浙江省年平均气温
Fig. 4.11.1 Annual mean temperature variation in Zhejiang during 1961—2017(unit:℃)

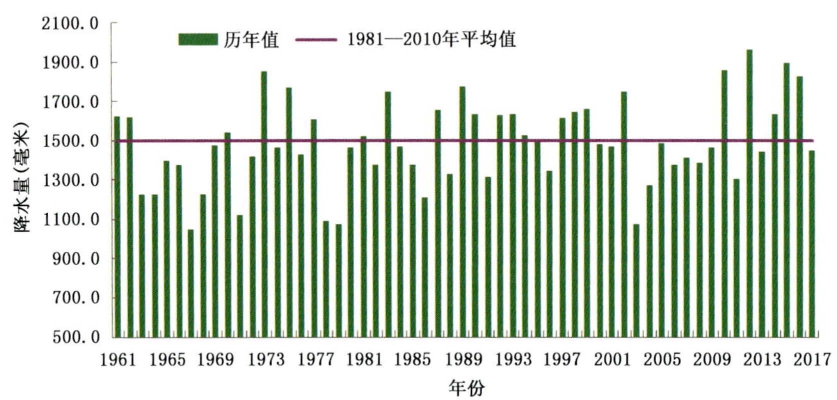

图 4.11.2　1961—2017 年浙江省年降水量

Fig. 4.11.2　Annual precipitation variation in Zhejiang during 1961－2017(unit:mm)

围高温酷暑天气,并导致浙江中北部及沿海岛屿出现不同程度旱情。共计 3 个台风先后影响浙江省,“纳沙”和“海棠”双台风有效缓解了浙江省前期旱情,总体影响利大于弊;台风“卡努”与冷空气结合,造成宁波、舟山部分地区受淹严重。全年霾日连续第六年减少,但 12 月雾霾天气仍较频繁,受输入性影响,年底浙江省出现大范围中度至重度空气污染过程。全年浙江省累计受灾人口 113.1 万人;农作物受灾面积 10.7 万公顷,绝收面积 0.7 万公顷;房屋倒塌 0.2 万间;直接经济损失 46.1 亿元。

4.11.2　主要气象灾害及影响

1. 暴雨洪涝

2017 年暴雨洪涝造成浙江省 86.9 万人受灾,受伤 1 人;农作物受灾面积 8.65 万公顷,绝收面积 0.6 万公顷;倒塌房屋 0.18 万间;直接经济损失 33.6 亿元,其中农业损失 11.5 亿元。

2017 年,浙江省梅汛期降雨天气阶段性明显,主要经历了 3 个阶段。第一阶段为 6 月 9—20 日,11—13 日浙江中北部地区出现区域性暴雨。第二阶段为 6 月 21 日至 7 月 1 日,23—24 日浙江中北部地区出现大范围的暴雨、大暴雨天气。以上两个阶段浙北南部至浙南北部多轮强降雨重叠,影响最重的是衢州、金华、杭州西部和丽水北部等地。第三阶段为 6 月 29 日至 7 月 4 日,浙江省多强对流天气,共有 126 个乡镇次出现 8～10 级雷雨大风。梅汛期间,多轮强降水引发局部地区出现小流域山洪、泥石流、塌方等次生灾害,造成部分农田受淹、房屋倒塌,6 月 25 日 20 时 15 分钱塘江流域的兰江洪峰水位达 32.01 米,为 1955 年以来的第二大洪峰。

2. 热带气旋

2017 年对浙江省造成影响的台风有 3 个,“纳沙”和“海棠”双台风有效缓解了浙江省前期旱情,总体影响利大于弊;台风“卡努”与冷空气结合,造成宁波、舟山部分地区受淹严重。浙江省受灾人口 23.9 万人,转移人口 5670 人;农作物受灾面积 1.88 万公顷,绝收面积 1241.3 公顷;直接经济损失 11.5 亿元,其中农业损失 7.5 亿元。

受“纳沙”和“海棠”及减弱后的低压环流共同影响,浙江省温州、台州、丽水及宁波南部等地出现大雨、暴雨,局部大暴雨;浙江省沿海海面持续出现 8～10 级、局部 11 级大风,最大为平阳上头屿的 30.9 米/秒(11 级)。受双台风影响,丽水庆元县部分流域河水暴涨,引发山体塌方,使村道、省道中断,部分低洼农房进水。温州树木倒伏、道路塌方、大棚倒塌、作物受损。台风影响前,浙江省出现长达 20 余天的大范围持续晴热高温天气,台风带来的降水有效缓解了旱情。

10 月 14—16 日受台风“卡努”外围云系和冷空气共同影响，浙江省东部出现明显降水，舟山、宁波、湖州、绍兴北部等地出现大雨、暴雨，局部大暴雨，降雨量较大的市有舟山 182 毫米、宁波 128 毫米、台州 62 毫米、绍兴 55 毫米；有 167 个乡镇累计雨量超过 100 毫米，有 42 个超过 200 毫米，单站最大象山石浦镇檀头山 485 毫米；另外，沿海海面出现 8～11 级大风，最大为嵊泗菜园渔港 32.2 米/秒。暴雨引发严重洪涝灾害，对设施农业、水产养殖等造成较重影响，局部山体滑坡、泥石流造成农田被毁、作物绝收。

图 4.11.3　2017 年 9 月 10 日海宁市雷击现场(浙江省气候中心提供)

Fig. 4.11.3　Lightning stroke in Haining on September 10, 2017 (By Zhejiang Climate Center)

4.12　安徽省主要气象灾害概述

4.12.1　主要气候特点及重大气候事件

2017 年，安徽省年平均气温 16.6℃，较常年偏高 0.8℃，与 1998 年和 2013 年并列为 1961 年以来第三高值(图 4.12.1)，冬季、春季、夏季平均气温偏高，秋季持平，冬季较常年同期异常偏高 1.9℃，创历史新高，为 1961 年以来最强暖冬。年降水量 1263 毫米，接近常年略偏多(图 4.12.2)，冬、秋季降水偏多，秋季显著偏多 5 成，为 1961 年以来同期第七大值，春、夏季接近常年。

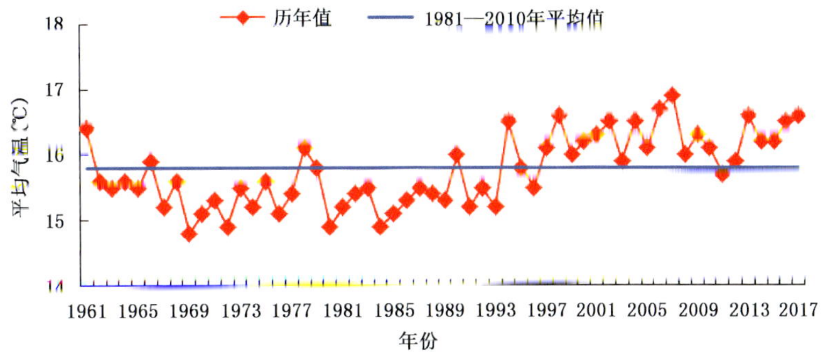

图 4.12.1　1961—2017 年安徽省年平均气温

Fig. 4.12.1　Annual mean temperature variation in Anhui Province during 1961—2017(unit:℃)

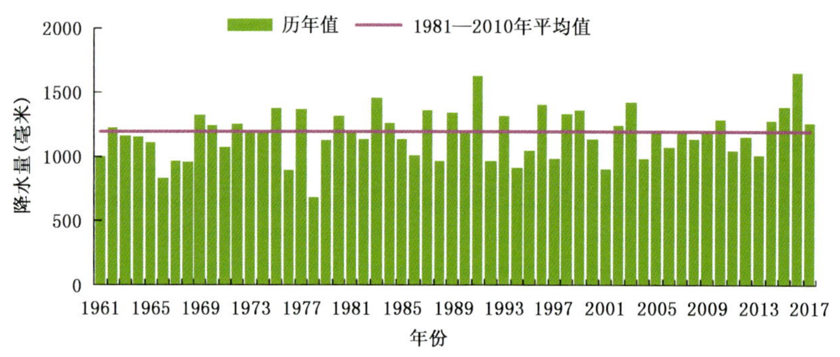

图 4.12.2 1961—2017 年安徽省年降水量

Fig. 4.12.2 Annual precipitation variation in Anhui Province during 1961－2017(unit:mm)

2017 年,安徽因暴雨洪涝、连阴雨、干旱、强对流等气象灾害造成受灾人口 347.6 万人,死亡 7 人;农作物受灾面积 40 万公顷,绝收面积 3.5 万公顷;直接经济损失 21.2 亿元。气象灾害损失为 1996 年以来最轻年份,但因连阴雨、高温伏旱对农业生产影响大,利用气候年景等级评估,2017 年安徽为正常气候年景。

4.12.2 主要气象灾害及影响

1. 暴雨洪涝

2017 年,安徽平均暴雨日数 3.9 天,接近常年;平均暴雨量 294 毫米,接近常年。全年因暴雨洪涝灾害造成 148.1 万人受灾,1 人死亡;农作物受灾面积 15.7 万公顷,绝收面积 1.7 万公顷;直接经济损失 11.2 亿元。与常年相比,暴雨洪涝受灾程度总体较轻,主要受灾地区为黄山、亳州和池州。

暴雨洪涝灾害主要集中在梅雨期。淮河以南 6 月 19 日入梅,7 月 11 日出梅,梅雨期出现 3 次强降水过程,安徽西南部雨区叠加,降水量 300～539 毫米,较常年偏多 5 成至 1.2 倍。受强降水及上游来水共同影响,安徽省长江干流全线超警戒水位。安徽西南部出现洪涝和城市内涝。

6 月 23—24 日和 6 月 30 日至 7 月 2 日暴雨洪涝灾害较重。6 月 23—24 日沿江西部及江南南部降水量普遍超过 100 毫米,最大祁门 205.1 毫米;累计有 10 个县(市)出现暴雨和大暴雨,3 个县(市)出现大暴雨,最大东至 134.3 毫米(24 日);最大小时雨量东至 44.1 毫米。因灾黄山歙县死亡 1 人。6 月 30 日至 7 月 2 日大别山区南部及沿江降水量普遍超过 100 毫米,最大枞阳 330.3 毫米;累计有 27 个县(市)出现暴雨和大暴雨,4 个县(市)出现大暴雨,最大枞阳 207.8 毫米(2 日)(图 4.12.3),为该站有气象记录以来第二多值;2 日安庆(69.0 毫米)和枞阳(51.8 毫米)最大小时雨量超过 50 毫米。

2. 干旱

2017 年,出梅后安徽出现伏旱。干旱造成 164.1 万人受灾;农作物受灾面积 21.7 万公顷,1.6 万公顷绝收;直接经济损失 7.6 亿元。与常年相比,干旱受灾程度总体较轻,主要受灾地区为滁州、六安和淮南。

7 月 11—31 日安徽出现大范围晴热高温天气,平均气温 31.0℃,创 1961 年以来同期新高;平均高温日数 14 天,为 1972 年以来同期最多值;淮河以南最长连续高温日数普遍超过 10 天,泾县和广德达 21 天,25 个县(市)达到或突破本站历史同期极值;32 个县(市)极端最高气温 40℃以上,最高为霍山的 42℃。27 日合肥(41.1℃)、舒城(40.9℃)、肥西(40.8℃)、肥东(40.2℃)及长丰(40.1℃)等 5 个县(市)刷新历史纪录;23—27 日合肥连续 5 天超过 40℃,多于历史总和(4 天)。安徽省平均降水量 31 毫米,显著偏少 7 成,为 1961 年以来同期次少值;平均最长连续无降水日数达 14 天,较常

图 4.12.3　2017 年 7 月 2 日铜陵市枞阳县遭受暴雨洪涝灾害(安徽省农业气象中心提供)

Fig. 4.12.3　The flood disaster in Zongyang County on July 2, 2017 (By Anhui Agrometeorological Center)

年偏长 1 倍,为 1961 年以来同期最长。

受晴热高温少雨叠加影响,土壤失墒加快,干旱不断加剧,至 7 月 30 日达最重,安徽省普遍出现气象干旱,江淮之间大部重到特旱,稻田干裂(图 4.12.4)。由于正值秋粮作物需水高峰期,伏旱导致淮南、滁州、六安、安庆、铜陵 5 市 16 个县(市、区)农作物不同程度受灾。之后受"纳沙"和"海棠"双台风外围云系影响,旱情得以缓解,8 月多降水过程,至中旬末旱情基本解除。

图 4.12.4　2017 年 7 月 30 日因伏旱致六安市舒城县部分一季单晚稻绝收(安徽省农业气象中心提供)

Fig. 4.12.4　One-season rice crop failure in Shucheng County of Lu'an City due to drought on July 30, 2017 (By Anhui Agrometeorological Center)

3. 局地强对流

2017 年,安徽雷雨大风、冰雹等强对流主要集中在 5—8 月,造成 33.9 万人受灾,死亡 1 人;农作物受灾面积 2.6 万公顷,绝收面积 0.1 万公顷;直接经济损失 2.2 亿元,较 1996—2016 年平均损失偏少 8 成。阜阳地区受灾较重。

5 月 14 日淮河以北西部、江淮之间中西部和江南局部出现 8 级以上大风，霍山和桐城分别出现直径 1 厘米和 4 毫米的冰雹，风雹导致部分农作物倒伏受损，瓜果大棚被砸穿。7 月 14 日肥东出现直径 8 毫米冰雹。7 月 4 日六安、亳州、阜阳和宿州等地出现 8 级以上雷雨大风，直接经济损失 2610 万元。7 月 14 日、8 月 19 日和 9 月 10 日雷击导致 5 人死亡。

4. 连阴雨

2017 年春季、秋季安徽出现 6 段连阴雨过程，秋季连阴雨重于春季。8 月 28 日至 10 月 18 日长江以北连阴雨为 1961 年以来同期最强。

8 月 28 日至 10 月 18 日安徽平均降水量 303 毫米，较常年同期偏多 1.1 倍，为 1961 年以来同期第三多值，合肥以北 20 个市（县）降水量突破历史极值；平均降水日数 29 天，创 1961 年以来同期最多极值；平均最长连续降水日数 8 天，为 1961 年以来同期第三多值；平均日照时数 160 小时，较常年同期偏少 4 成以上，为 1961 年以来同期最少值。受持续降雨及上游来水共同影响，淮河流域发生罕见秋汛，10 月 7 日淮河王家坝出现 1951 年以来 10 月最大洪峰。连阴雨导致沿淮及淮河以北低洼农田受淹，秋种进程受阻。

4.13 福建省主要气象灾害概述

4.13.1 主要气候特点及重大气候事件

2017 年，福建省年平均气温 20.4℃，较常年偏高 0.9℃，为 1961 年以来第二高值（图 4.13.1）；年平均降水量 1495.3 毫米（图 4.13.2）、日照时数 1856.1 小时，降水、日照正常。

冬季气温异常偏高，出现有气象记录以来最强“暖冬”，超 8 成县（市）平均气温突破当地冬季记录。早春 3 月雨日多，遭遇多场低温阴雨，对春播造成不利影响。雨季开始早、结束迟，降水前少后多、旱涝急转；5 月超 8 成县（市）出现气象干旱，6 月多地出现洪涝灾害。登陆和影响台风个数多，但整体影响偏弱；7 月 30—31 日台风“纳沙”和“海棠”21 小时内先后登陆福清，登陆同一地点且间隔时间之短，历史未见。夏季高温次数并列历史最多值，高温范围广、时间长、极值高；7 月 19—29 日的高温过程，持续时间和高温范围均为近十年之最；连江、长乐、仙游和南安最高气温破当地历史极值。8 月下旬至 11 月中旬多地出现夏秋连旱，严重时有 13 个县（市）达气象重到特旱。

2017 年气候总体平稳，主要气象灾害有台风、暴雨、高温和气象干旱，造成的经济损失较轻，气候年景较好。气象灾害以台风灾害为重，暴雨洪涝灾害次之。

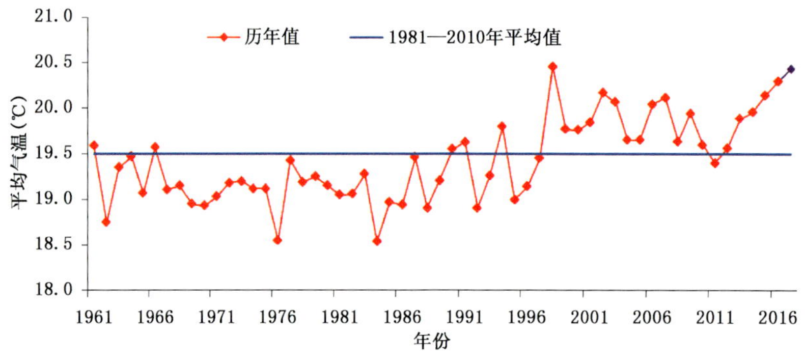

图 4.13.1 1961—2017 年福建省年平均气温

Fig. 4.13.1 Annual mean temperature variation in Fujian Province during 1961－2017 (unit:℃)

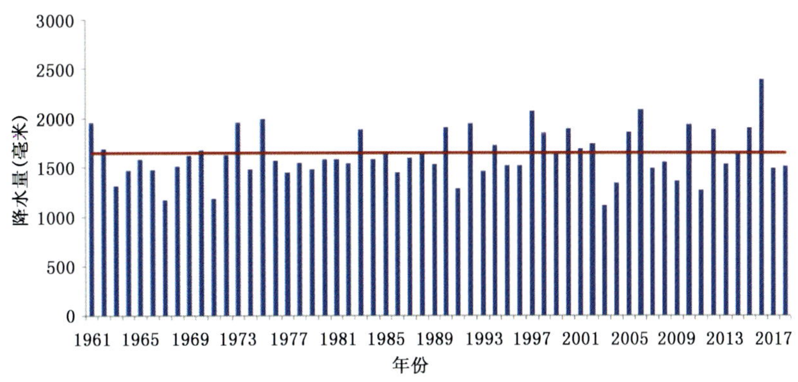

图 4.13.2 1961—2017 年福建省年降水量

Fig. 4.13.2 Annual precipitation variation in Fujian during 1961—2017(unit:mm)

4.13.2 主要气象灾害及影响

1. 寒潮

2017 年福建省共出现 4 次寒潮过程，分别为 2 月 23—24 日、3 月 30 日至 4 月 2 日、12 月 14—21 日和 25—27 日。2 月的寒潮内陆共有 14 个县(市)48 小时降温幅度超过 10℃，南平、武夷山等地出现降雪；12 月中旬寒潮期间光泽极端最低气温创下福建省最低(−4.6℃)。

2. 低温寒害

除春季出现持续低温阴雨影响春播外，其余“三寒”(倒春寒、五月寒、秋寒)的程度轻、范围小。南部春季低温发生在 2 月下旬；北部发生在 3 月上旬和中旬，中旬的低温阴雨过程波及 24 个县(市)。

3. 强对流

2017 年福建省共出现 14 次强对流天气过程，主要集中在春夏两季，3 月 5—6 日、4 月 8 日、6 月 28—29 日和 8 月 15—18 日等过程影响范围较大(图 4.13.3)，局地出现冰雹和雷雨大风，最大冰雹直径达 2～3 厘米，雷雨大风最大为尤溪县洋中镇的 33.7 米/秒(12 级)。冰雹导致三明部分县(市)烟田受灾。

4. 暴雨

2017 年福建省共出现 21 场暴雨过程，主要集中在春夏两季。雨季 2 场暴雨集中在 6 月，6 月 12—20 日出现 2011 年以来 6 月最强暴雨过程，福建省 22 个县(市)过程雨量超过 250 毫米。夏秋季受强盛副热带高压影响，暴雨过程偏少、强度偏弱。暴雨洪涝灾害共造成福建省 21.18 万人受灾，直接经济损失 7.46 亿元，龙岩、三明、南平 3 市受灾相对较重，暴雨致灾直接经济损失占全年气象灾害总损失的 43.8%。

5. 台风

2017 年共有 8 个台风登陆或影响福建省，较常年偏多。2 个登陆台风 21 小时内先后登陆福清，历史未见，登陆个数正常(常年 1.6 个)；6 个影响台风总体偏弱。台风共造成福建省 40.0 万人受灾，占福建省受灾人口总数的 65.24%，直接经济损失 9.54 亿元，占全年气象灾害总损失的 56.0%。“纳沙”和“海棠”双台风登陆造成较严重影响。

6. 气象干旱

2017 年福建省四季皆有气象干旱，干旱范围较大的 2 次为 5 月上旬至 6 月中旬和 8 月下旬至 11 月中旬。夏秋季连旱旱区接近全省范围，过程最强时共 13 个县(市)气象重旱，2 个特旱，干旱导致部分乡镇约 16 万人的供水受到一定程度影响，作物受旱。

图 4.13.3　2017 年 3 月 6 日福清市雹灾导致房屋损坏(福清市气象局提供)
Fig. 4.13.3　The damaged houses due to hail disaster in Fuqing City on March 6, 2017
(By Fuqing Meteorological Service)

7. 高温

2017 年福建省共出现 12 次高温过程，与 2009 年并列最多值；过程时间长，持续时间超 5 天的过程有 4 次，最长达 11 天；过程初、终日偏迟，大部分县(市)终日偏迟 1 个月以上，10 月初仍有罕见大范围高温过程。全年极端最高气温达 40.4℃(福安、闽清)，多个县(市)突破当地高温纪录。8 月福建省高温日达 19 天，仅次于 1998 年。9 月末的过程高温站数达 49 站，4 个县(市)最高气温突破当地历史极值，25 个县(市)追平或突破当地 9 月同期极值。

4.14　江西省主要气象灾害概述

4.14.1　主要气候特点及重大气候事件

2017 年，江西省平均气温 18.9 ℃，较常年偏高 0.9 ℃，仅次于 2007 年的 19.0℃，与 2013 年、2016 年并列排历史第二高位(图 4.14.1)，有 13 个县(市、区)创历史新高；年平均降水量 1720.3 毫米，接近常年(图 4.14.2)，修水县年降水量创历史新高。各月平均气温除 6 月偏低以外，其余月份均偏高，1 月和冬季气温创新高；暖冬、酷暑和“秋老虎”相继出现，阶段性高温过程明显。年降水量北多南少，6 月、11 月降水显著偏多；主汛期雨量前少后多，汛后期出现持续强降水，导致鄱阳湖出现超警戒洪水，江西北部多地受灾严重。台风影响时间偏早。春秋季出现阶段性持续阴雨寡照，对农业产生影响。秋冬季静稳天气多，大气自净能力差。

年内，江西省主要气象灾害有暴雨洪涝、台风、雷电、风雹、干旱和大雾等，暴雨洪涝灾害经济损失最大，占全年灾损 96%，其次是干旱，占总灾损 2%。全年因气象灾害或由气象灾害引发的次生灾害，导致全省 665.53 万人(次)受灾，因灾死亡 20 人(其中雷击死亡 6 人)，紧急转移安置 59.38 万人(次)；农作物受灾面积 44.14 万公顷，绝收面积 5.53 万公顷；直接经济损失 118.23 亿元，其中农业损失 45.77 亿元。2017 年江西省气候灾害年景评估结果为一般。

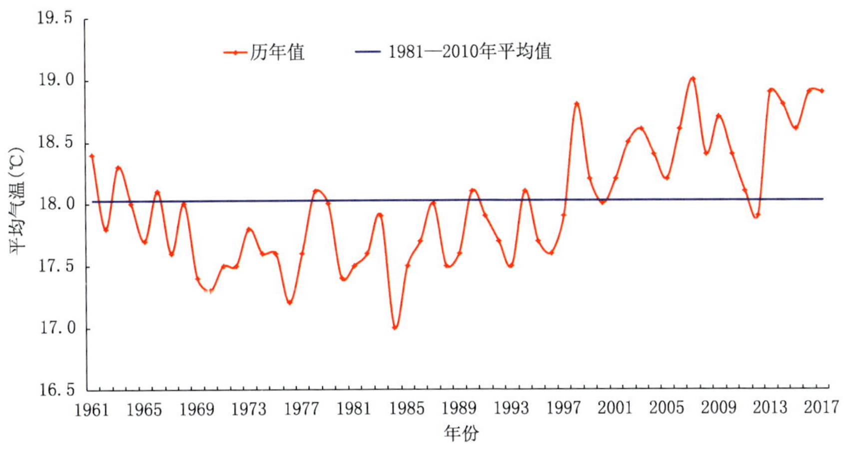

图 4.14.1 1961—2017 年江西省年平均气温

Fig. 4.14.1 Annual mean temperature variation in Jiangxi Province during 1961—2017(unit:℃)

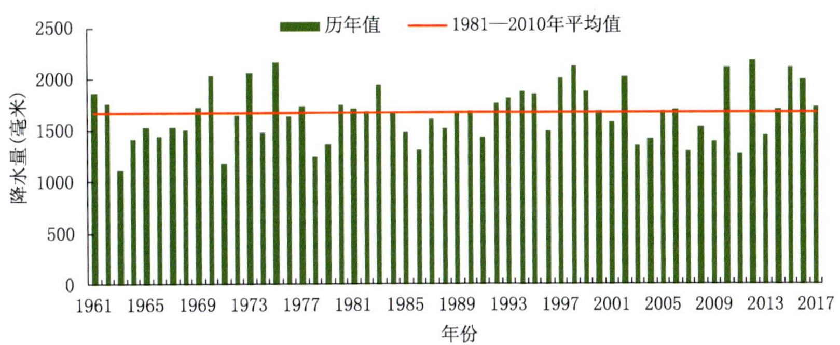

图 4.14.2 1961—2017 年江西省年降水量

Fig. 4.14.2 Annual precipitation variation in Jiangxi Province during 1961—2017(unit:mm)

4.14.2 主要气象灾害及影响

1. 暴雨洪涝

2017 年,洪涝灾害(含山体崩塌、滑坡、泥石流)共造成江西省 606.23 万人受灾,死亡 12 人,紧急转移安置 59.13 万人;农作物受灾面积 38.71 万公顷,绝收面积 5.22 万公顷;倒塌房屋 9354 间,损坏房屋 6.9 万间;直接经济损失 113.88 亿元。

年内致灾的暴雨过程主要出现在 3 月下旬、5 月底至 6 月初、6 月中旬、6 月下旬至 7 月上旬和 8 月中旬。6 月 21 日至 7 月 2 日出现持续 12 天的连续暴雨过程(图 4.14.3),过程雨量较同期偏多 1.6 倍,此次连续暴雨过程综合强度指数为 1961 年以来第三强,仅次于 1998 年 6 月 12—26 日和 2010 年 6 月 14—25 日的暴雨过程。强降水致使鄱阳湖出现超警戒洪水,乐安河出现超历史洪水,九江、景德镇、宜春、鹰潭、上饶等地出现严重灾情,修水等地重复受灾。据江西省民政厅统计,此次连续暴雨过程导致江西省 452 万人受灾,9 人死亡,55.59 万余人紧急转移安置;农作物受灾 34.8 万公顷,9775 间房屋倒塌,直接经济损失 93.94 亿元。

2. 台风

2017 年,先后有"苗柏""纳沙""海棠""天鸽""帕卡"和"玛娃"6 个台风影响江西,8 月初双台风(第 9 号台风"纳沙"和第 10 号台风"海棠")影响赣北。据统计,年内台风共造成江西省 6.77 万人受

图 4.14.3 2017 年 6 月 25 日，婺源县遭受暴雨洪涝灾害(婺源县气象局提供)
Fig. 4.14.3 The flood disaster in Wuyuan County on June 25, 2017 (By Wuyuan Meteorological Service)

图 4.14.4 2017 年 7 月 4 日，修水县郊区村镇出现山体滑坡(江西省气候中心提供)
Fig. 4.14.4 Landslides in the villages of Xiushui County on July 4, 2017 (By Jiangxi Climate Center)

灾，紧急转移安置 940 人；倒塌房屋 117 间，损坏房屋 389 间；农作物受灾面积 7818.07 公顷，绝收面积 448.33 公顷；直接经济损失 1.31 亿元。

3. 局地强对流

全年因风雹灾害造成江西省 6.53 万人受灾，2 人死亡，11 人受伤，1527 人紧急转移安置；农作物受灾面积 5295.7 公顷，绝收面积 198.2 公顷；倒塌房屋 340 间，损坏房屋 5377 间；直接经济损失 7762.6 万元。

此外，江西省因雷击死亡 6 人，受伤 3 人，主要出现在 5—7 月，直接经济损失 77 余万元。

4. 干旱

2017 年，江西省干旱总体偏轻，2 月、5 月、7 月和 9 月江西省局部地方出现了轻到中度气象干旱，鹰潭、乐平、浮梁和永丰等地在 7 月下旬出现了干旱灾情。全年因旱导致江西省近 46.01 万人受灾；农作物受灾面积 4.12 万公顷，绝收面积 2533.9 公顷；直接经济损失 2.26 亿元，其中农业经济损失 2.22 亿元。

5. 高温热浪

2017 年，江西省平均高温日数为 37.6 天，较常年偏多 8.9 天。高温过程主要出现在 7 月 11—30 日、8 月 3—9 日、8 月 17—30 日、9 月 24—27 日和 10 月 1—3 日。7 月 11—30 日的高温过程持续时间长、范围广、强度大，期间江西省平均气温和平均最高气温均排同期第三高位，7 月 21—29 日江西省 60%的县（市、区）出现 39℃以上的高温；9 月下旬和 10 月初，秋老虎威力爆发，江西省再次遭遇强高温天气，分别有 5 个和 30 个县（市、区）日最高气温创同期新高，如此强的高温过程在秋季较为少见。

4.15 山东省主要气象灾害概述

4.15.1 主要气候特点及重大气候事件

2017 年，山东省年平均气温 14.6℃，较常年偏高 1.2℃（图 4.15.1），为 1951 年以来历史同期最高值，四季平均气温均偏高，冬季、春季明显偏高；年平均降水量 634.8 毫米，较常年偏少 1.1%（图 4.15.2），春季、秋季平均降水量偏少，冬季偏多，夏季略偏多。山东半岛春季、初夏降水持续偏少，旱情加重；5 月下旬连续高温，出现重干热风；年平均气温创新高，夏季高温过程较多。春末夏初风雹、7 月暴雨频发，农作物受到影响；8 月台风“海棠”带来强降水，利大于弊。2 月下旬大范围降雪，10 月上中旬阴雨寡照，年初、年末雾和霾频繁。2017 年主要气象灾害有干旱、风雹、洪涝、台风等，共造成山东省 785.7 万人受灾，2 人死亡；农作物受灾面积 87.1 万公顷，绝收面积 89.7 万公顷；直接经济损失 82.0 亿元。总体来看，山东省气象灾情偏轻，气象条件属于一般偏好年景。

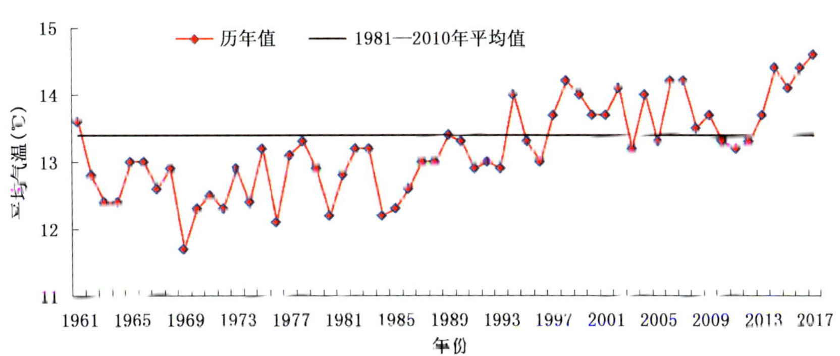

图 4.15.1 1961—2017 年山东省年平均气温

Fig. 4.15.1 Annual mean temperature variation in Shandong Province during 1961－2017(unit:℃)

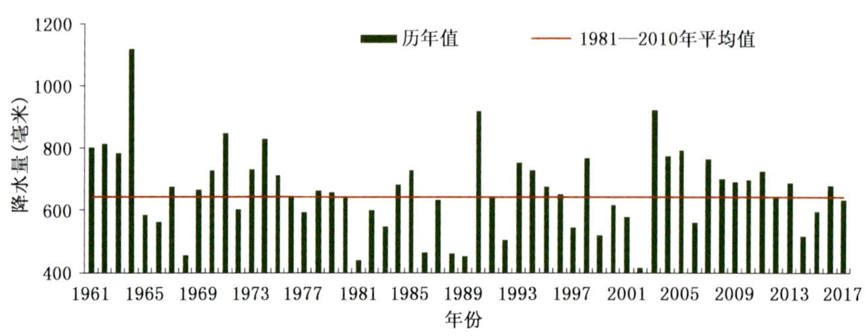

图 4.15.2 1961—2017 年山东省年降水量

Fig. 4.15.2 Annual precipitation variation in Shandong Province during 1961－2017 (unit:mm)

4.15.2 主要气象灾害及影响

1. 干旱

2017 年，山东半岛因旱受灾人口 367.1 万人，因旱饮水困难需救助人口 28.9 万人；农作物受灾面积 44.9 万公顷，绝收面积 8.1 万公顷；直接经济损失 50.6 亿元。3 月 1 日至 6 月 18 日，山东半岛平均降水量 61.7 毫米，较常年同期偏少 56.6%。由于山东半岛 2014—2016 年降水分别偏少 9.7%、20.4%和 19.1%，降水持续偏少导致山东半岛和山东中部地区多座大中型水库低于死水位或干涸，部分地区出现人畜饮水困难，农作物因干旱少水导致大面积减产甚至绝收，干旱给农业生产及群众生活造成严重影响(图 4.15.3)。

图 4.15.3 2017 年 6 月 15 日烟台莱阳干旱(莱阳市气象局提供)

Fig. 4.15.3 The drought in Laiyang on June 15,2017(By Laiyang Meteorological Service)

2. 局地强对流

2017年春末夏初，山东中部、南部、西北部多地频发冰雹，风雹灾害造成293.5万人受灾，2人死亡；农作物受灾面积32.4万公顷，绝收面积4030公顷；倒塌房屋294间，一般损坏房屋2872间；直接经济损失17.4亿元。6月2日下午到3日上午，山东省出现大范围雷雨大风天气过程，局部地区伴有冰雹和8~9级大风(图4.15.4)，聊城、泰安、德州、济宁等4市16个县(市、区)和4个开发区的177个乡镇(街道)遭受风雹灾害，小麦、玉米等农作物大面积倒伏，部分果树、蔬菜等经济作物受损，部分房屋和厂房倒损。这次过程造成山东省受灾人口达179.4万人；农作物受灾面积18.9万公顷，绝收面积1511公顷；直接经济损失约6.6亿元。

图4.15.4　2017年6月2日，德州市夏津县强对流天气造成小麦倒伏(德州市气象局提供)

Fig. 4.15.4　The lodging wheat due to hailstorm in Xiajin County of Dezhou City on June 2,2017 (By Dezhou Meteorological Service)

3. 暴雨洪涝

2017年，暴雨洪涝造成山东省93.5万人受灾；农作物受灾面积6.7万公顷，绝收面积2380公顷；倒塌房屋379间，一般损坏房屋4951间；直接经济损失8.6亿元。7月14—17日，山东南部、东南部和山东半岛出现大暴雨(图4.15.5)，枣庄15日(199.1毫米)、薛城15日(168.4毫米)、招远17日(193.9毫米)日降水量突破7月历史极值。菏泽、临沂、枣庄、济宁、莱芜、青岛等6市部分乡镇农田被淹，玉米、花生、地瓜等作物不同程度受灾，部分农村住房、大棚等不同程度倒塌受损，部分地区高压线路受损，受灾人口31.2万，紧急转移安置1092人，直接经济损失1.9亿元。

4. 台风

受第10号台风"海棠"减弱后的低压环流影响，8月1—4日，山东南部、中部、西北部和山东半岛地区40个测站出现暴雨，其中文登、安丘等7测站出现大暴雨。强降雨造成济南、青岛、枣庄、烟台、潍坊、泰安、日照、临沂、滨州9市部分乡镇农田被淹，玉米、花生、大姜等农作物减产，多处道路桥梁等基础设施受损，受灾人口29.7万人；农作物受灾面积3.0万公顷，绝收面积1810公顷；倒塌房屋631间，一般损坏房屋1882间；直接经济损失5.3亿元。

图 4.15.5　2017 年 7 月 16 日暴雨青岛平度电杆被冲歪(平度气象局提供)
Fig. 4.15.5　The destroyed telegraph poles by waterflood in Pingdu on July 16, 2017
(By Pingdu Meteorological Service)

4.16　河南省主要气象灾害概述

4.16.1　主要气候特点及重大气候事件

2017 年,河南省年平均气温较常年偏高 1.1℃,为 1961 年以来最高值(图 4.16.1);四季气温均偏高,冬季和春季分别偏高 1.9℃和 1.5℃,为 1961 年以来同期第二高值和第四高值。年平均降水量较常年偏多 5%(图 4.16.2),属于正常年份;冬季、秋季降水偏多,春季、夏季正常。1 月下旬和 2 月中旬出现寒潮、暴雪天气;5 月中下旬出现干热风灾害;夏季出现多次区域性暴雨洪涝灾害;夏季部分地区出现干旱;多次出现大风、冰雹等强对流天气;年内高温日数多,影响范围广;8 月下旬至 10 月中旬出现 2 次大范围连阴雨天气;秋冬季雾、霾天气频发。2017 年河南省农作物受灾面积 124.7 万公顷,绝收面积 10.9 万公顷;倒塌房屋 880 间,损坏房屋 0.9 万间;受灾人口 1538.5 万人次,因灾死亡 20 人,失踪 1 人;直接经济损失 58.2 亿元。总体来看,2017 年河南省气象灾害为偏轻年份。

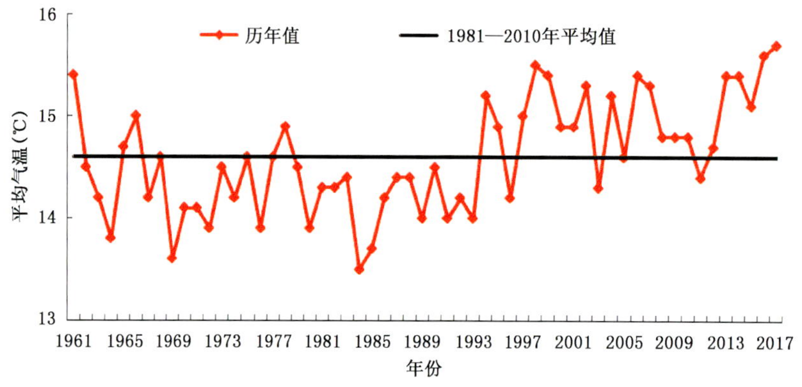

图 4.16.1　1961—2017 年河南省年平均气温
Fig. 4.16.1　Annual mean temperature variation in Henan Province during 1961－2017(unit:℃)

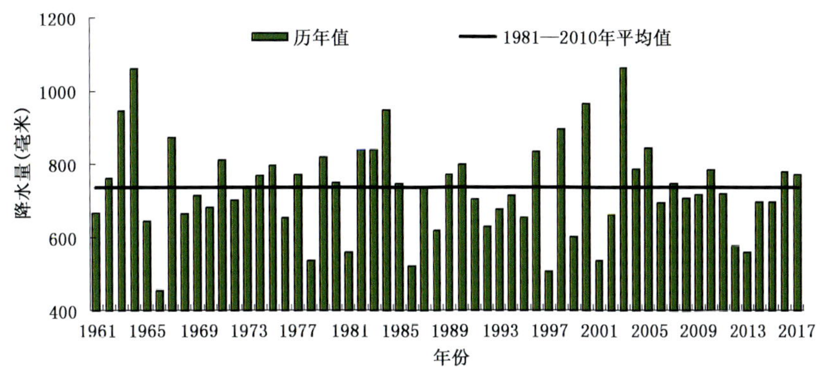

图 4.16.2 1961—2017 年河南省平均年降水量

Fig. 4.16.2 Annual precipitation variation in Henan Province during 1961—2017 (unit:mm)

4.16.2 主要气象灾害及影响

1. 干旱

2017 年河南省大部出现伏旱，干旱时段主要出现在 7—8 月。全年河南省农作物受旱面积为 21.9 万公顷，绝收面积 4.4 万公顷；受灾人口 248.8 万人次，饮水困难人口 1.2 万人次；直接经济损失为 12.6 亿元。三门峡、洛阳、开封、许昌和南阳 6 市的部分地区 6—8 月无明显降水，高温少雨造成土壤干旱，农作物受灾严重。特别是南阳市新野县、卧龙区部分村庄农作物大面积减产甚至绝收，部分群众生活困难。

2. 暴雨洪涝

年内强降水主要集中在 7—8 月。河南省因暴雨洪涝造成农作物受灾面积 92.5 万公顷，绝收面积 6.3 万公顷；倒塌房屋 0.1 万间，损坏房屋 0.5 万间；受灾人口 1024.5 万人次，因灾死亡 11 人；直接经济损失 34.8 亿元。

7 月 18 日，河南西部山区出现强降水过程，洛阳市嵩县天池山景区和宜阳县部分乡镇强降水引发山洪泥石流灾害，造成 10 人死亡，1 人失踪。8 月 19 日，河南省出现年内最强区域性暴雨过程，部分地区伴有大风、冰雹；强降水主要集中在漯河—驻马店—周口一带及洛阳的部分地区，河南省有 17 个站达暴雨以上等级，有 5 个站达大暴雨等级，漯河降水量最大达 211.3 毫米，为建站以来 8 月历史同期次多值；新安次之，达 146.6 毫米，突破建站以来 8 月历史同期极值。9 月 23 日至 10 月 19 日，黄河以南地区出现大范围连阴雨天气，河南省平均连阴雨天数为 9 天，西峡、新野、泌阳、桐柏、正阳等 5 站达 20 天；过程平均降水量为 142.6 毫米，最大过程降水量为 309.7 毫米。连阴雨造成部分农田积水，农作物受灾严重，部分农作物因无法收获晾晒而发霉生芽(图 4.16.3)，造成产量和品质下降。

3. 局地强对流

2017 年，河南省风雹灾害主要出现在 6—7 月(图 4.16.4)。河南省农作物受灾面积 9.4 万公顷，绝收面积 0.3 万公顷；倒塌房屋 173 间，损坏房屋 0.3 万间；受灾人口 253.6 万人，因灾死亡 9 人；直接经济损失 10.2 亿元，其中农业直接经济损失 7.6 亿元。与常年相比，风雹灾害为偏轻年份。5 月 22—23 日，河南省有 48 个县(市、区)共 325 个乡镇相继出现大风和强降雨天气，郑州荥阳市最大降雨量 114.4 毫米，最大风力 8 级，造成即将成熟的小麦出现倒伏，河南北部正值灌浆期的小麦减产严重。7 月 6 日，周口市西华、淮阳和商丘市虞城的部分乡镇遭遇龙卷袭击。8 月 9—11 日，部分地区遭受风雹灾害，造成 5 人死亡，开封市受灾严重，电力设施遭到严重破坏。

图 4.16.3　10 月 18—19 日河南东南部已收获农作物发芽霉变(左)、农田渍涝(右)
(河南省气候中心提供)
Fig. 4.16.3　Moldy crops (left) and waterlogged farmland (right) in southeastern Henan Province on October 18－19(By Henan Climate Center)

图 4.16.4　7 月 18 日风雹灾害导致农作物大面积伏倒(左,社旗县气象局提供)和树木折断(右,汝州市气象局提供)
Fig. 4.16.4　The large-area collapse of crops (left,By Sheqi Meteorological Service) and broken trees (right, By Ruzhou Meteorological Service)caused by hail disasters on July 18, 2017

4. 干热风

2017 年 5 月中下旬河南省中西部地区出现干热风天气,时间主要集中在 5 月 9—13 日、16—20 日和 25—30 日。5 月 28 日干热风范围和强度最大,有 80 个县(市)出现不同程度干热风天气,重度 57 个,轻度 23 个。受干热风影响,焦作、新乡、洛阳和郑州 4 市局部墒情较差的麦田灌浆速率有所下降,西部山区旱地以及未浇水的河南北部、西部局部田块小麦成熟提前 3～7 天。

4.17　湖北省主要气象灾害概述

4.17.1　主要气候特点及重大气候事件

2017 年湖北省年平均气温 17.1℃,比常年偏高 0.7℃(图 4.17.1),排历史同期第六高值。2016/2017 年冬季,湖北省达到强暖冬标准,入春入夏提前,春季气温偏高,冷暖起伏大,夏季出现 2 段高温酷热天气,多站突破历史极值。年平均降水量 1339 毫米,比常年偏多 11.5%,为 2003 年以来第二高值,仅次于 2016 年(图 4.17.2)。入梅早,梅雨期长,雨带偏南,强度和出梅正常。秋季出现罕见连阴雨，湖北西部秋汛明显。年内主要气象灾害为暴雨洪涝及其诱发的地质灾害、干旱、局地强对流、雪灾。气象灾害共造成全省受灾人口 1254.2 万人，因灾死亡 39 人、失踪 1 人；农作物受灾面积 143.71 万公顷，绝收面积 20.08 万公顷；倒塌房屋 0.99 万间，不同程度损坏房屋 5.8 万间；直接经济损失 148.97 亿元。总体来看，气象灾害属中等年份，但局部洪涝和地质灾害灾情较重。

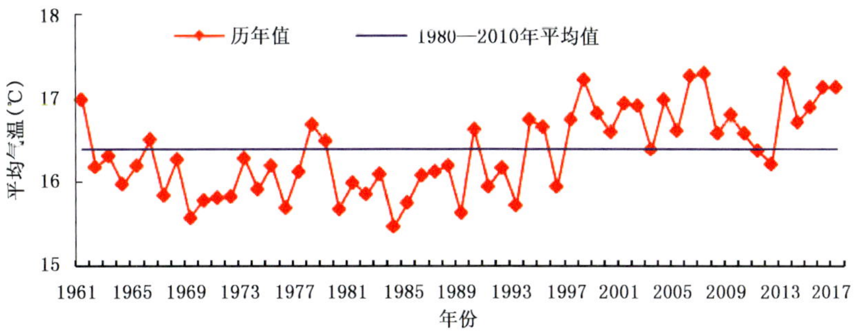

图 4.17.1 1961—2017 年湖北省年平均气温

Fig. 4.17.1 Annual mean temperature variation in Hubei Province during 1961—2017(unit:℃)

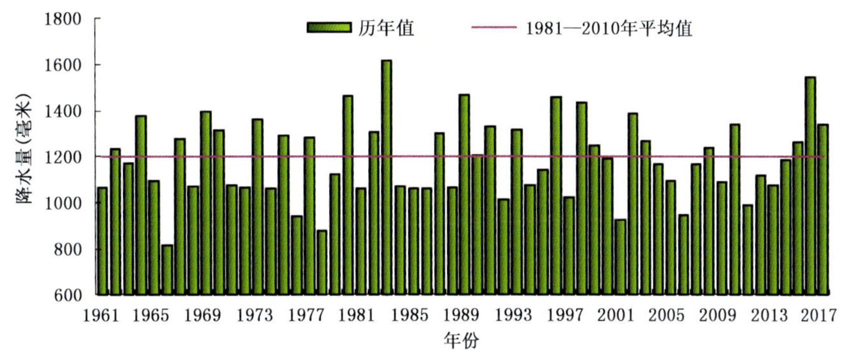

图 4.17.2 1961—2017 年湖北省年降水量

Fig. 4.17.2 Annual precipitation variation in Hubei Province during 1961—2017 (unit:mm)

4.17.2 主要气象灾害及影响

1. 暴雨洪涝

2017 年湖北省出现了 15 场区域性暴雨过程，主要发生在 6 月至 7 月上旬、8—9 月。6 月 30 日至 7 月 1 日湖北东南部出现 11 站次大暴雨；7 月 6—9 日湖北西南部至湖北东北部一线出现 30 站次暴雨、4 站次大暴雨，鹤峰 8 日降水 241.6 毫米；8 月 11—14 日湖北东南部、江汉平原东南部等出现 6 站次大暴雨，18 站次暴雨，咸宁 13 日降水 194.9 毫米(图 4.17.3)，造成咸宁市 188 座水库超汛限水位。8 月 25 日至 10 月 19 日，湖北省出现 3 段连阴雨天气，汉江流域和长江上游降水频繁，导致汉江、三峡区间出现明显秋汛，丹江口水库水位突破历史最高洪水位，三峡入库流量创 25 年来历史同期新高。年内暴雨洪涝及诱发的地质灾害造成湖北省 747.5 万人受灾，因灾死亡 38 人，失踪 1 人；农作物受灾面积 69.27 万公顷，绝收面积 16.04 万公顷；倒塌房屋 0.9 万间，不同程度损坏房屋 4.8 万间；直接经济损失 116.64 亿元。

2. 干旱

7 月 11 日出梅后，湖北省大部出现了持续晴热高温天气，至月底湖北省降水总体偏少 5 成以上，导致 26 站达中等气象干旱，重旱 9 站，主要分布在湖北西北部东部、江汉平原东部和湖北东北部局部。旱灾造成 439.6 万人受灾，因旱饮水困难需救助 9.7 万人，农作物受灾面积 62.07 万公顷，绝

图 4.17.3　2017 年 8 月 11—14 日咸宁市城区被淹街道(武汉区域气候中心提供)

Fig. 4.17.3　Flooded streets of downtown in Xianning on August 11－14, 2017(By Wuhan Regional Climate Center)

收 3.43 万公顷;直接经济损失 20.8 亿元。

3. 局地强对流

2017 年,湖北省发生 12 次较明显的强对流天气过程,尤以 7 月中旬至 8 月频发(8 次)。五峰站 7 月 15 日 01—03 时 2 小时降水量达 83.3 毫米,超百年一遇。14 日五峰县湾潭镇三眼泉站雨量达 211.2 毫米(图 4.17.4)。强对流天气造成湖北省 59.7 万人受灾,死亡 4 人(含雷击 3 人);农作物受灾面积 4.1 万公顷,绝收面积 0.56 万公顷;直接经济损失 11.27 亿元。

图 4.17.4　2017 年 7 月 14 日强对流天气导致五峰县湾潭镇房屋和农田被冲毁(武汉区域气候中心提供)

Fig. 4.17.4　Houses and farmland destroyed in Wantan Town, Wufeng County on July 14, 2017 (By Wuhan Regional Climate Center)

4. 高温

年内出现 2 段高温天气过程,其中 7 月 10—30 日过程多站最高气温、平均气温、最低气温出现极端事件。湖北大部极端高温达 35～42℃,主要出现在 7 月下旬,最高值出现在 7 月 27 日,为 41.5℃(郧阳区和竹山)。

5. 雪灾

2017 年湖北省出现了 3 次降雪过程,其中 2 月 7 日湖北西北部、东北部西部出现中到大雪、局部暴雪;有 27 县(市)出现积雪,最大随州为 5 厘米。雪灾造成 7.4 万人受灾;农作物受灾面积 7.67 万公顷,绝收面积 0.05 万公顷;直接经济损失 0.26 亿元。

4.18 湖南省主要气象灾害概述

4.18.1 主要气候特点及重大气候事件

2017 年湖南省年平均气温 18.2℃，较常年偏高 0.8 ℃（图 4.18.1），为 1961 年以来第二高值；年平均降水量 1463.2 毫米，较常年偏多 4.3%（图 4.18.2）。四季气温均偏高，冬季偏高 2.0℃，位居 1951 年以来第二高位（仅次于 1999 年）；夏季降水量偏多 35.7%，其余季节均偏少。年内湖南省出现的主要天气气候事件有：6 月下旬至 7 月初出现 1951 年以来最强降水过程、1951 年以来第二强暖冬、盛夏极端高温热浪、8 月中旬旱涝急转、初春降水异常、9 月暴雨凸显、区域性夏秋干旱、秋老虎发威、深秋霾重。2017 年各类气象灾害共造成湖南省 14 个市（州）1714.6 万人受灾，死亡失踪 98 人，紧急转移安置 174 万人，需紧急生活救助 56.6 万人；农作物受灾面积 150.1 万公顷；倒塌房屋 5.7 万间，严重损坏房屋 7.2 万间；直接经济损失 587.95 亿元。2017 年湖南省气候年景较差，干旱年景为大范围一般干旱，洪涝年景为大范围较严重洪涝。

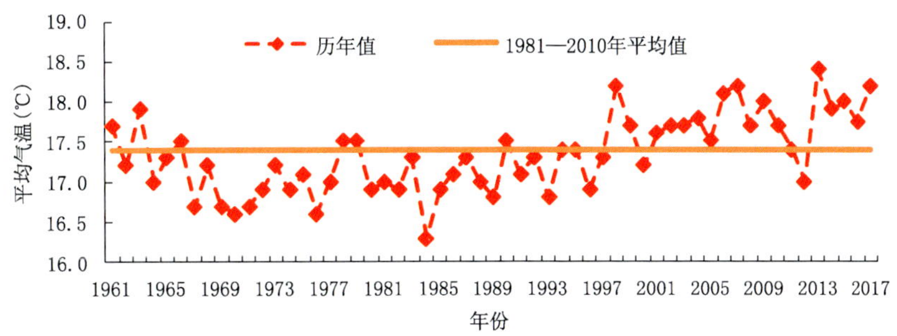

图 4.18.1 1961—2017 年湖南省年平均气温

Fig. 4.18.1 Annual mean temperature variation in Hunan Province during 1961—2017 (unit:℃)

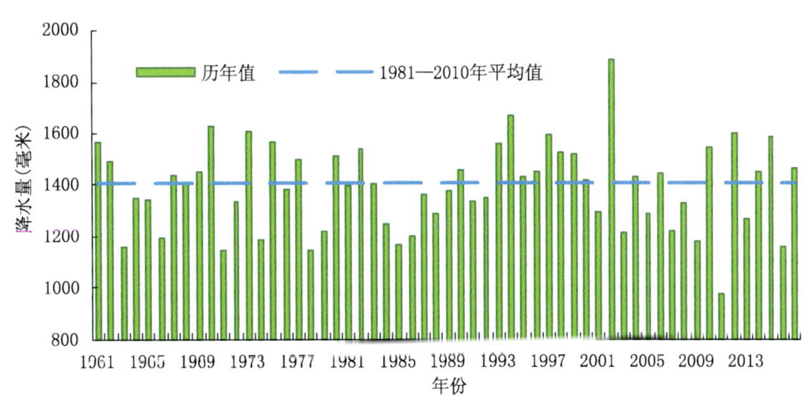

图 4.18.2 1961—2017 年湖南省平均年降水量

Fig. 4.18.2 Annual precipitation variation in Hunan Province during 1961—2017 (unit:mm)

4.18.2 主要气象灾害及影响

1. 暴雨洪涝

2017 年湖南省平均暴雨日数 4.7 天，较常年偏多 0.9 天，年内共出现 10 县次以上的暴雨过程 10 次。2017 年洪涝和地质灾害共造成湖南省 1495.4 万人次受灾，死亡（失踪）88 人，紧急转移安置

174万人次；农作物受灾面积117.5万公顷，绝收面积21.8万公顷；倒塌房屋5.7万间，房屋受损38.9万间；直接经济损失565.9亿元。

2017年6月22日至7月2日出现1951年以来最强降水过程，湖南省平均过程降水量286.9毫米，单站最大过程降水量592.2毫米；73个县(市)出现极端降水事件，27个县(市)连续10天最大降水量突破历史极值。受其影响，湘江干流全线、资水中下游、沅江干流全线及洞庭湖区出现超警戒水位洪水，部分站点出现超历史水位洪水。此次暴雨洪涝灾害共造成湖南14个市(州)受灾，受灾人口1528.5万人，因灾死亡78人，失踪3人，转移安置164.7万人，需紧急生活救助53.2万人；倒塌房屋5.3万间，严重损坏房屋6.4万间，一般损坏房屋30.2万间；农作物受灾面积103.2万公顷，绝收面积19.7万公顷；直接经济损失529.8亿元，

2. 干旱

7月中旬至8月上旬湖南省高温少雨，湖南中部以北地区出现干旱；湖南中部以南地区秋旱。湖南省共有209.5万人受旱；农作物受灾面积32.0万公顷，绝收面积2.9万公顷；直接经济损失20.4亿元。

3. 台风

7月31日至8月1日，在台风“海棠”外围云系的作用下，湖南东部出现了小到中等阵雨或雷阵雨，局地大雨，郴州市资兴市、益阳市南县受灾。8月26—27日，受台风“帕卡”外围云系影响，湖南南部地区出现强降水过程，桂东县受灾，直接经济损失3300余万元。

4. 风雹

2017年湖南省发生13次风雹灾害，共造成9.7万人受灾，因灾死亡10人，紧急转移安置0.1万人；农作物受灾面积5700顷，绝收面积1300公顷；倒塌房屋400间，损坏房屋1000间；直接经济损失1.6亿元。

5. 高温热浪

2017年湖南省平均高温日数31.2天，较常年偏多8.6天；共出现3段高温热浪天气过程。7月10日至8月13日，湖南出现大范围高温热浪天气，高温最长持续时间28天，过程最高气温41.8℃；有89个县(市)出现高温热浪天气，19个县(市)达到重度高温热浪标准，46个县(市)出现极端高温事件。

6. 霾

10月下旬至11月上旬，湖南出现大范围、持续性霾天气，期间共17天霾县次数在30次以上，11月4日共80县次出现霾。霾天气对交通、人体健康等造成了较大的影响。

4.19 广东省主要气象灾害概述

4.19.1 主要气候特点及重大气候事件

2017年，广东省年平均气温22.4℃，较常年偏高0.5℃(图4.19.1)；年平均降水量1710.7毫米，与常年相近(图4.19.2)。年高温日数29天，仅次于2014年为历史次多值。1月广东省平均气温15.9℃，较常年同期偏高2.5℃，创历史新高；4月12日开汛，较常年偏晚6天；汛期暴雨多，局部洪涝重，“5·7”暴雨增城新塘镇3小时雨量破广东省3小时雨量历史极值。全年有6个热带气旋登陆广东，强台风“天鸽”重创珠海，是2017年登陆我国的最强台风，与1991年第11号台风“弗雷德”并列成为1949年以来8月登陆广东的最强台风；广东平均灰霾日数为30.5天，雷电损失轻。2017年广东各种气象灾害共造成受灾人口326.4万人次，死亡25人；农作物受灾面积28.26万公顷，绝收面积1.1万公顷；直接经济损失316.23亿元，属一般气候年景。

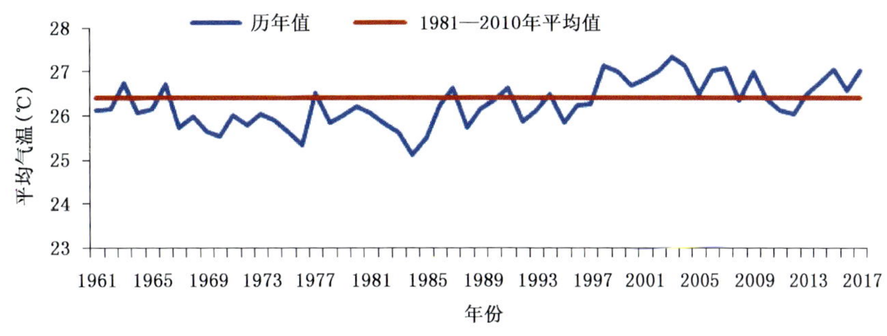

图 4.19.1　1961—2017 年广东省年平均气温

Fig. 4.19.1　Annual mean temperature variation in Guangdong Province during 1961—2017 (unit:℃)

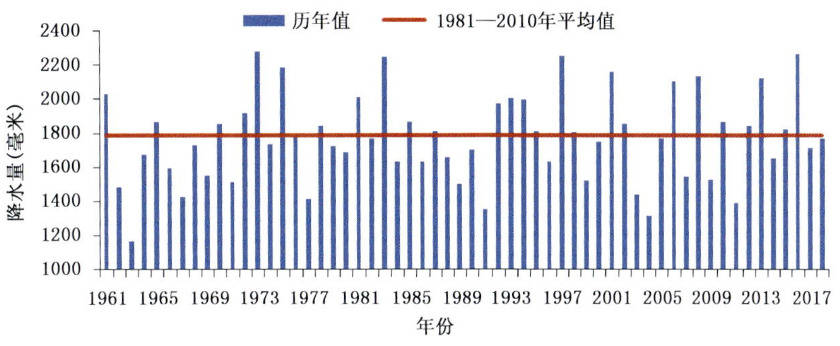

图 4.19.2　1961—2017 年广东省年降水量

Fig. 4.19.2　Annual precipitation variation in Guangdong Province during 1961—2017(unit:mm)

4.19.2　主要气象灾害及影响

1. 热带气旋

2017 年台风导致广东省农作物受灾面积 19.8 万公顷，绝收面积 0.7 万公顷；受灾人口 294.3 万人次，13 人死亡，紧急转移安置人口 52.7 万人次；倒塌房屋 0.1 万间；直接经济损失 294.5 亿元。

8 月 23 日至 9 月 3 日，珠三角先后经历“天鸽”“帕卡”“玛娃”三连击，其中台风“天鸽”是 2017 年登陆我国的最强台风，与 1991 年第 11 号台风“弗雷德”并列成为 1949 年以来 8 月登陆广东的最强台风。第 13 号台风“天鸽”于 8 月 23 日登陆珠海，登陆时中心附近最大风力 14 级(45 米/秒)，中心最低气压 950 百帕。受其影响，8 月 23—24 日，广东西部出现了暴雨到大暴雨，局部特大暴雨，珠江口两侧沿海市(县)出现平均风 10～14 级、阵风 15～17 级的大风。据统计，受台风“天鸽”影响，广东受灾人口 142.35 万人，紧急转移安置 21.26 万人；农作物受灾面积 6.4 万公顷，直接经济损失 273.55 亿元。

2. 暴雨洪涝

2017 年广东省共出现暴雨 633 站日，接近常年，仅次于 2001 年。全年暴雨洪涝共造成农作物受灾面积 8.45 万公顷，绝收面积 0.4 万公顷；受灾人口 77 万人，4 人死亡；直接经济损失 21.7 亿元。与近 10 年暴雨洪涝损失的平均值相比，2017 年广东省暴雨洪涝灾害总体偏轻。

汛期共出现 17 次大范围强降水过程。5 月 7 日，广州、清远、河源出现暴雨到大暴雨，广州的花都、增城、黄埔还出现了局地特大暴雨，黄埔区九龙镇区域自动气象站录得日雨量 542.7 毫米，打破了广州市日雨量历史极值，增城新塘镇区域自动气象站 3 小时雨量 382.6 毫米，破广东省 3 小时雨量历史极值。受此次降水影响，广州多地出现严重内涝。8 月 30 日，受飑线影响，广东大部出现大到暴雨。此次暴雨过程造成广东省6.21万人受灾,农作物受灾面积8600公顷,倒塌房屋904间,直接经济损失6.67亿元。

3. 高温

2017年,广东省平均高温日数(日最高气温≥35℃)29.0天,较常年偏多11.5天,仅次于2014年(31.5天),为历史次多值,河源、新丰、连平等10个县(市)高温日数破(平)历史最多纪录。2017年广东省共出现14次大范围持续高温过程,高温天气主要出现在7月下旬之后,7月21日至10月18日广东省平均高温日数达24.7天,较常年同期(10.8天)偏多13.9天,为历史同期最多值。8月12—22日,受副热带高压影响,广东省出现了长时间、大范围的高温天气。8月21日,受副热带高压和台风"天鸽"外围下沉气流共同影响,广东省有81个县(市)出现最高气温≥35℃的高温,阳山录得广东省极端最高气温39.9℃。

4.20 广西壮族自治区主要气象灾害概述

4.20.1 主要气候特点及重大气候事件

2017年广西年平均气温21.1℃,比常年偏高0.4℃(图4.20.1);平均年降水量1809.9毫米,比常年偏多17%(图4.20.2)。2017年,广西共出现15次暴雨、强对流过程,6月下旬至7月初出现了持续大范围年度最强致洪暴雨过程,造成直接经济损失近58亿元;年内有4个热带气旋影响广西,初台影响时间为1949年以来最晚,台风"天鸽"的风雨影响最严重;年内高温日数偏多,高温过程最大范围创下新纪录;春播期低温阴雨总日数偏少,结束期偏早;寒露风开始期偏晚;霜、冰冻日数偏少,低温寒冻害影响总体偏轻;干旱范围小、影响偏轻;冬春雾、霾频繁,对交通和人体健康影响大。

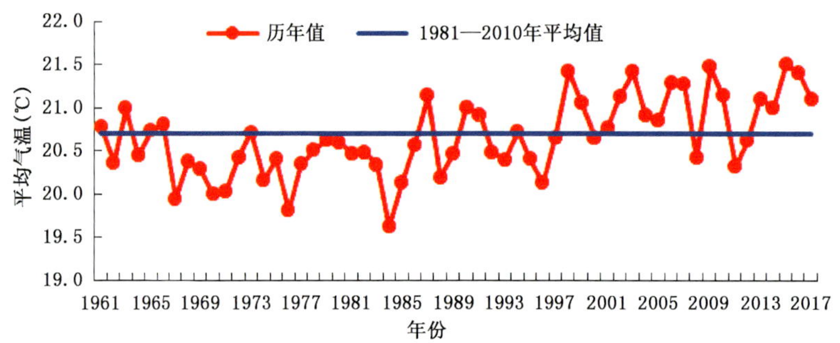

图4.20.1 1961—2017年广西年平均气温

Fig. 4.20.1 Annual mean temperature variation in Guangxi during 1961—2017 (unit:℃)

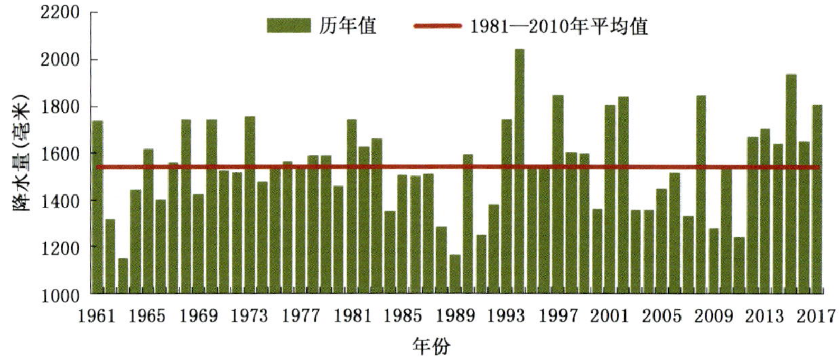

图4.20.2 1961—2017年广西年降水量

Fig. 4.20.2 Annual precipitation variation in Guangxi during 1961—2017 (unit:mm)

全年因气象灾害共造成农作物受灾面积 19.6 万公顷，绝收面积 1.67 万公顷；受灾人口 357.4 万人次，死亡 82 人，失踪 8 人；直接经济损失 99.04 亿元。与 2016 年相比，农作物受灾面积减少 10.5 万公顷，受灾人口增多 58.4 万人，直接经济损失增多 71.5 亿元。

4.20.2 主要气象灾害及影响

1. 暴雨洪涝

2017 年，广西暴雨总站日为 601 站日，比常年偏多 28 站日，为 1951 年以来第八多值。5　8 月的总暴雨站日占全年总站日的 84%，6 月下旬至 7 月初的最强致洪暴雨所引发的洪涝及地质灾害造成的经济损失和人员伤亡最大。

6 月 25 日至 7 月 3 日，受切变线、低涡和西南急流影响，广西出现年内强降雨范围最广、强度最强、持续时间最长、灾情最重的致洪暴雨过程。过程持续达 9 天之久，累计降雨量超过 300 毫米的乡镇有 211 个，超过 600 毫米的乡镇有 4 个，累计降雨量最大的乡镇是永福县罗锦镇(820 毫米)，其 13 小时雨量达 610 毫米，突破了 1951 年广西有气象记录以来的最大降雨极值。

受暴雨影响，广西除崇左市以外的 13 个市 65 个县(区、市)出现洪涝灾害(图 4.20.3)，造成受灾人口 187.76 万人，死亡 26 人，失踪 8 人；农作物受灾面积 10.8 万公顷，绝收面积 1.5 万公顷；直接经济损失 57.69 亿元。此次过程造成的直接经济损失是 2009 年以来广西暴雨洪涝灾害损失最大的一次。

图 4.20.3　2017 年 7 月 4 日广西柳州市融安县的玉米地被淹(柳州市气象局提供)

Fig. 4.20.3　The flooded cornfields due to rainstorm in Rong'an County, Liuzhou City on July 4, 2017 (By Liuzhou Meteorological Service)

全年暴雨洪涝共造成农作物受灾面积 17.33 万公顷，绝收面积 1.57 万公顷；317.2 万人受灾，死亡 71 人；倒塌房屋 0.9 万间，损坏房屋 2.8 万间；直接经济损失 95.2 亿元，占广西全年气象灾害总损失的 96%。

2. 热带气旋

2017 年，进入广西影响区(19°N 以北，112°E 以西地区)的热带气旋有 4 个，影响时间集中在 8 月下旬至 10 月中旬(图 4.20.4)。台风"天鸽"是 2017 年广西初台，影响时间较常年偏晚 57 天，为 1949 年以来最晚，亦是 2017 年影响广西最严重的台风，共有 27 个县(区、市)的 36.49 万人受灾，死亡 1 人；农作物受灾面积 1.9 万公顷；直接经济损失 2.29 亿元。

全年热带气旋灾害共造成 37.4 万人受灾，死亡 4 人；农作物受灾 2.0 万公顷，绝收面积 400 公顷；直接经济损失 2.75 亿元。

图 4.20.4　2017 年 8 月 24 日广西钦州市灵山县河畔江水漫过护栏(钦州市气象局提供)
Fig. 4.20.4　The river overflowed the guardrail in Lingshan County, Qinzhou City on August 24, 2017 (By Qinzhou Meteorological Service)

3. 局地强对流天气

2017 年,广西局地冰雹、雷雨大风等强对流天气主要出现在 3—7 月,3 月的强对流天气最频繁。年内,广西共发生雷灾事故 38 起,相比 2016 年减少 20%左右。

全年风雹灾害共造成农作物受灾面积 0.2 万公顷,绝收面积 0.06 万公顷;2.8 万人受灾,死亡 7 人;损坏房屋 300 间;直接经济损失 1.1 亿元。

4.21 海南省主要气象灾害概述

4.21.1 主要气候特点及重大气候事件

2017 年海南省年平均气温 24.9℃,比常年偏高 0.4℃(图 4.21.1),位居历史第九位高值,1 月气温较常年同期偏高 2.0℃,突破历史同期最高值,9 个市(县)的月平均气温达到或突破当地 1 月历史最高值。年降水量 1930.7 毫米,较常年偏多 7.1%(图 4.21.2),位居历史第二十位高值。年平均日照时数为 1911.8 小时,较常年偏少 160.9 小时,位居历史第七位低值。年内遭受了台风、暴雨、高温、大雾等气象灾害,全年因气象灾害造成 88.4 万人次受灾;农作物受灾面积 1.08 万公顷,绝收面积 0.07 万公顷;直接经济损失 4.0 亿元。总体而言,2017 年的气象灾害偏轻,气候对各行业影响利大于弊,气候年景属较好年景。

4.21.2 主要气象灾害及影响

1. 高温

2017 年海南省出现了多次大范围高温天气过程,年平均高温日数 22 天,较常年偏多 3 天,位居历史第十四位高值,以 6 月上旬至 8 月上中旬最为严重。

5 月 31 日至 6 月 7 日,除三亚、三沙和东方外,其余 16 个市(县)出现了 1～7 天的高温(日最高气温≥35℃)天气过程。2 日文昌最高气温达 37.7℃,突破历史同期(6 月)极值。高温天气对人们生产生活造成一定影响。

7 月 30 日至 8 月 15 日,除三亚、东方、陵水、三沙和五指山外,其余 14 个市(县)出现了 1～17 天的高温(日最高气温≥35℃)天气过程。1 日琼海(38.2℃)和文昌(36.8℃)达到或突破历史同期(8 月)极值,13 日白沙 37.2℃突破历史同期(8 月)极值。高温天气对人们生产生活造成一定影响。

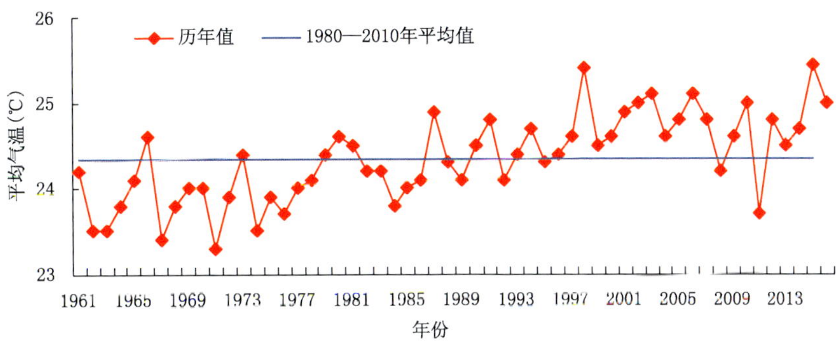

图 4.21.1　1961—2017 年海南省年平均气温

Fig 4.21.1　Annual mean temperature variation in Hainan province during 1961－2017(unit:℃)

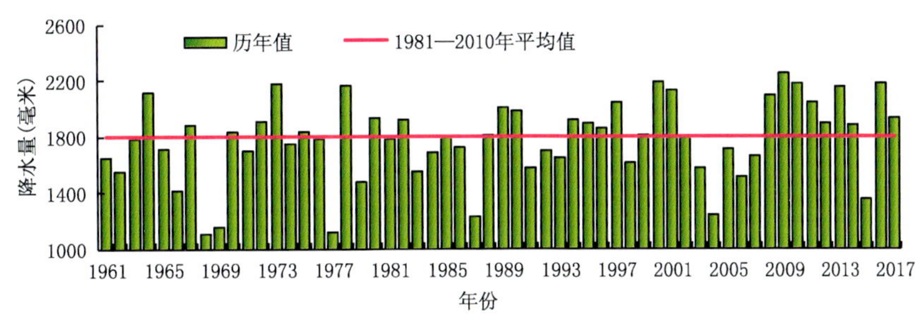

图 4.21.2　1961—2017 年海南省年降水量

Fig 4.21.2　Annual precipitation variation in Hainan province during 1961－2017 (unit:mm)

2. 热带气旋

海南 2017 年先后受 16 个热带气旋影响,比常年偏多 6 个。登陆海南的热带气旋个数为 1 个,较常年偏少 1 个。影响较重的有 9 月强台风"杜苏芮"。年内台风共造成 75.4 万人受灾,紧急转移安置 29.9 万人;农作物受灾面积 1.05 万公顷,绝收面积 0.06 万公顷;直接经济损失 2.24 亿元。

9 月 14 日 05 时台风"杜苏芮"加强为强热带风暴,15 日 04 时加强为强台风,12 时 15 分前后在越南广平省北部沿海登陆,登陆时中心附近最大风力 14 级(45 米/秒)。受其影响,9 月 13 日 08 时至 15 日 08 时,海南共有 115 个乡镇雨量超过 50 毫米, 63 个乡镇雨量超过 100 毫米,4 个乡镇雨量超过 200 毫米(保亭县毛感乡 298.1 毫米、琼海会山镇 247.2 毫米、三亚天涯区 209.1、五指山南圣镇 205.5),最大为保亭毛感乡的 298.1 毫米。另外,海南共有 94 个乡镇出现 8 级以上阵风,35 个乡镇出现 9 级以上阵风,17 个乡镇出现 10 级以上阵风,最大为三亚市天涯区的 13 级(38.0 米/秒)(图 4.21.3);三沙市珊瑚岛和深航岛分别出现 13 级(38.6 米/秒)和 12 级(35.6 米/秒)阵风。"杜苏芮"共造成海南省 16 个市(县)共 81 个乡镇受灾,受灾人口 18.286 万人,转移人口 15.206 万人;农作物受灾面积 6.831 万亩;直接经济损失 1.0273 亿元。

3. 暴雨洪涝

2017 年海南省区域性暴雨过程次数达 17 次,为历史最多的年份,但综合强度总体偏弱。除了 11 月的暴雨洪涝灾害偏重外,其余暴雨过程对海南省无明显影响。

11 月中旬,海口市出现了一次局地性强降水过程。据统计,11 月 14 日 08—20 时,受第 24 号台风"海葵"残余环流和弱冷空气共同影响,海口市大部分地区出现暴雨到大暴雨,4 个乡镇雨量超过 100 毫米,最大累计雨量和最大小时雨量均出现在海口市蓝天街道,分别为 244.8 毫米和 08.7 毫

图 4.21.3　2017 年 9 月 15 日，三亚市市区受台风“杜苏芮”侵袭(海南省气候中心提供)
Fig 4.21.3　Downtown of Sanya City was attacked by Typhoon“Doksuri”on September 15, 2017 (By Hainan Climate Center)

米；另外，琼山气象站测得 3 小时雨量 191.7 毫米，突破该站历史极值。

11 月 20—21 日，万宁、陵水、琼中、保亭和琼海 5 个市(县)共有 22 个乡镇(区)雨量超过 100 毫米；强降雨中心出现在万宁，全市普降暴雨到大暴雨，局地特大暴雨，有 4 个乡镇雨量超过 200 毫米，最大累计雨量和最大小时雨量均出现在万宁市长丰镇，分别为 316.4 毫米和 100.9 毫米。此次强降雨造成万宁市直接经济损失 1.1520 亿元。

4.22　重庆市主要气象灾害概述

4.22.1　主要气候特点及重大气候事件

2017 年，重庆市年平均气温 17.7℃，较常年高 0.2℃(图 4.22.1)；年降水量 1260.6 毫米，较常年多 1 成 (图 4.22.2)。年内暴雨站次略偏多且出现较早，区域暴雨天气过程 13 次，但总体强度较弱；高温开始偏晚、日数偏多，7 月 16 日至 8 月 7 日为历史最强区域高温过程；华西秋雨开始早、结束晚、强度强，初秋 9—10 月雨量为有气象记录以来同期最多值，日照则为同期最少值。

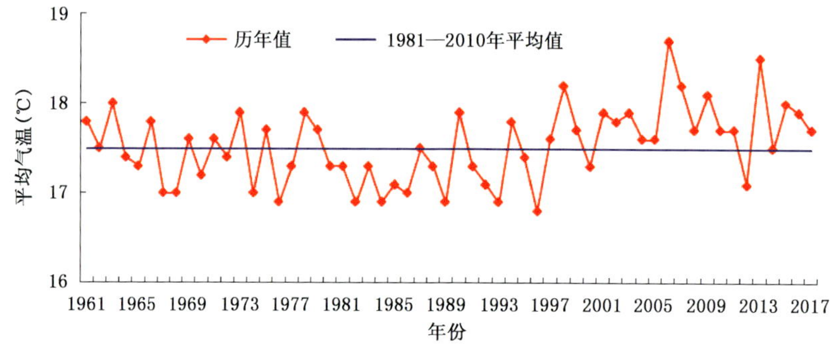

图 4.22.1 1961—2017 年重庆市年平均气温
Fig. 4.22.1　Annual mean temperature variation in Chongqing during 1961—2017(unit:℃)

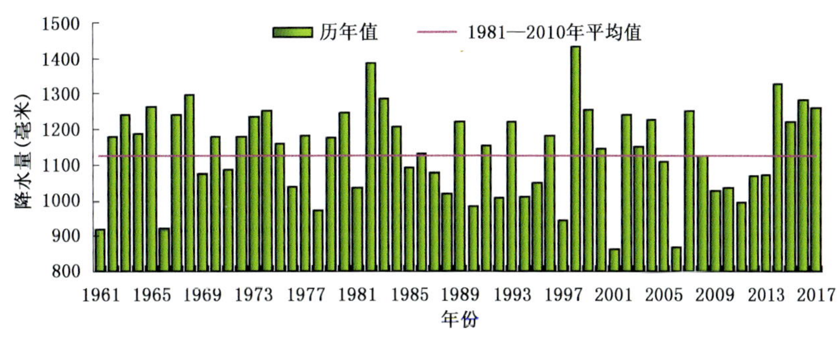

图 4.22.2 1961—2017 年重庆市平均年降水量

Fig. 4.22.2 Annual precipitation variation in Chongqing during 1961—2017(unit:mm)

2017 年重庆市气象灾害主要有暴雨洪涝、干旱、大风冰雹，其中暴雨洪涝最为突出，但总体灾情偏轻，为 2001 年以来第二轻年份。4—10 月强降水、强对流天气频繁，多地发生了暴雨洪涝、大风冰雹灾害；盛夏出现阶段性高温，部分地区出现干旱。全年气象灾害造成 251.0 万人受灾，死亡 47 人，失踪 4 人；农作物受灾面积 12.6 万公顷，绝收面积 0.7 万公顷；直接经济损失 24.1 亿元。

4.22.2 主要气象灾害及影响

1. 暴雨洪涝(滑坡)

2017 年重庆市先后出现了 13 次区域暴雨天气过程，26 个区(县)发生了 96 站次暴雨洪涝灾害，灾害损失占全年气象灾害损失的 8 成以上，但灾情总体偏轻。共造成 164.3 万人受灾，死亡 43 人；农作物受灾面积 3.8 万公顷，绝收面积 0.3 万公顷；房屋损坏 2.4 万间，房屋倒塌 1.0 万间；直接经济损失 20.3 亿元。

图 4.22.3 2017 年 6 月 8 日合川暴雨造成农作物受灾(合川区气象局提供)

Fig. 4.22.3 The damaged crops by rainstorm in Hechuan County on June 8,2017

(By Hechuan Meteorological Service)

6月8日夜间至10日白天，重庆市出现了年内最强的一次区域暴雨天气过程，城口、巫溪、万盛、北碚、璧山、綦江等6个区(县)达暴雨，永川、江津、巴南、合川等4个区(县)达大暴雨，最大雨量226.0毫米(合川的保合)(图4.22.3)。

2. 干旱

2017年盛夏，重庆市出现阶段性高温少雨天气，部分地区出现干旱。灾害造成64.7万人受灾，13.1万人饮水困难；农作物受灾面积8.0万公顷，绝收面积0.3万公顷；直接经济损失2.6亿元。

3. 局地强对流

2017年4月中旬至8月初，重庆市出现了大风冰雹20站次，造成垫江、奉节、荣昌、沙坪坝、万州、巫山、永川、渝北、忠县等地受灾(图4.22.4)，受灾人口22.0万人，死亡4人；农作物受灾面积0.8万公顷，绝收面积0.1万公顷；房屋损坏0.5万间；直接经济损失1.3亿元。

图4.22.4　2017年4月16日奉节县出现大风(奉节县气象局提供)

Fig. 4.22.4　Strong wind happened in Fengjie County on April 16,2017 (By Fengjie Meteorological Service)

4.23　四川省主要气象灾害概述

4.23.1　主要气候特点及重大气候事件

2017年四川省年平均气温15.6℃，较常年偏高0.7℃，排历史第五高位(图4.23.1)；年降水量947.5毫米，较常年偏少9.3毫米，偏少1%(图4.23.2)。冬季、夏季和秋季平均气温明显偏高1.4℃、0.9℃和0.7℃，分别位列历史同期第一、第四和第七高位，春季与常年同期持平。春季降水量偏多11%，冬季和夏季分别偏少7%和5%，秋季接近常年。2017年，四川省区域性暴雨次数少，仅2次区域性暴雨过程，暴雨灾害总体偏轻，但局地引发的山洪地质灾害损失重；气象干旱总体不明显，春旱弱于常年，夏旱较重，伏旱偏轻；大风冰雹天气较常年偏少偏轻，局地灾情较重；低温冷冻害和雪灾较常年偏轻。2017年，气象灾害共造成四川省393.1万人次不同程度受灾，死亡143人，失踪12人；农作物受灾面积近21.4万公顷，绝收面积3.2万公顷；直接经济损失69.6亿元。总体而言，2017年四川省气候年景为偏好年份。

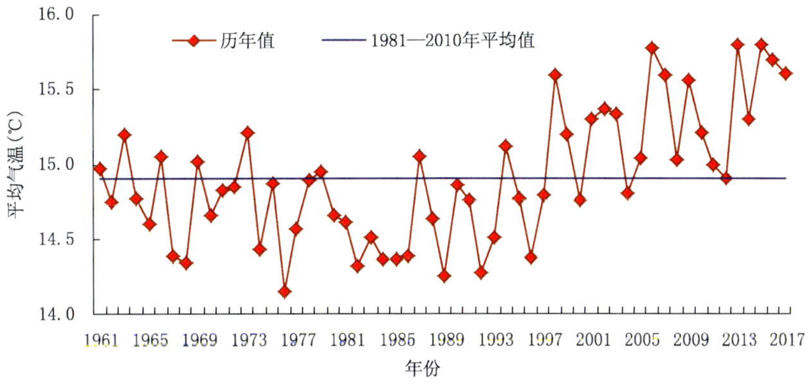

图 4.23.1　1961—2017 年四川省年平均气温

Fig 4.23.1　Annual mean temperature variation in Sichuan province during 1961—2017(unit:℃)

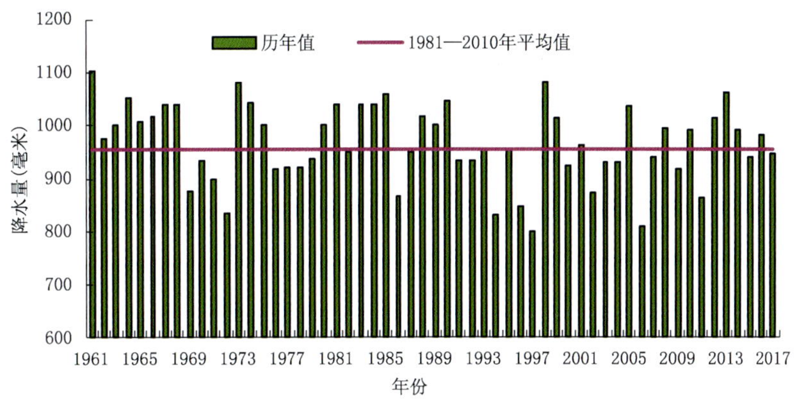

图 4.23.2　1961—2017 年四川省年降水量

Fig 4.23.2　Annual precipitation variation in Sichuan province during 1961—2017(unit:mm)

4.23.2　主要气象灾害及影响

1. 暴雨洪涝

2017 年四川省暴雨偏少偏弱，多局地分散性暴雨，全年只发生了 2 次区域性暴雨，属暴雨总体偏轻年。年内因暴雨洪涝灾害造成 335.2 万人受灾，死亡 141 人；农作物受灾面积 14.3 万公顷，绝收面积 2.4 万公顷；倒塌房屋 0.4 万间，损坏房屋 4.6 万间；直接经济损失 62.6 亿元。

6 月 24 日，阿坝州茂县叠溪镇新磨村因持续降水天气引发特大山体滑坡灾害，造成 10 人死亡，73 人失联，紧急转移安置 405 人；倒塌房屋 318 间。

7—8 月，四川省共发生"7・4"和"8・7"两场区域性暴雨(图 4.23.3)，造成 70.7 万人受灾，26 人死亡，5 人失踪，3000 余人紧急转移安置，5200 余人需紧急生活救助；700 余间房屋倒塌，6800 余间不同程度损坏；农作物受灾面积 3.0 万公顷，绝收面积 3400 多公顷，直接经济损失 7.8 亿元。8 月 8 日，凉山州普格县养窝镇耿底村突发强降雨，引发山洪泥石流灾害，造成普格县 577 人不同程度受灾，25 人死亡，5 人受伤；直接经济损失 1.6 亿余元。

2. 干旱

2017 年四川省气象干旱总体不明显。春旱弱于常年，夏旱较重，伏旱偏轻。四川省干旱灾害造成 42.8 万人受灾，5.8 万人饮水困难；农作物受灾面积 3.5 万公顷，绝收面积 0.6 万公顷；直接经济损失 4.6 亿元。

德阳市中江县出现夏秋旱，农作物受灾面积 5801 公顷，绝收面积 402.1 公顷；直接经济损失

图 4.23.3　2017 年 7 月 5 日四川绵阳市遭特大暴雨袭击致道路积水(绵阳市气象局提供)
Fig4.23.3　The street of Mianyang City were flooded during the heavy rainstorm on July 5, 2017
(By Mianyang Meteorological Service)

2625.8 万元。

3. 局地强对流

2017 年四川省大风冰雹天气较常年偏少偏轻,局地灾情较重。灾害共造成 11.2 万人次受灾,死亡 2 人;损坏房屋 0.1 万间;农作物受灾面积 1.2 万公顷,绝收面积 0.2 万公顷;直接经济损失 1.9 亿元。

5 月 17—18 日,阿坝藏族羌族自治州马尔康市、茂县、金川县等 6 个县(市)遭受短时强降雨、大风、冰雹强对流天气袭击,导致近 9400 人受灾;农作物受灾面积 500 余公顷,绝收面积近 100 公顷;直接经济损失 1000 余万元。

4. 低温冷冻害和雪灾

2017 年四川省低温冷冻害和雪灾造成 3.9 万人次受灾;农作物受灾面积 2.4 万公顷,绝收面积 0.1 万公顷;直接经济损失 0.5 亿元。

2 月 20 日至 3 月 9 日,受强寒潮天气过程影响,甘孜州德格、色达等县持续降雪。灾害造成 1.1 万人受灾,各类牲畜死亡 2552 头,经济损失 1618.2 万元。

4.24　贵州省主要气象灾害概述

4.24.1　主要气候特点及重大气候事件

2017 年,贵州省年平均温度 16.2℃,较常年偏高 0.7℃(图 4.24.1);年降水量 1216.6 毫米,较常年正常略多 3.2%(图 4.24.2);年平均日照时数为 149.1 小时,较常年同期正常略少 8.2%。2017 年,贵州各地遭受了暴雨洪涝、高温干旱、大风冰雹、雷电、大雾、凝冻等灾害影响。2017 年贵州省有 85 个县(市、区)1212 个乡(镇)531.4 万人次受灾,因灾死亡 56 人,失踪 12 人,紧急转移安置约 14.0 万人次;农作物受灾面积 26.7 万公顷,绝收面积 4.1 万公顷;倒塌民房 0.2 万户 0.7 万间,损坏民房 2.8 万户 5.6 万间;直接经济损失 57.6 亿元,农业损失 23.2 亿元,工矿企业损失 1.8 亿元,基础设施损失 24.8 亿元,公益设施损失 3.6 亿元。2017 年全年农业气象条件属于较好年景。

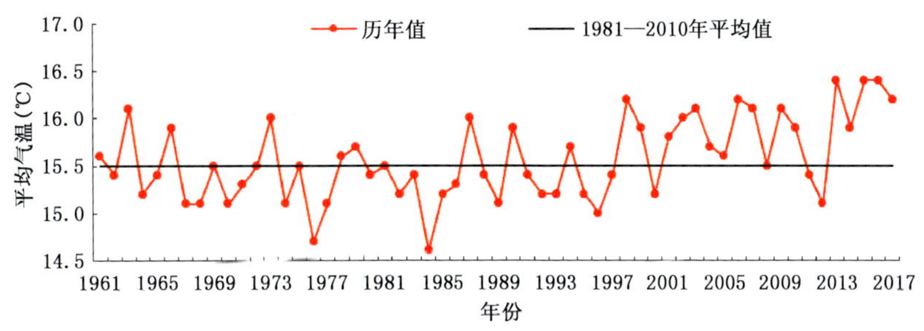

图 4.24.1 1961—2017 年贵州省年平均气温

Fig. 4.24.1 Annual mean temperature variation in Guizhou Province during 1961—2017(unit:℃)

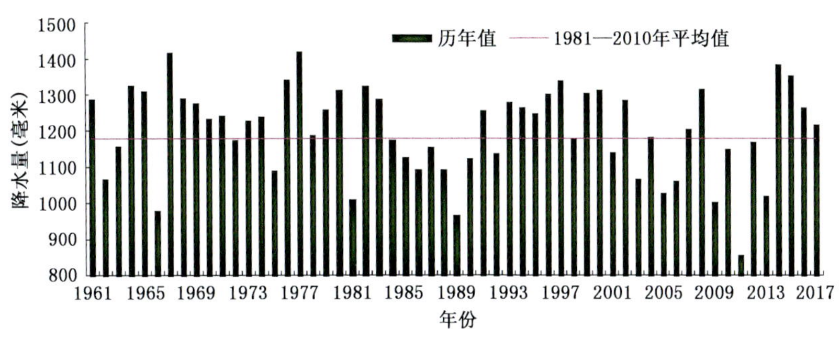

图 4.24.2 1961—2017 年贵州省年降水量

Fig. 4.24.2 Annual precipitation variation in Guizhou Province during 1961—2017(unit:mm)

4.24.2 主要气象灾害及影响

1. 干旱

2017 年贵州有 21 个县(市、区)244 个乡(镇)96.9 万人次受灾,需紧急生活救助人口 0.1 万人次;农作物受灾面积 5.7 万公顷,绝收面积 0.9 万公顷;直接经济损失 3.7 亿元,其中主要是农业损失。2017 年 7 月,贵州省铜仁市、黔东南州和遵义市出现不同程度的干旱,共造成经济损失 5504.7 万元。7 月中下旬,铜仁市思南县出现持续晴热天气、气温偏高,干旱较严重,灾害造成 5.0 万人受灾,因旱需生活救助人口 1.8 万人,饮水困难需救助人口 1.0 万人;农作物受灾 9523.0 公顷,成灾面积 4546.0 公顷,绝收面积 933.0 公顷,直接经济损失 2687.4 万元。

2. 暴雨洪涝

2017 年汛期共出现 13 次区域性暴雨过程,贵州省出现暴雨以上降水(国家基本站)311 站次,有 83 个县城出现暴雨天气(仅普安、七星关未出现),26 县城暴雨日数达 5 日以上,清镇市出现的暴雨日数达 7 次。贵州省有 32 个乡镇出现特大暴雨,42 县城(次)1216 乡镇出现大暴雨,269 县城(次)7358 乡镇出现暴雨。强降雨天气过程影响范围最广为 41 站(次),单日影响范围最广为 6 月 30 日的 21 县城。县城降雨量最大为 6 月 24 日碧江的 160.8 毫米,乡镇降雨量最大为 9 月 1 日正安县班竹的 271.6 毫米。8 月 13 日 12 时许,因持续性强降雨,从江县翠里乡污挖村发生突发性自然滑坡灾害,造成 6 栋房屋垮塌,2 人死亡,1 人受伤(图 4.24.3)。8 月 28 日,贵州纳雍县张家湾镇普洒社区发生特大型山体崩塌灾害,造成 35 人死亡(失踪)。

2017 年贵州省因暴雨洪涝造成 365.7 万人受灾,因灾死亡 54 人,失踪 12 人,紧急转移安置 12.3636 万人;农作物受灾面积 16.4 万公顷,成灾面积 9.1 万公顷,绝收面积 2.5 万公顷;房屋倒塌 0.3 万间,房屋损坏 4.5 万间;直接经济损失 48.6 亿元。

图 4.24.3　2017 年 6 月 10 日贵州省丹寨县遭受暴雨洪涝(丹寨县气象局提供)
Fig. 4.24.3　The flood due to rainstorm in Danzhai County on June 10, 2017 (By Danzhai Meteorological Service)

3. 局地强对流

2017 年贵州省 2—9 月均有风雹出现,有 348 个乡镇因风雹灾害造成损失。贵州省共有 68.1 万人受灾,因灾死亡 2 人,紧急转移安置 0.2 万人;农作物受灾面积 3.6 万公顷,成灾面积 2.1 万公顷,绝收面积 0.7 万公顷;房屋损坏 1.3 万间;直接经济损失约 5.1 亿元。

2017 年 4 月 5 日 18 时至 6 日 8 时,受南支槽及低层切变共同影响,贵州省中西部地区出现雷雨、大风、冰雹等强对流天气,贵阳市城区、白云区牛场、花溪区三江、乌当区百花和水田、清镇市、修文县城区等地出现冰雹。此次强对流天气导致贵阳市南明、乌当、白云、清镇共 4 个区(市)不同程度遭受风雹灾害(图 2.24.4)。共 4.0 万人受灾,南明区因灾死亡 1 人;农作物受灾面积 1884.0 公顷,成灾面积 1681.0 公顷,绝收面积 18.0 公顷;因灾严重损坏民房 3 间,一般损坏民房 59 间;直接经济损失 1781.0 万元,其中农业经济损失 1653.0 万元。

2017 年 2 月 22 日凌晨 2 时,江口县茶溪村梨子园片区遭受雷击,损坏房屋 2 间,直接经济损失 5.0 万元。

图 4.24.4　2017 年 4 月 5 日贵州省贵阳市遭受冰雹灾害(贵州省气象局提供)
Fig. 4.24.4　Hail disaster in Guiyang City on April 5, 2017 (By Guizhoun Meteorological Bureau)

4. 台风

2017 年受台风影响,贵州省 33 个乡镇 0.6 万人受灾,农作物受灾面积 0.1 万公顷,直接经济损失 0.1 亿元。

4.25 云南省主要气象灾害概述

4.25.1 主要气候特点及重大气候事件

2017年云南省大部地区降水偏多、气温偏高、日照偏少。年平均气温较常年偏高0.5℃，比2016年偏低0.1℃(图4.25.1)，为1961年以来第八高年份，2016/2017年冬季为1961年以来第三暖冬年，春季平均气温较常年偏低0.3℃。年平均降水量较常年偏多6.2%(图4.25.2)，是2009年以来降水第二多年份，夏季降水为1999年以来同期最多值。年平均日照时数较常年偏少90.6小时，春季、夏季日照时数偏少，春季日照时数为1961年以来第五少值。

年内暴雨洪涝及地质灾害频发，大风、冰雹、雷电灾害点多面广，连续2个台风引发的灾害损失较重，低温冻害及雪灾、阶段性干旱、森林火灾及生物病虫害偏轻。

2017年，灾害共造成626.2万人受灾，死亡90人，失踪20人；房屋受损4.2万间，房屋倒塌0.5万间；农作物受灾面积40.7万公顷，绝收面积5万公顷；直接经济损失72.3亿元。总体上，2017年气象灾害造成的直接经济损失为近10年来的最低值，死亡、失踪人口为近10年来的第三少年份。气候年景属于中等偏上。

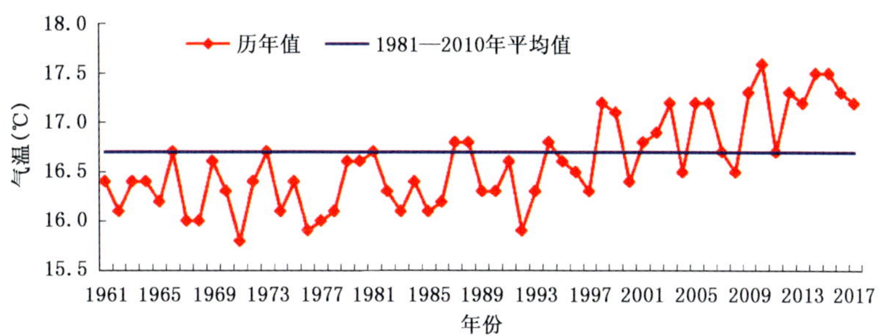

图4.25.1 1961—2017年云南省年平均气温

Fig. 4.25.1 Annual mean temperature variation in Yunnan Province during 1961—2017(unit:℃)

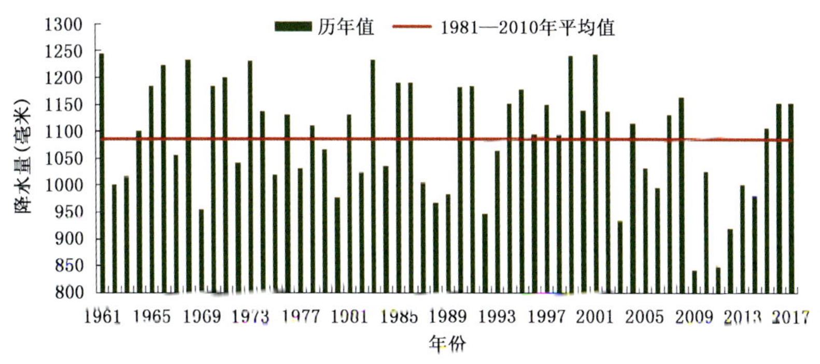

图4.25.2 1961—2017年云南省平均年降水量

Fig. 4.25.2 Annual precipitation variation in Yunnan Province during 1961—2017(unit:mm)

4.25.2 主要气象灾害及影响

1. 低温冷冻害和雪灾

2月下旬至4月，云南省出现6次阶段性低温天气，造成云南西北部、云南中部及以东发生低温冷害，其中大关县、罗平县、会泽县受灾较重。迪庆、丽江、昆明北部等州(市)发生雪灾。5月上中旬，迪庆州、丽江市发生低温冷害。12月下旬，初玉溪、红河、西双版纳、保山等州(市)发生霜冻灾害。

灾害造成33.3万人次受灾；农作物受灾面积1.3万公顷，绝收面积0.1万公顷；直接经济损失1.9亿元。灾害损失在近10年中属偏轻年份。

2. 干旱

春末夏初云南中部以东地区发生干旱。5月至6月上旬，云南省平均降水量较常年同期偏少50.2%，为1961年以来第三少年份。监测显示，6月10日有83站出现气象干旱，特旱10站、重旱13站。曲靖、红河、丽江、昆明等州(市)旱情较为严重，农作物生长受到不利影响。

干旱造成101.8万人受灾，14.0万人、2.6万头大牲畜饮水困难；农作物受灾面积10.2万公顷，绝收面积0.5万公顷；直接经济损失4.5亿元。干旱造成的损失在近10年中属第三轻年份。

冬季、春季云南西北部、云南中部及以东地区多阵性大风，阶段性少雨天气使得部分地区森林火险气象等级偏高，玉龙县、宁蒗县、安宁市、嵩明县等地发生森林火灾。森林防火期内共发现卫星热点数369个，发生火灾次数49起，受害森林面积395.1公顷，均较2016年大幅下降。

3. 暴雨洪涝和滑坡、泥石流

2月下旬至5月上旬，怒江州北部降水偏多，局地发生崩塌、滑坡、泥石流灾害。6月中旬云南中部及以东地区旱涝急转，6月中旬至9月，云南省降水量偏多，尤其是中东部地区强降雨和单点性暴雨天气明显，局地洪涝灾害频发。6月中旬至7月中旬出现阴雨寡照天气，持续降雨及强降雨造成云南中部及以东以北、云南西部边缘、云南南部等地洪涝灾害频发，昭通、曲靖、昆明北部、丽江、文山、红河等州(市)受灾较重。入汛后云南西北部、云南中部及以东以南的局部地区发生地质灾害，其中7月至9月中旬初，灾害造成红河、昭通、怒江等州(市)人员伤亡。

7月5日，贡山县发生泥石流灾害(图4.25.3)，造成道路、电力中断，腊咱河两旁村民受灾，1人失踪，2人受轻伤。

7月19—21日，金平县普降大到暴雨，勐桥乡降雨176.6毫米，泥石流灾害造成5人死亡。

洪涝和地质灾害造成333万人受灾，68人死亡；房屋受损3.4万间，房屋倒塌0.4万间；农作物受灾面积18.6万公顷，绝收面积2.3万公顷；直接经济损失42.1亿元，略高于近10年平均值。

图4.25.3　贡山县7月5日泥石流灾害(贡山县气象局提供)

Fig. 4.25.3　The mud slides in Gongshan County on July 5, 2017 (By Gongshan Meteorological Service)

4. 局地强对流

春季强对流天气频繁，夏季冰雹、大风灾害多。2—3 月，冰雹、大风灾害集中发生在云南南部等地；4 月，冰雹、大风灾害主要发生在云南中部及以西以北地区；5—6 月，冰雹、大风灾害主要出现在云南西南部、云南中部及以东地区；7—8 月，冰雹、大风灾害点多面广，造成云南西部、云南中部及以东地区受灾较重。

雷电灾害初发期偏晚，造成的灾害偏轻，人员伤亡为近 10 年最少值。4—9 月，曲靖、红河、昆明、大理、西双版纳等州(市)发生雷电灾害。

灾害共造成 16 个州(市)83.4 万人次受灾，死亡 5 人(雷电灾害)；房屋受损 0.8 万间；农作物受灾面积 6.5 万公顷，绝收面积 1.3 万公顷；直接经济损失 9.6 亿元。灾害造成的经济损失属近 10 年来的次轻值。

5. 热带气旋

8 月下旬 2 个台风登陆后减弱的低压先后影响云南，并造成人员伤亡。8 月 23—25 日，28—29 日，受台风“天鸽”“帕卡”登陆后的低压西行影响，云南中东部、西南部地区出现强降水及强对流天气，引发洪涝、地质灾害，以及冰雹、大风和雷电灾害，昭通、文山、红河、普洱、玉溪等州(市)受灾较重。“天鸽”台风的影响重于“帕卡”台风。

灾害造成 74.7 万人次受灾，18 人死亡，9 人失踪，紧急转移安置 1.4 万人次；农作物受灾面积 4.1 万公顷，绝收面积 0.8 万公顷；房屋倒塌 0.1 万间；直接经济损失 14.4 亿元。灾害造成的损失仅次于 2014 年。

8 月 24 日 16 时 46 分至 25 日 4 时 46 分，盐津县出现大暴雨 3 站(流场 153.9 毫米、庙坝 114.6 毫米、麻柳 133.4 毫米)、暴雨 11 站，大雨 12 站，并伴有大风，引发洪涝、泥石流灾害(图 4.25.4)，造成 10 个乡镇 1.8 万人受灾，死亡 2 人，失踪 4 人，紧急转移安置 9079 人；直接经济损失 2.0 亿元。8 月 23 日 14 时至 26 日 8 时，金平县降大到暴雨，局地大暴雨，造成 1.1 万人受灾，死亡 3 人，失踪 4 人，紧急转移安置 840 人；直接经济损失 0.6 亿元。

图 4.25.4　台风“天鸽”导致盐津县洪涝灾害(盐津县气象局提供)

Fig. 4.25.4　The flooded Yanjin County by Typhoon “Hato” (By Yanjin Meteorological Service)

4.26 西藏自治区主要气象灾害概述

4.26.1 主要气候特点及重大气候事件

2017年，西藏年平均气温5.7℃，较常年偏高0.9℃（图4.26.1），位居1981年以来并列第三位；年降水量492.4毫米（图4.26.2），较常年偏多32.2毫米。冬季出现区域性暖冬，秋季气温偏高。春季降水东部少，西部多；夏季降水总体偏多，雨季开始期提前，盛夏主要农区出现晴热少雨时段；秋、冬两季降水偏少。年内多地气温突破历史极值，拉萨、那曲、昌都等34站次月平均气温创历史同期新高或持平；那曲、昌都等11个站点年平均气温创历史最高值或持平。年内极端降水事件较为频繁，拉孜、那曲等9个站点月降水量创历史同期新高。不同区域出现了干旱、洪涝、冰雹、雷电、泥石流等气象灾害以及次生灾害。

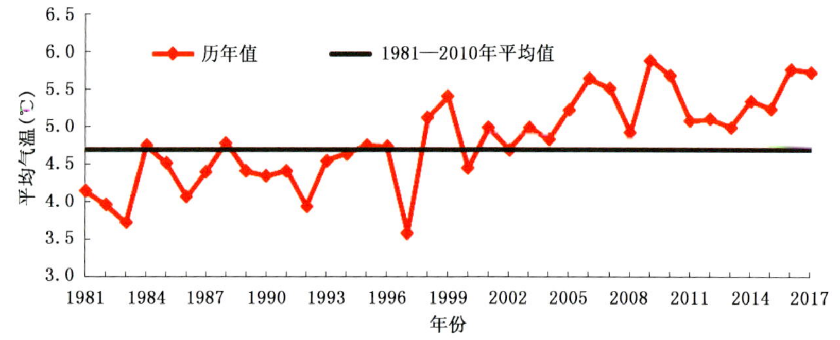

图4.26.1 1981—2017年西藏自治区年平均气温

Fig. 4.26.1 Annual mean temperature variation in Tibet during 1961—2017 (unit:℃)

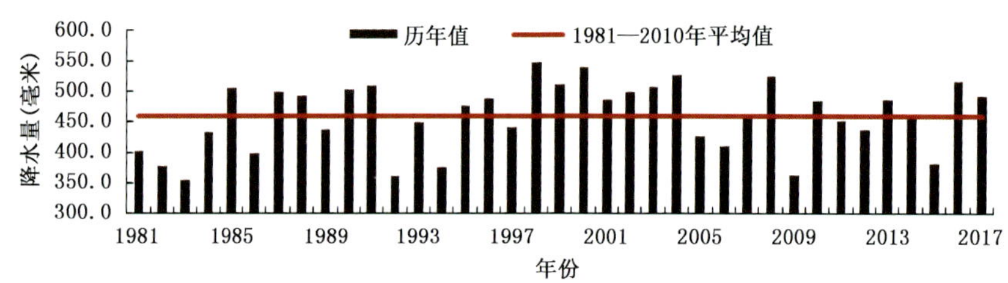

图4.26.2 1981—2017年西藏自治区年降水量

Fig. 4.26.2 Annual precipitation variation in Tibet during 1981—2017 (unit:mm)

2017年西藏气象灾害以及气象因素引发的次生灾害共造成27.7万人受灾，因灾死亡9人，紧急转移安置1.6万人；农作物受灾面积1.3万公顷，绝收面积0.3万公顷；倒塌房屋0.1万间，损坏房屋0.2万间；牲畜死亡8.1万头（只、匹）；直接经济损失15.5亿元。

4.26.2 主要气象灾害及影响

1. 低温冷冻害和雪灾

2017年雪灾造成4.4万人受灾；农作物受灾面积15.6公顷；倒塌房屋21间，损坏房屋20间；直接经济损失0.4亿元。

2. 暴雨洪涝

2017年暴雨洪涝造成21.7万人受灾，死亡6人；农作物受灾面积10567公顷，绝收面积2167公顷；倒塌房屋2238间，损坏房屋11105间；直接经济损失14.8亿元（图4.26.3）。

图 4.26.3 2017 年 7 月 8 日，江达县遭遇持续降雨，造成居民楼倒塌(昌都市气象局提供)
Fig. 4.26.3 Jiangda County suffered from sustained rainfall on July 8, 2017, resulting in the collapse of residential buildings(By Changdu Meteorological Service)

3. 局地强对流

2017 年大风、冰雹、雷电共造成 1.6 万人受灾，死亡 3 人；农作物受灾面积 2221 公顷，绝收面积 301 公顷；倒塌房屋 113 间，损坏房屋 291 间；直接经济损失 0.4 亿元。2017 年 7 月 3 日，山南市琼结县出现雷雨天气，雷击导致 55 只羊死亡，此次受灾 23 户，直接经济损失 4 万多元。

4. 干旱

2017 年干旱造成 168 人受灾；农作物受灾面积 18.6 公顷，绝收面积 18.6 公顷；直接经济损失 17.9 万元。

4.27 陕西省主要气象灾害概述

4.27.1 主要气候特点及重大气候事件

2017 年陕西省年平均气温 13.0℃，较常年偏高 0.9℃，是 1961 年以来历史第四高值年份(图 4.27.1)。2016/2017 年冬季平均气温 1.86℃，为 1961 年以来历史同期最高值，夏季气温为历史同期第四高值。年平均降水量 751.7 毫米，较常年偏多 19%，为 2000 年以来历史第三多年份(图 4.27.2)。秋季降水偏多 50%，为 2000 年以来历史同期第四多值。

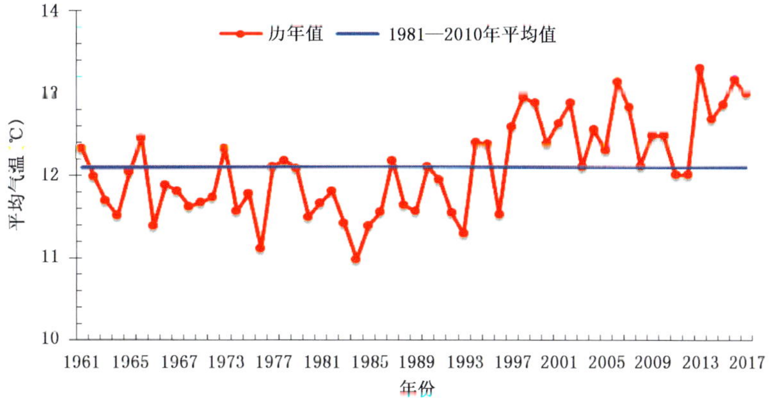

图 4.27.1 1961—2017 年陕西省年平均气温
Fig. 4.27.1 Annual mean temperature variation in Shaanxi Province during 1961—2017(unit:℃)

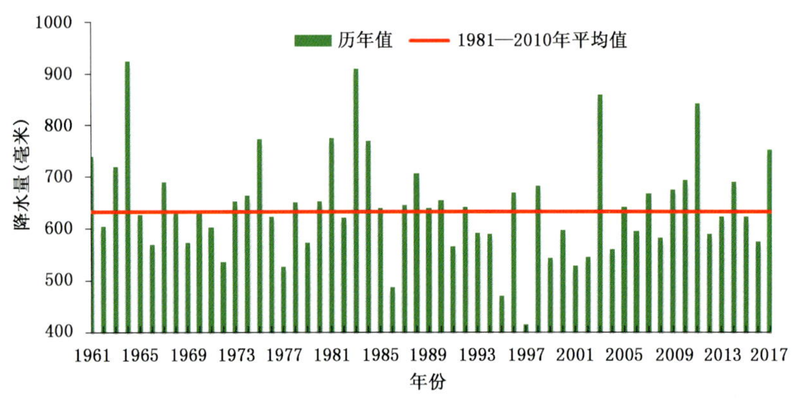

图 4.27.2　1961—2017 年陕西省年降水量

Fig. 4.27.2　Annual precipitation variation in Shaanxi Province during 1961—2017(unit:mm)

2017 年主要气象灾害事件有 2016/2017 年冬季持续大范围的雾、霾；夏季极端强暴雨天气多；高温范围广、强度大、持续时间长；关中、陕南伏旱明显；秋季华西秋雨开始早，持续时间长，降水量大、强度强。

2017 年陕西省各种气象灾害造成 687.3 万人次受灾，66 人因灾死亡，3 人失踪，紧急转移安置群众 32.35 万人次；农作物受灾面积 65.1 万公顷，绝收面积 9.3 万公顷；倒塌和严重损坏房屋 2.45 万间，一般损坏房屋 4.03 万间；直接经济损失 162.87 亿元。总体评价，气象灾害属于一般年景。

4.27.2　主要气象灾害及影响

1. 暴雨

2017 年陕西省共出现 133 站次暴雨，较常年同期(105 站次)偏多 28 站次。6 月 4 日、7 月 6 日、7 月 26—28 日、8 月 7 日、8 月 22 日、9 月 9 日、9 月 26—27 日、10 月 3 日、10 月 9 日先后 9 次出现区域性大范围暴雨。7 月 25—27 日陕北发生特大暴雨天气过程，呈现历时短、雨量大、极端性强等特征，综合强度为陕北 1961 年以来最强的暴雨天气。强降水造成无定河、大理河发生超警戒水位，子洲、绥德县城大范围积水。此次暴雨灾害造成 40.55 万人受灾，因灾死亡 12 人，失踪 1 人；农作物受灾面积 5.4 万公顷；倒塌及受损房屋 30512 间；直接经济损失 47.33 亿元。

2017 年暴雨洪涝共造成 160.7 万人受灾，因灾死亡 60 人，紧急转移安置 18.2 万人；因灾倒塌和严重损坏损房屋 2.37 万间；直接经济损失 128.37 亿元。

2. 干旱

2017 年盛夏关中、陕南出现伏旱，对农业生产和群众生活用水造成不利影响。特别是 7 月上中旬，关中大部和延安南部出现中到重度气象干旱。干旱造成陕西省 10 市 63 个县(市、区)629 个乡镇(街办)发生旱灾，403.52 万人受灾，15.1 万人饮水困难；农作物受灾面积 43.4 万公顷，绝收面积 6.4 万公顷；直接经济损失 19.53 亿元(图 4.27.3)。

3. 局地强对流

风雹灾害共造成 10 市 72 个县(市、区)415 个乡镇(街办)117.39 万人次受灾，6 人死亡，2683 人需紧急转移安置和生活救助；农作物受灾面积 12.8 万公顷，绝收面积 1.2 万公顷；600 多只羊死亡，4000 间房屋倒塌和严重受损；直接经济损失 14.42 亿元。

4. 夏季高温

2017 年陕西省发生 7 次大范围区域性高温天气(图 4.27.3)，共出现 2071 站次 35℃以上的高温天气，较常年同期偏多 1220 站次，为 1961 年以来仅次于 1997 年(2368 站次)的第二高值年。旬

图 4.27.3 2017 年 7 月 17 日咸阳市礼泉苹果灼伤(左)及落果(右)(陕西省遥感与经济作物中心提供)
Fig. 4.27.3 Dropped (right) and burnt left apples in Xianyang City on 17 July, 2017
(By Remote Sensing and Economic Crops Center of Shaanxi Province)

阳 7 月 27 日的日最高气温 44.7℃,不仅突破该站建站以来的日最高气温极值,同时也突破了陕西省日最高气温极值。

5. 华西秋雨

2017 年陕西秋雨量偏多,持续时间长,为显著偏强年。华西秋雨区秋雨于 8 月 25 日开始,10 月 17 日结束。9 月 23—27 日、9 月 30 日至 10 月 4 日关中、陕南持续性降雨中多暴雨,持续性降雨导致部分地区遭受洪涝、滑坡、塌方等灾害。2 次过程共造成 45.1 万人受灾,11 人死亡,3 人失踪,直接经济损失 20.8 亿元。

4.28 甘肃省主要气象灾害概述

4.28.1 主要气候特点及重大气候事件

2017 年,甘肃省年平均气温 9.0℃,比常年偏高 0.9℃(图 4.28.1)。月平均气温与常年同期相比,3 月、8 月、10 月正常,其余各月偏高,1 月、2 月和 9 月分别偏高 2.4℃、2.6℃和 1.7℃。年平均降水量 451.6 毫米,比常年偏多 12%(图 4.28.2)。月平均降水量与常年同期相比,4 月、5 月、6 月接近常年,7 月、9 月和冬季 3 个月偏少,其他各月偏多。

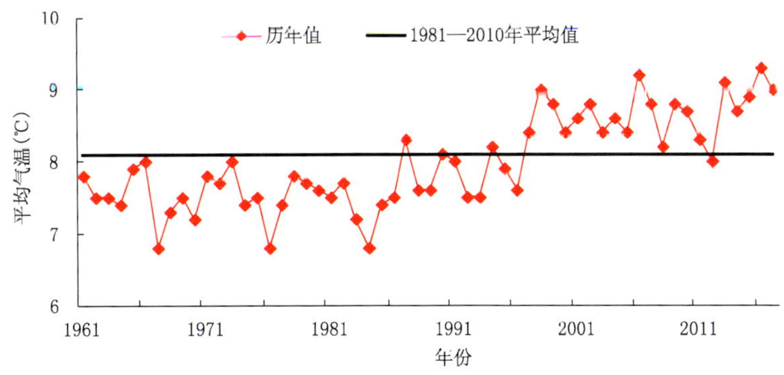

图 4.28.1 1961—2017 年甘肃省年平均气温
Fig. 4.28.1 Annual mean temperature variation in Gansu Province during 1961—2017(unit:℃)

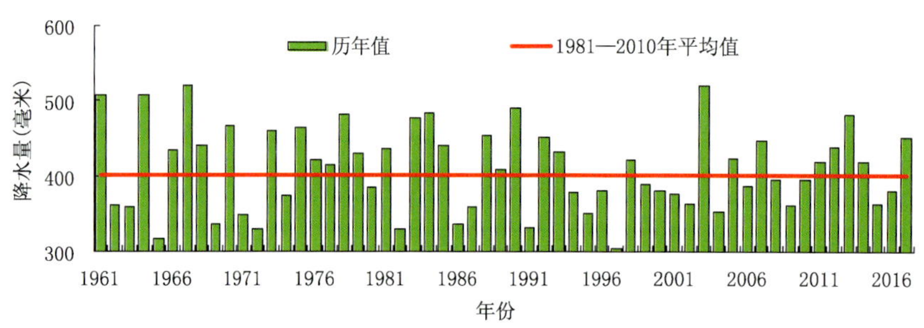

图 4.28.2　1961—2017 年甘肃省年降水量

Fig. 4.28.2　Annual precipitation variation in Gansu Province during 1961－2017(unit:mm)

主要灾害性天气气候事件有暴雨洪涝、区域性伏旱、低温冷冻和局地强对流。2017 年因气象灾害共造成 660.8 万人(次)受灾,死亡 20 人,失踪 2 人,受伤 7 人,转移安置 1.1 万人,9.1 万人(次)出现饮水困难;农作物受灾面积 77.3 万公顷,成灾面积 31.1 万公顷,绝收面积 6.6 万公顷;损坏房屋 5.0 万间,倒塌房屋 0.3 万间;直接经济损失 86.3 亿元。总体评估,2017 年属于气候条件较好的年景。

4.28.2　主要气象灾害及影响

1. 干旱

2017 年因干旱造成 388.2 万人受灾,1.9 万人出现饮水困难;农作物受灾面积 52.7 万公顷,绝收面积 4.2 万公顷;直接经济损失 20.5 亿元。甘肃省中东部出现大范围伏旱,局地旱灾较重。

2. 暴雨洪涝

2017 年因暴雨洪涝灾害造成 111.7 万人受灾,死亡 16 人,失踪 2 人,受伤 6 人,转移安置 1.1 万人,5.8 万人出现饮水困难;农作物受灾面积 8.3 万公顷,绝收面积 1.1 万公顷;损坏房屋 4.9 万间,倒塌房屋 0.3 万间;直接经济损失 52.5 亿元。

8 月 5 日 08 时至 8 日 08 时,甘肃省张掖以东大部分地区出现明显降水,强降水主要集中在 6 日至 7 日上午,甘南、临夏、定西、陇南、天水、平凉、庆阳等市(州)部分地区出现暴雨,陇南市部分地方及天水市秦州区、麦积区、秦安县等地出现大暴雨。甘肃省共计 2028 个测站(1116 个乡镇)出现降水,112 个测站累计降水量超过 100 毫米,较大降水量出现在陇南市礼县万家村(225.6 毫米)、石嘴村(182.1 毫米)、小林村(182 毫米)、中坝(179.9 毫米),陇南市成县黄渚(192.2 毫米)。共计 200 余站出现短时强降水,最大小时降水量出现在陇南市武都区五凤山(68.8 毫米)。此次强降水过程导致兰州、甘南、临夏、定西、陇南、天水、平凉、庆阳等地因暴雨洪涝出现房屋倒塌、道路冲毁、农作物受灾等不同程度的灾情,死亡 8 人,失踪 1 人,受伤 4 人,紧急转移安置 2172 人;直接经济损失 23.9 亿元。

3. 大风、冰雹、雷电

2017 年因大风、冰雹、雷电等强对流天气共造成 134.3 万人受灾,死亡 4 人,受伤 1 人,农作物受灾面积 14.5 万公顷,绝收面积 1.3 万公顷;损坏房屋 0.1 万间,倒塌房屋 30 间;直接经济损失 11.1 亿元。

6 月 27—29 日,甘肃省定西市临洮县出现多次雷雨天气过程,局地出现短时强降水,并伴有雷暴、冰雹、阵性大风等。先后有 11 个乡镇遭受风雹灾害侵袭。6 月 28 日下午的冰雹灾情最为严重(图 4.28.3),临洮县康家集乡风雹持续 8～25 分钟,直径约 2～10 毫米。造成 11 个乡镇 39 个村,5199 户 21572 人受灾;直接经济损失 3271.77 万元,农业经济损失 3241.57 万元,基础设施损失 29.4 万元,家庭财产损失 0.8 万元。

图 4.28.3　2017 年 6 月 28 日定西市临洮县冰雹灾情(临洮县气象局提供)
Fig. 4.28.3　Hail disaster in Lintao County on June 28, 2017 (By Lintao Meteorological Service)

4. 低温冷冻害和雪灾

2017 年因低温冷冻害和雪灾造成 26.6 万人受灾;农作物受灾面积 1.9 万公顷,绝收面积 0.02 万公顷;直接经济损失 2.3 亿元。

3 月 10 日 08 时至 14 日 08 时,甘肃省乌鞘岭以东出现持续性雨雪天气,12 日,兰州、临夏、定西、平凉、庆阳、陇南等市(州)部分地区大到暴雪。4 天累计降水量超过 35 毫米的有平凉市华亭县(43.5 毫米),天水市甘谷县(40 毫米)、麦积区(38.2 毫米),平凉市崆峒区(36.9 毫米)、灵台县(36 毫米)。兰州、临夏、甘南、定西、天水、平凉等市(州)及陇南市北部出现 1～15 厘米的积雪,最大积雪深度为平凉市华亭县,达 22 厘米,致使玛曲、临潭、卓尼、舟曲、漳县、甘谷、礼县、成县、通渭、武山、华亭等县 5.2 万人受灾,农作物受灾面积 522.1 公顷,直接经济损失 3165.9 万元。

4.29　青海省主要气象灾害概述

4.29.1　主要气候特点及重大气候事件

2017 年青海省年平均气温 3.4℃,较常年偏高 1.1℃(图 4.29.1),是 1961 年以来历史第二高年份,四季气温均偏高。年平均降水量 421.0 毫米,较常年偏多 1 成(图 4.29.2),各季降水量除夏季接近常年外,其余季节偏多,秋季偏多 3 成。

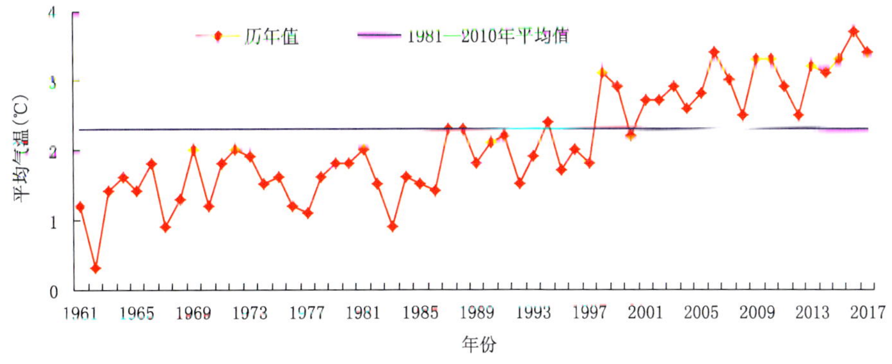

图 4.29.1　1961—2017 年青海省年平均气温
Fig. 4.29.1　Annual mean temperature variation in Qinghai Province during 1961—2017(unit:℃)

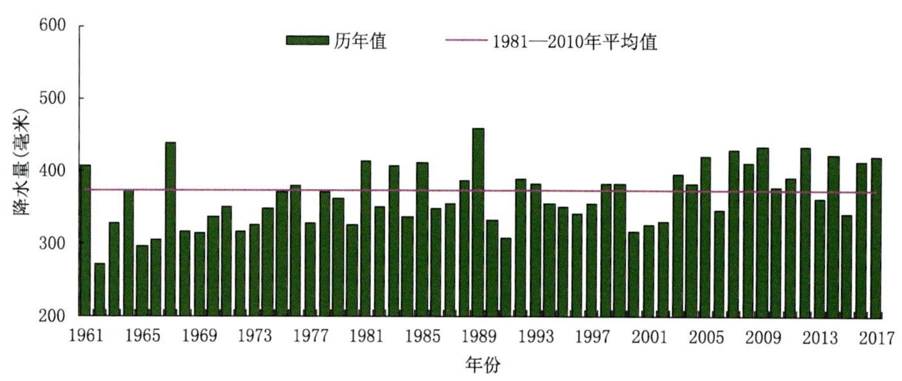

图 4.29.2 1961—2017 年青海省年降水量

Fig. 4.29.2 Annual precipitation variation in Qinghai Province during 1961—2017(unit:mm)

2017 年发生的暴雨、冰雹、干旱、大风、雪灾、雷电、连阴雨和地质灾害,死亡 17 人,受伤 3 人,直接经济损失约 10.68 亿元。年内农业区遭受了干旱、冰雹、暴雨洪涝等灾害,干旱灾害为 2001 年以来同期最重,致使农业区农作物受损严重,对年内农业生产造成了不利影响,农业气候年景属于"平偏歉年";年内牧草生长季气候综合适宜度为 0.9,光照适宜度最高,其次为热量,水分最低。5 月、6 月热量不足,6 月、8 月光照不足及 7 月出现的干旱,均对牧草的产量形成造成一定影响,2017 年青海省各地牧草长势与近十年平均情况基本持平,青海省牧草气候年景综合评定为"平年"。年内黄河上游水资源属偏枯年份,水资源总体上仍处于较严重匮乏的态势,对农业、电力生产及下游地区供水不利。

4.29.2 主要气象灾害及影响

1. 干旱

6—7 月,青海南部牧区东部及农业区降水偏少 5 成以上,加之 7 月出现了少见的日最高气温≥30.0℃高温晴热天气,青海省东部农业区旱情持续发展(图 4.29.3),旱情为 2001 年以来最重,东部农业区 50%以上耕地出现中度至重度干旱,造成粮食作物减产;牧区旱情影响牧草生长发育,部分地区牧草提前黄枯。据统计,2017 年发生干旱 12 起,受灾人口 93.6 万人,经济损失 7.5 亿元。同时,黄河上游地区主要产流区降水总体偏少、气温偏高,致使来水量持续偏枯,对沿河农业生产、居民生活用水及大型水电厂蓄水发电造成不利影响。

2. 暴雨洪涝(滑坡、泥石流)

2017 年 5—9 月共发生暴雨 39 起,地质灾害 6 起(图 4.29.4)。青海东部及南部多地因降水引发多起暴雨洪涝、山体滑坡、泥石流等灾害,致使 1.1 万人受灾,12 人死亡,受伤 2 人;道路、水利设施、民房等受损;直接经济损失 10.53 亿元。

3. 局地强对流

2017 年 5—9 月青海省共发生冰雹 29 起(图 4.29.5),雷电 5 起,大风 1 起。受灾人口 20.0 万人,死亡 5 人,受伤 1 人;化隆、互助等地农作物遭受不同程度损失,受灾面积达 2.0 万公顷;直接经济损失 1.95 亿元(图 4.29.5)。

4. 低温冷冻害和雪灾

3—5 月果洛州甘德、海北州祁连等县共发生 5 起雪灾(图 4.29.6),受灾人口 0.1 万人,死亡牲畜 0.17 万头(只)。祁连县默勒镇出现降雪,积雪致使 32 幢畜暖棚倒塌,直接经济损失 0.05 万元。

图 4.29.3　2017 年 7 月湟中县干旱(湟中县气象局提供)

Fig. 4.29.3　Drought in Huangzhong County on July, 2017 (By Huangzhong Meteorological Service)

图 4.29.4　2017 年 6 月 20 日玉树市暴雨冲毁河床、房屋(玉树气象局提供)

Fig. 4.29.4　Rainstorm disasters in Yushu on June 12, 2017 (By Yushu Meteorological Service)

图 4.29.5　2017 年 6 月 19 日民和县冰雹灾害(民和气象局提供)

Fig. 4.29.5　Hail disasters in Minhe County on June 19, 2017 (By Minhe Meteorological Service)

图 4.29.6　2017 年 5 月祁连县冻死（饿死）绵羊（祁连县气象局提供）
Fig. 4.29.6　Dead sheep caused by cold weather (hunger) in Qilian County on May, 2017 (By Qilian Meteorological Service)

5. 连阴雨

8 月青海省东部农业区及兴海县共发生连阴雨 4 起，受灾人口 2500 人，经济损失达 431.56 万元。

4.30　宁夏回族自治区主要气象灾害概述

4.30.1　主要气候特点及重大气候事件

2017 年宁夏平均气温 9.6℃，较常年偏高 1.1℃（图 4.30.1）；平均年降水量 323.4 毫米，比常年偏多 2 成（图 4.30.2）。年内，2016/2017 年冬春季和秋季气温偏高，冬季平均气温创 1961 年以来新高。春季降水偏少 5%，夏、秋、冬三季降水偏多，夏季降水创近 22 年历史同期极值。

2017 年气象灾害以干旱、冰雹、暴雨洪涝、大风、病虫害等为主。干旱灾害阶段性特征明显，极端高温天气范围大、强度强、持续时间长，汛期暴雨、冰雹、大风等灾害性天气多发重发。全年因气象灾害造成 227.1 万人受灾，农作物受灾面积 17.44 万公顷，直接经济损失 11.99 亿元。总的来看，属气象灾害偏轻年景。

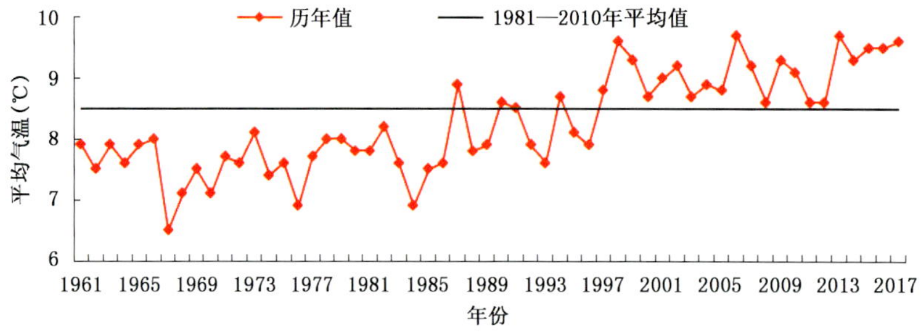

图 4.30.1　1961—2017 年宁夏年平均气温
Fig. 4.30.1　Annual mean temperature variation in Ningxia during 1961—2017(unit:℃)

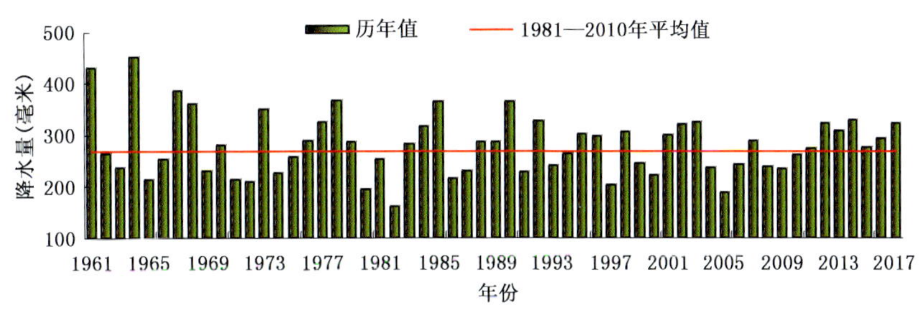

图 4.30.2　1961—2017 年宁夏年降水量

Fig. 4.30.2　Annual precipitation variation in Ningxia during 1961—2017(unit:mm)

4.30.2　主要气象灾害及影响

1. 干旱

2017 年，宁夏出现 2 次阶段性干旱。2016 年 10 月至 2017 年 2 月，宁夏无降水日达 111 天，平均降水量为 2.1 毫米，较常年偏少 76%，气温异常偏高，创 1961 年以来极值，宁夏出现中度以上气象干旱，中南部山区部分区域达重旱或特旱。7 月上中旬，宁夏降水异常偏少，气温持续偏高，高温天气历时 2 周，南部山区出现干旱，部分区域达重旱或特旱。年度内，旱灾造成中南部山区 13 个县(区)188.6 万人受灾；农作物受灾面积 13.07 万公顷，绝收面积 2.33 万公顷；饮水困难 53.1 万人；直接经济损失 8.0 亿元。

2. 暴雨洪涝

2017 年夏季，宁夏出现 11 次暴雨洪涝灾害。暴雨造成石嘴山市惠农区、平罗县，银川市，吴忠市利通区、红寺堡区、青铜峡市、同心县、盐池县，中卫市沙坡头区、中宁县及固原市西吉县、隆德县等地不同程度受灾。年度内，暴雨共造成 24.7 万人受灾，农作物受灾面积 0.7 万公顷，直接经济损失 2.21 亿元。6 月 3—5 日，宁夏普降中到大雨，部分地区出现暴雨、大暴雨，为 2003 年以来历史同期范围最广、量级最大的一次降水过程，大武口、青铜峡、同心日降水量突破历史同期极值，暴雨在贺兰山区引发山洪、泥石流，造成银川、石嘴山城市内涝，中卫市中宁县出现山洪(图 4.30.3)，直接经济损失 479 万。7 月 4—5 日，石嘴山市平罗县高庄乡及惠农区燕子墩乡出现短时强降水，最大累计降水量分别为 54.8 毫米和 61 毫米，造成农作物受灾面积 967.9 公顷，直接经济损失 749.09 万元。

3. 局地强对流

2017 年夏季，宁夏共出现局地强对流天气 13 次。6 月 6 日银川市区、贺兰、永宁及灵武等多地出现大风、冰雹及短时强降水，最大冰雹直径 1.5 厘米，最长持续时间 20 分钟。本次强对流天气对银川市 3 区 2 县小麦灌浆、玉米拔节、水稻分蘖和露天瓜菜正常生长造成影响，农作物受灾面积 6402 公顷，直接经济损失 3000 万元。年度内，冰雹共造成 13.2 万人受灾，农作物受灾面积 3.39 万公顷，直接经济损失 1.68 亿元。

4. 低温冷冻害

2017 年 10 月 7—10 日，盐池县出现强降温天气，最低气温持续下降 10.4℃，并伴有 4～5 级偏北风和持续雨雪天气，最低气温达－3.2℃，部分乡镇出现霜冻，造成 0.48 万人受灾，农作物受灾面积 0.26 万公顷，死亡羊只 50 只，直接经济损失 565.2 万元。年度内，霜冻天气共造成 0.6 万人受冻，直接经济损失 0.1 亿元。

图 4.30.3　2017 年 6 月 4 日中宁县大战场镇清河村山洪（中宁县气象局提供）

Fig. 4.30.3　Torrential flood hit Qinghe Village on June 4, 2017
(By Zhongning Meteorological Service)

4.31　新疆维吾尔自治区主要气象灾害概述

4.31.1　主要气候特点及重大气候事件

2017 年新疆区域平均气温 9.1℃，较常年偏高 0.9℃（图 4.31.1），为 1961 年以来历史第三高年份；年平均降水量 182.6 毫米，较常年偏多 12 毫米，全疆均偏多 1.2 成（图 4.31.2）。开春期北疆大部及天山山区大部较常年偏晚，南疆较常年偏早。新疆大部地区终霜期、初霜期较常年偏早，入冬期偏晚，冬季最大积雪深度偏厚。

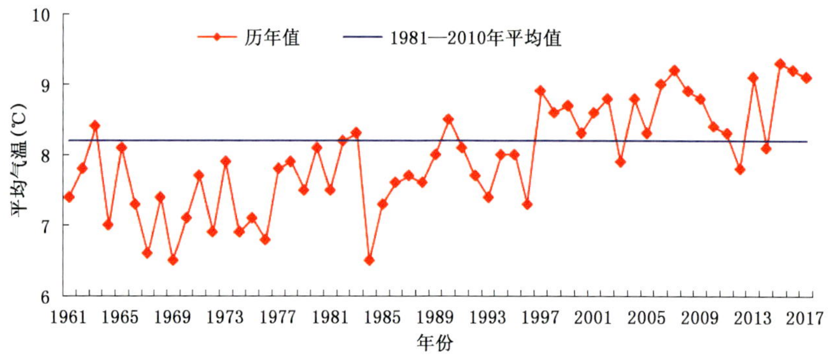

图 4.31.1　1961—2017 年新疆年平均气温

Fig. 4.31.1　Annual mean temperature variation in Xinjiang during 1961－2017(unit:℃)

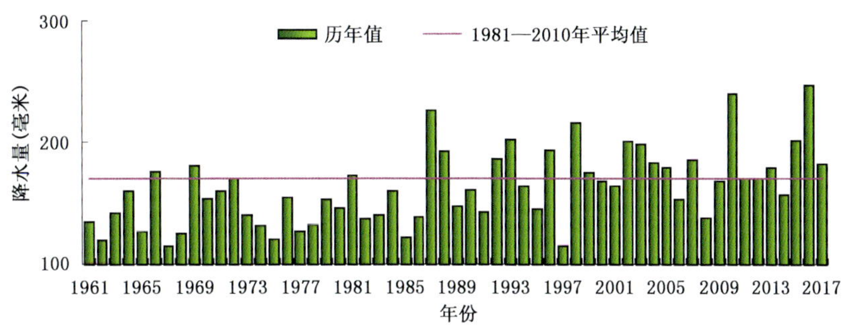

图 4.31.2　1961—2017 年新疆年降水量

Fig. 4.31.2　Annual precipitation variation in Xinjiang during 1961—2017(unit: mm)

年内出现的主要气象灾害有暴雨洪涝、大风、冰雹、雪灾、大雾、沙尘暴、低温冷害、地质灾害、连阴雨等，给农牧业及林果业生产、交通运输、人民生命及财产安全等造成了危害。2017 年各类气象灾害造成的经济损失约 23 亿元，因灾死亡 2 人，失踪 1 人，属于气象灾害偏轻发生年份。其中，冰雹灾害损失占 44%，其次是大风沙尘灾害损失约占 35%，暴雨洪涝造成的经济损失居第三值，约占 16%。

4.31.2　主要气象灾害及影响

1. 冰雹

2017 年，新疆共 43 县次出现冰雹灾害，农作物受灾严重，直接经济损失数亿元，阿克苏地区发生次数最多，达 15 县次。8 月 12—13 日，波及阿克苏地区和巴音郭楞州境内的大范围区域出现强对流天气过程，伴随着大风、冰雹、短时强降雨（图 4.31.3），造成大量农作物受灾，经济损失达 3.1 亿元，是 2017 年损失最重的一次冰雹灾害。

图 4.31.3　2017 年 8 月 12—13 日阿克苏地区出现强冰雹灾害（沙雅县、新和县气象局提供）

Fig. 4.31.3　Hail disaster in Aksu Prefecture on August 12—13, 2017 (By Xayar and Xinhe Meteorological Service)

2. 大风沙尘

2017 年新疆大风沙尘灾害中度偏重发生，具有发生频次多、强度大、4—6 月最多的特点。新疆 10 地（州、市）共 61 县次出现大风沙尘灾害，直接经济损失达 7.2 亿元，农作物受灾严重（图 4.31.4）。8 月 12—13 日，库尔勒出现雷雨大风天气，造成农作物受损，是 2017 年损失最大的一次

图 4.31.4 2017 年 5 月 31 日和田地区策勒县因大风受灾的农作物(策勒县气象局提供)
Fig. 4.31.4 The damaged crops by gale in qira County on May 31, 2017 (By Qira Meteorological Service)

大风灾害。

3. 暴雨洪涝

2017 年新疆局地暴雨洪涝及其衍生的地质灾害属于中度,6 月及 7 月发生县次最多。新疆 10 地(州、市)共计 77 县次出现暴雨洪涝(图 4.31.5)及其衍生的地质灾害,直接经济损失达 3.4 亿元,造成 15.5 万人受灾,农作物受灾面积约 0.2 万公顷。7 月 18—19 日,策勒县普降暴雨,造成房屋倒塌和损坏,农作物受灾,交通受阻,是 2017 年损失最大的一次暴雨洪涝灾害。7 月 1—9 日,塔县连续强降水造成融雪性洪水和泥石流,致使 10 个乡镇场不同程度受灾,死亡 1 人。6 月 25 日 13—18 时,吉木乃县萨吾尔山沿山一带出现强对流降水天气,托斯特乡局部(山区)出现短时强降水,降雨形成洪水(20 个流量),导致 1 名小学生溺水身亡。

图 4.31.5 2017 年 7 月 18—24 日墨玉县全县范围内普降暴雨(墨玉县气象局提供)
Fig. 4.31.5 Urban waterlogging caused by rainstorm in Moyu County on July 18—24, 2017 (By Moyu Meteorological Service)

4. 高温

2017 年夏季，新疆主要的区域性高温过程有 6 月 13—23 日、7 月 5—16 日及 26—30 日 3 次。7 月 5—16 日高温过程为 2017 年最强，共有 85 县(市)日最高气温达 35℃以上，34 县(市)超过 40℃，7 月 10 日吐鲁番市吐峪沟景区最高气温达到 50.5℃，刷新了之前由吐鲁番保持的我国最高气温记录(49.6℃)。高温对人体健康、农作物及林果生长造成不利影响。

5. 连阴雨

2017 年新疆阿拉尔市、温泉县各发生 1 县次连阴雨灾害，造成直接经济损失 7000 多万元，农作物大面积受损。10 月 6—9 日，阿拉尔垦区发生风沙、降水、降温天气过程，过程最大降温达 7℃，累计降水 10.6 毫米，造成农作物受灾，直接经济损失数千万元。4 月 1—4 日，温泉普遍有小雨或中雨，过程降水量达 10.4 毫米，降水之前及降水期间的日最低气温基本在 0℃以上，致使积雪迅速融化，降水及积雪融化使房屋损坏倒塌。

第5章　全球重大气象灾害概述

5.1　基本概况

2017年全球主要温室气体浓度持续上升，地表温度相比常年（以1981—2010年为基准期）偏高0.46℃，超过工业化时代之前的全球温度1.1℃，低于受厄尔尼诺事件影响的2016年，成为有气象记录以来第二暖的年份。年内，1—3月全球地表温度偏高最为明显，温度距平值均高于常年0.5℃以上，3月份温度距平值最高，为0.64℃；4—12月温度距平维持在0.3～0.5℃之间，6月份距平值最低，为0.34℃。

在全球暖化的大背景下，2017年冰冻圈进一步萎缩。冬季北极海冰最大范围1442万平方千米，创历史新低；春季和夏季北极海冰消融速度偏慢，夏季海冰最小范围464万平方千米，位列历史第八低位。南极海冰面积全年处于历史低位，冬季海冰最大范围1803万平方千米，位列历史第二低位；夏季海冰最小范围211万平方千米，创历史新低。格陵兰冰盖和北半球积雪范围接近或略高于常年平均水平。

2017年全球海表温度低于2016年和2015年，位列历史第三高值。海洋热容量突破历史纪录，海洋上层0～700米和0～2000米的热容量分别达1.6×10^{23}焦耳和2.3×10^{23}焦耳，同创历史新高，全球海平面继续保持上升趋势。在海洋升温的影响下，海洋的理化特征发生了显著变化，直接影响了海洋食物链和生态系统，澳大利亚东岸的大堡礁地区和热带西太平洋部分地区的珊瑚白化现象日益加剧，新西兰附近海域的鱼类资源分布特征也发生了明显改变。

2017年世界各地发生了许多重大天气气候事件，给公众生命财产安全和经济社会可持续发展带来严重影响和损失。年内，北美洲、欧洲、西南亚、东亚、大洋洲、南美洲等地遭受高温热浪天气的影响，许多地区观测到突破历史极值的极端高温，美国、加拿大、西班牙、葡萄牙、智利等地由于高温干燥引发森林大火；全球区域性极端降水事件频发，暴雨洪涝及其引发的地质灾害在南亚、中国、南美、非洲等地造成了严重人员伤亡和财产损失；非洲和地中海沿岸国家遭受干旱影响，索马里、肯尼亚、埃塞俄比亚、苏丹等多国由于连年干旱导致严重粮食短缺；北大西洋飓风异常活跃，8月底至10月初，相继有4个极具破坏力的飓风登陆美国及加勒比海地区；年初，美国东部及欧洲中部和东南部地区遭受寒流和暴风雪袭击，导致数千万居民日常生活受到严重影响；美国南部及欧洲中部和东部地区强对流天气多发，龙卷、强风暴、雷暴、冰雹等天气造成局部地区一定人员伤亡和财产损失。据德国慕尼黑再保险公司估计，2017年全球气象灾害导致经济损失达3200亿美元，成为有记录以来气象灾害造成损失最大的年份，气象灾害占全年自然灾害总损失的90%以上。

5.2 全球重大气象灾害分述

5.2.1 寒流和暴雪

1月上旬，美国加利福尼亚州大部分地区出现暴风雨雪天气，高速公路部分路段封闭。

1月6—7日，美国东海岸受到暴雪天气影响，导致交通事故多发、电力中断、航班取消，5人因灾死亡。

1月6—11日，欧洲意大利、捷克、波兰、罗马尼亚、塞尔维亚、保加利亚、克罗地亚、希腊、土耳其、挪威、芬兰、丹麦、拉脱维亚、俄罗斯等多国遭遇低温寒流和暴风雪袭击，导致交通瘫痪，学校停课，居民日常生活受到严重影响，60人在寒流中丧生。

1月中旬，日本多地连降暴雪，部分地区积雪达到2米以上，6人因灾死亡，300人受伤。这次过程导致日本交通出现严重混乱，全日空和日航两家航空公司两天内取消约130班航班，东海道新干线严重延误。

1月24日，日本鸟取县遭受了大型雪灾，造成1人死亡。

2月上旬，阿富汗各地连降大雪，中部和北部省份发生多起雪崩事件，摧毁众多民宅，造成超过100人死亡，有2座村庄被掩埋。阿富汗邻国巴基斯坦也因气候恶劣造成灾情，西北部地区至少有13人死于雪崩或暴风雪。

2月9日，美国东北部地区遭遇暴雪，3000多架次航班被迫取消，6000万人生活受到影响。

3月14日，暴风雪肆虐美国东北部，5000多万人生活受到严重影响，6500余个航班被取消。

4月下旬，瑞士、奥地利、乌克兰、罗马尼亚、斯洛文尼亚等国遭遇了“倒春寒”天气，霜冻导致农业生产严重受损，直接经济损失达33亿美元。

7月15日，智利圣地亚哥遭遇10年来最严重的暴风雪，暴雪造成超过30万人无电可用，出现严重交通拥堵。

11月6—11日，一股来自北极的寒流席卷美国，从明尼苏达州北部至美国东北部大部分地区气温急降，费城、波士顿、纽约等多个城市均记录到“历史最低温度”。

12月1—10日，韩国遭遇寒流，共有41人冻伤，1人死亡。

12月4日，美国中西部遭遇超强暴风雪，造成1人死亡。

12月10日，欧洲多国遭受猛烈暴风雪吹袭，英国出现4年来最大降雪，葡萄牙1人死亡，英国、德国、法国、比利时、意大利及葡萄牙等国多达几百次航班延误或取消。

12月27日，英国大部分地区遭暴雪袭击，导致超过1.4万个家庭的电力供应中断。

12月25日，俄罗斯远东地区遭遇了一系列暴风雪的袭击，远东大部分地区的交通都受到了不小的影响，一些中小学暂时停课。

12月26日，日本北海道地区遭遇暴风雪和强风袭击。北海道内共有约140趟列车停驶，20多个航班被迫停飞。

5.2.2 高温干旱

1—2月，智利经历了持续性干燥和高温天气，引发史上最严重的森林大火，过火面积达61.4万公顷，11人因灾死亡。1月下旬智利和阿根廷的多个气象站观测到突破历史极值的最高气温，1月27日阿根廷玛德琳港气温一度达到43.4℃。

2月，苏丹北达尔富尔省旱情严重，莱索托、津巴布韦和南非大多数省份宣布进入灾害状态。由于过去2年降雨急剧减少，干旱天气导致非洲多国的粮食歉收，水库干涸，大批牲畜死亡，约3300万人面临饥荒。

3—5 月，索马里、肯尼亚和埃塞俄比亚南部地区降水量比常年同期偏少 20%以上，肯尼亚北部和索马里局部地区偏少 50%以上。索马里南部持续干旱引发饥荒和霍乱，仅 2 天内就有 110 人死亡。索马里半数人口面临粮食短缺，约有 670 万人急需粮食援助，每天有超过 3000 人因干旱逃离家园。埃塞俄比亚和肯尼亚分别有 560 万人和 270 万人急需救助。

3 月中旬，泰国遭遇 40℃以上的高温天气，多地出现干旱。

5 月 19 日以后，印度特伦甘纳邦受持续极端热浪席卷，大部分地区的最高气温突破 40℃，167 人死于高温导致的中暑。

5 月上旬，风势加大和白天温度升高引发俄罗斯外贝加尔边疆区森林大火蔓延，过火面积达到 432 公顷。2017 年火灾危险期以来，俄远东地区已发生 782 处森林大火，过火总面积达 11.18 万公顷。

5 月下旬，巴基斯坦、伊朗、阿曼、阿联酋等国家遭遇极端高温天气，上述国家的局部地区日最高气温均突破 50℃。5 月 28 日巴基斯坦西南部城市图尔伯德最高气温达到 54.0℃，刷新历史纪录。

6 月 10—20 日，美国中部及中西部出现干热天气，西部高温连接突破历史纪录，造成 4 人死亡，多趟航班被取消。

6 月上旬至 7 月上旬，土耳其和塞浦路斯经受高温热浪天气，7 月 1 日土耳其安塔利亚最高气温达 45.4℃。

6 月 17—18 日，葡萄牙中部地区发生森林大火，造成至少 64 人死亡，160 多人受伤。

6 月 27 日，西班牙南部发生大规模森林火灾，高温和强风天气加剧火势。

7 月份，美国加利福尼亚州死亡谷地区月均气温达到 41.9℃，突破历史极值；7 月 7 日凤凰城最高气温达 47℃，创造历史同日最高气温纪录(1905 年 7 月 7 日凤凰城的日最高气温是 46℃)；7 月 8 日洛杉矶好莱坞受高温影响出现大面积断电，约 14 万人受影响。由于连续高温，7 月上旬美国西部多个州山火频发，加拿大西部的不列颠哥伦比亚省也发生多起森林火灾。

7 月 8—15 日，欧洲南部遭遇罕见热浪袭击，意大利、西班牙、希腊等国多地的日最高气温超过 40℃，西班牙科尔多瓦、格拉纳达、巴尔霍斯等多个城市的最高气温突破历史极值(科尔多瓦 7 月 13 日最高气温达到 46.9℃)，意大利南部地区及西西里岛由于大风、干燥等因素频繁发生林火。

7 月 13 日，日本北海道、京都等地气温超过 35℃，6 人丧生。

7 月中下旬，中国南方地区出现大范围持续高温天气，浙江、江苏、安徽、重庆、陕西、湖北、湖南的部分地区日最高气温超过 40℃，7 月 21 日上海徐家汇最高气温达 40.9℃，打破了徐家汇 1873 年以来的历史纪录。

8 月上旬，意大利及巴尔干半岛地区再次出现高温热浪天气，意大利佩斯卡拉、坎波巴索等多个气象站观测到创纪录的极端高温事件。

10 月 17—18 日，葡萄牙北部和中部以及西班牙北部发生森林大火，造成 45 人死亡。

10 月上中旬，美国加利福尼亚州北部再次遭遇山火，过火面积达 750 平方千米，导致 5700 栋房屋被烧毁，44 人因灾死亡，直接经济损失超过 94 亿美元。

10 月 24 日，美国加利福尼亚州洛杉矶市午后气温达到 40℃，创历史新高；加利福尼亚州南部长岛、圣巴巴拉等许多城市也观测到破纪录的高温。

5.2.3 暴雨洪涝

1. 亚洲

1 月上旬，马来西亚东海岸遭遇连日降雨引发水灾，数条河流水位超警，导致 20 万人受灾，133

所学校关闭。

1 月 7—10 日，泰国南部地区连日遭受暴雨引发洪水，导致交通瘫痪，25 人因灾死亡，100 万人受灾。

2 月上旬，印度尼西亚巴厘岛邦利区遭遇持续的强降雨天气并引发山体滑坡，造成 12 人死亡。

4 月 1 日，印度尼西亚东爪哇省降雨天气引发山体滑坡，27 人死亡，38 人失踪。

4 月 14 日，伊朗西北部普降暴雨，在阿塞拜疆省等地引发水灾，造成 25 人死亡，16 人失踪。

4 月 30 日，吉尔吉斯斯坦南部奥什州山体滑坡，导致 24 人死亡。

5 月 26 日以后，斯里兰卡暴雨引发洪灾和地质灾害，已造成 202 人遇难，另有 96 人失踪，63 人受伤，上百万人受灾，约 60 万人流离失所，1500 余间房屋被毁，近 7000 间房屋受损。

6 月 12—13 日，孟加拉国南部和与其接壤的印度东北部地区因暴雨引发泥石流、洪水等灾害，共造成两国 150 余人遇难。

6 月下旬至 7 月初，尼泊尔连续降雨导致山体滑坡灾害频发，13 人因山体滑坡遇难。

6 月下旬，中国南方大部连续遭受 2 次大范围强降水过程，湖南、江西和广西的局地累计雨量超过 500 毫米，导致长江中下游地区发生区域性大洪水，西南、江南及华南多条河流发生超历史洪水，造成湖南、江西、广西、四川等省（区）发生严重洪涝及地质灾害，56 人因灾死亡，直接经济损失高达 50 亿美元。

7 月上旬，印度东北部连日暴雨引发的泥石流灾害致 26 人死亡。

7 月上旬，越南北部地区出现强降雨，引发洪水与滑坡等灾害，造成 12 人死亡和 1 人失踪。

7 月下旬，孟加拉国遭遇持续降雨，造成首都达卡市内发生严重内涝，影响民众 90 余万人。

7 月，泰国东北部及北部地区发生洪灾，共有 44 个府受到影响，造成 32 人死亡。

8 月初，印度古吉拉特邦发生洪灾，导致 218 人死亡。

8 月 13 日，伊朗东北部发生水灾，导致至少 9 人死亡，4 人失踪。

8 月中下旬，印度、尼泊尔、孟加拉国等南亚国家遭遇特大洪水，造成 800 多人死亡，超过 2400 万人受灾。印度洪灾最严重的地区阿萨姆邦、比哈尔邦、北方邦共有将近 400 人死于洪灾。尼泊尔将近三分之一地区被洪水淹没，至少 143 人死于洪水或山体滑坡，另有 30 人失踪，43 人受伤，近 8 万栋民宅损毁。孟加拉国也有三分之一地区被淹，至少 118 人死亡，570 万人受灾，超过 4.5 万栋民宅损毁。

9 月 5 日，泰国清迈府美登县遭遇强降水并引发山洪，导致数名游客被冲走，1 人死亡。

10 月 10—15 日，越南北部和中部地区遭遇连日暴雨引发洪涝和泥石流灾害，导致 60 人死亡、37 人失踪、30 人受伤，大量基础设施和农田遭到破坏。

11 月 6 日，马来西亚槟州遭遇暴雨侵袭，海水涨潮，发生严重水灾，造成 7 人死亡。

11 月 25 日至 12 月 12 日，泰国南部 11 府发生洪涝灾害，逾 51.5 万户 165 万人受灾，29 人不幸遇难。

11 月 29 日，泰国南部遭洪水袭击，导致 5 人死亡。

11 月 30 日，斯里兰卡暴雨造成至少 7 人遇难，5 人失踪。

2. 欧洲

1 月 4—5 日，德国东北部海岸遭遇 2006 年以来最大规模的洪水袭击，波罗的海水位比平时高出 1.7 米，导致多个沿岸城市受灾，造成大量交通事故和财产损失。

5 月 29 日，俄罗斯莫斯科遭受持续性暴雨袭击，造成 16 人死亡，168 人受伤。

9 月 10 日，意大利中部港口城市里窝那遭遇暴雨，并引发洪水和泥石流，导致至少 6 人死亡，2 人失踪。

9月11日，韩国釜山市遭遇强降雨，导致交通瘫痪，多处道路被淹。

11月14—16日，希腊雅典西部暴雨引发洪水和泥石流，导致15人死亡。

3. 美洲

2月中旬，由于持续不断的强降雨，美国加利福尼亚州遭遇20年来罕见的洪涝灾害，北部和中部地区超过1400万居民受到洪水和山体滑坡的威胁，被迫逃离家园，南部有5人死于恶劣暴风雨。

2月下旬，智利连日暴雨引发山体滑坡，导致4人死亡。

3月12日，巴西南里奥格兰德州圣弗朗西斯科市遭强暴风雨袭击，造成1人死亡，1600多人无家可归。

3月份，秘鲁遭遇持续性强降水天气，引发特大洪水及山体滑坡，许多道路、桥梁被毁，全国半数以上地区宣布进入紧急状态，75人因灾死亡，63万人受灾，7万余人流离失所。

4月1日，由于连日暴雨，哥伦比亚普图马约省莫科阿河、穆拉托河及桑科亚科河河水暴涨，导致哥伦比亚首府莫科阿多个区域发生泥石流，多处房屋和桥梁坍塌，当地交通停滞。泥石流造成320人死亡，100人失踪。

4月20日，哥伦比亚中部城市马尼萨莱斯发生泥石流，造成19人死亡，6人失踪。

5月6日，加拿大中部和东部地区因连日暴雨引发洪涝灾害。魁北克省受灾最重，4485栋房屋被淹，3641人被迫撤离住所。

5月29日，巴西东北部的阿拉戈阿州和伯南布哥州多日连降暴雨，引发洪灾，造成41个市镇受灾，7人死亡，约4.8万人无家可归。

5月下旬至6月上旬，巴西多地连降暴雨，引发洪灾和山体滑坡，造成11人死亡，数万人无家可归。

6月17日，智利中南部城市库拉尼拉韦因强风暴雨引发洪灾，造成4人死亡。

6月20日，由于连日暴雨，危地马拉西部韦韦特南戈省发生山体滑坡，造成11人死亡。

7月15日，美国亚利桑那州因突降暴雨引发山洪，造成9人丧生，1人失踪。

10月31日，美国新英格兰地区遭遇狂风暴雨袭击，造成150万栋建筑断电，数十栋建筑受损，数座城市学校停课，铁路交通延误。

11月13日，美国西北地区遭强风暴雨袭击，华盛顿州西部1人死亡，多人受伤。

11月23日，哥伦比亚境内暴雨导致3人死亡，7人失踪。

12月5日，巴西东南部米纳斯吉拉斯州连降暴雨，首府贝洛奥里藏特及附近4个城市发生洪灾和山体滑坡，造成3人死亡，4人失踪。

12月15日，智利南部科尔科娃多国家森林公园附近遭暴雨袭击，24小时降雨量达114毫米，暴雨引发泥石流，5人遇难，15人失踪。

4. 大洋洲

3月21日，澳大利亚新南威尔士州北部突降暴雨，11条河流决堤引发洪水，逾4000名居民被困。

5. 非洲

5月上旬，肯尼亚许多地区由于过去几周连续强降雨引发洪涝灾害，造成26人死亡，2.4万多人流离失所。

8月14日，塞拉利昂首都弗里敦市以及周边地区因强降雨引发洪水和泥石流灾害，导致近500人死亡，至少3000人无家可归。

8月17日，刚果东北部遭遇泥石流袭击，导致200人死亡。

5.2.4 热带气旋

3 月 7 日，南印度洋热带气旋“爱娜沃”袭击了马达加斯加，引发暴雨洪涝，造成 78 人死亡，18 人失踪，40 万人受灾。

5 月 29 日，热带气旋“莫拉”于孟加拉国东南部科克斯巴扎尔区圣马丁岛和代格纳夫登陆，引起高达 2 米的风暴潮，导致当地 177 人死亡，109 人失踪。

7 月 4 日，台风“南玛都”在日本九州岛东南部的长崎登陆。日本九州岛福冈县部分地区遭暴雨侵袭，造成 32 人死亡，18 人失踪。

8 月 7 日，台风“奥鹿”在日本四国岛沿海登陆，造成 2 死 5 伤。

8 月 25 日至 9 月 1 日，美国遭遇超强飓风“哈维”袭击，飓风在美国得克萨斯州停留数天，狂风暴雨造成 44 人死亡，130 万人受灾，10 万间房屋损毁，直接经济损失高达 1250 亿美元，位列美国飓风史第三位（仅次于 2005 年飓风“卡特里娜”和 2012 年飓风“桑迪”）。

9 月 6—10 日，5 级飓风“厄玛”横扫美国和加勒比海地区，共造成 100 多人死亡，直接经济损失 500 亿美元。美国 580 万户家庭断电，700 万人紧急撤离，加勒比海地区巴布达岛受灾最为严重，创纪录的强降水和 3 米高的风暴潮摧毁了当地 90％以上的财产，整座岛屿几乎沦为废墟。

9 月 12 日，热带低压“马玲”袭击菲律宾吕宋岛中部地区，导致至少 4 人死亡（含泥石流死亡 2 人），17 人失踪。

9 月 15 日，台风“杜苏芮”在越南中部地区登陆，强降雨引发洪灾，疏散人口超过 7.9 万人。

9 月 17 日，日本香川县三丰市遭遇强台风“泰利”袭击并引发泥石流，导致 4 人失踪，17 人受伤。

9 月 19—23 日，飓风“玛丽亚”袭击加勒比海地区，造成 60 多人死亡，直接经济损失 900 亿美元。多米尼克和波多黎各受灾最为严重，数十万群众被疏散撤离。

10 月 5—7 日，飓风“纳特”在中美洲地区引发局地洪涝，造成 31 人死亡，随后于 7 日和 8 日在美国路易斯安那州和密西西比州 2 次登陆，造成美国超过 10 万户断电。

10 月 5 日，风暴“哈维尔”从德国北海海岸登陆，袭击德国北部和东北部地区，导致柏林、汉堡等北部城市交通瘫痪，铁路交通受阻，7 人因灾丧生。

10 月 16 日，爱尔兰遭飓风“奥菲利娅”侵袭，造成 3 人死亡，超过 30 万用户无电可用，学校和政府机构也停课停工。

10 月 23 日，超强台风“兰恩”在日本静冈县御前崎市附近登陆，经过关东地区向东北海上挺进。多地大雨、强风持续，造成 5 人死亡，约 350 个航班被迫取消。

10 月 28—29 日，欧洲多地遭遇秋季风暴“赫尔瓦特”袭击，德国北部和中部受灾最为严重，铁路交通大面积中断，汉堡等地发布洪涝灾害预警。风暴导致 6 人死亡，其中德国 2 人，波兰 2 人，捷克 2 人。

12 月 4 日，热带气旋“奥奇”袭击印度，导致 25 人死亡。

12 月 16 日，台风“启德” 袭击菲律宾中部，导致 31 人死亡，49 人失踪。

12 月 22 日，台风“天秤”登陆菲律宾南部棉兰老岛，引发洪水和山体滑坡，造成 164 人死亡，171 人失踪，约 7 万人被迫逃离家园。

5.2.5 强对流天气

1 月 1—3 日，美国东南部地区遭遇风暴袭击，暴雨、洪灾和龙卷导致 5 人死亡，数万栋住宅停电。

1 月 2 日，南非东开普省遭遇风暴袭击，雷电、大风造成 1 人丧生，70 余人受伤，多处房屋损毁。

1 月 19—23 日，美国南部多州遭遇致命龙卷和强风暴，造成广泛破坏，16 人在风灾中丧生。

2月中旬，热带风暴“迪内欧”造成莫桑比克7人死亡，50人受伤。

2月7日，美国路易斯安那州东南部遭龙卷袭击，风灾造成约20人受伤，当地约1万户民居停电。

2月23日，英国全境遭遇强风暴天气，造成1人死亡，2人受伤，并导致大面积停电，陆海空交通都受到极大影响。

3月6—7日，法国西北部地区遭遇2010年以来最强风暴“宙斯”袭击，最大风速达54米/秒。

4月30日，严重风暴带来的龙卷和洪水等恶劣天气侵袭美国南部和中西部地区，至少造成得克萨斯州、阿肯色州、密苏里州和密西西比州等地13人死亡，数十人受伤，2名儿童失踪。

4月30日，严重风暴带来的龙卷和洪水等恶劣天气侵袭美国南部和中西部地区，至少造成13人死亡，数十人受伤，2人失踪。

5月16日，强大龙卷袭击了美国威斯康星州的巴龙县，造成1人死亡，约25人受伤。

5月29日，莫斯科遭遇雷暴天气，风速超过30米/秒，造成11人丧生。

6月6—7日，南非西开普省遭遇风暴袭击，造成8人死亡，数千人家园受损。

6月22日，暴风和强雷雨天气袭击德国北部，造成2人死亡。

7月10日，维也纳南部地区遭遇龙卷和冰雹袭击。

7月27—30日，伊斯坦布尔多次遭遇强风和冰雹袭击，风速高达46米/秒，最大冰雹直径超过9厘米。

8月12日，芬兰遭遇大范围雷暴天气，超过50000间房屋电力中断。

9月11日，克罗地亚突发暴雨山洪，12小时内降水量达283毫米，突破历史极值。

10月下旬，奥地利和捷克遭遇暴风雨袭击，最大风速47米/秒，共计11人丧生。

2017年全球重大灾害性天气气候事件示意图

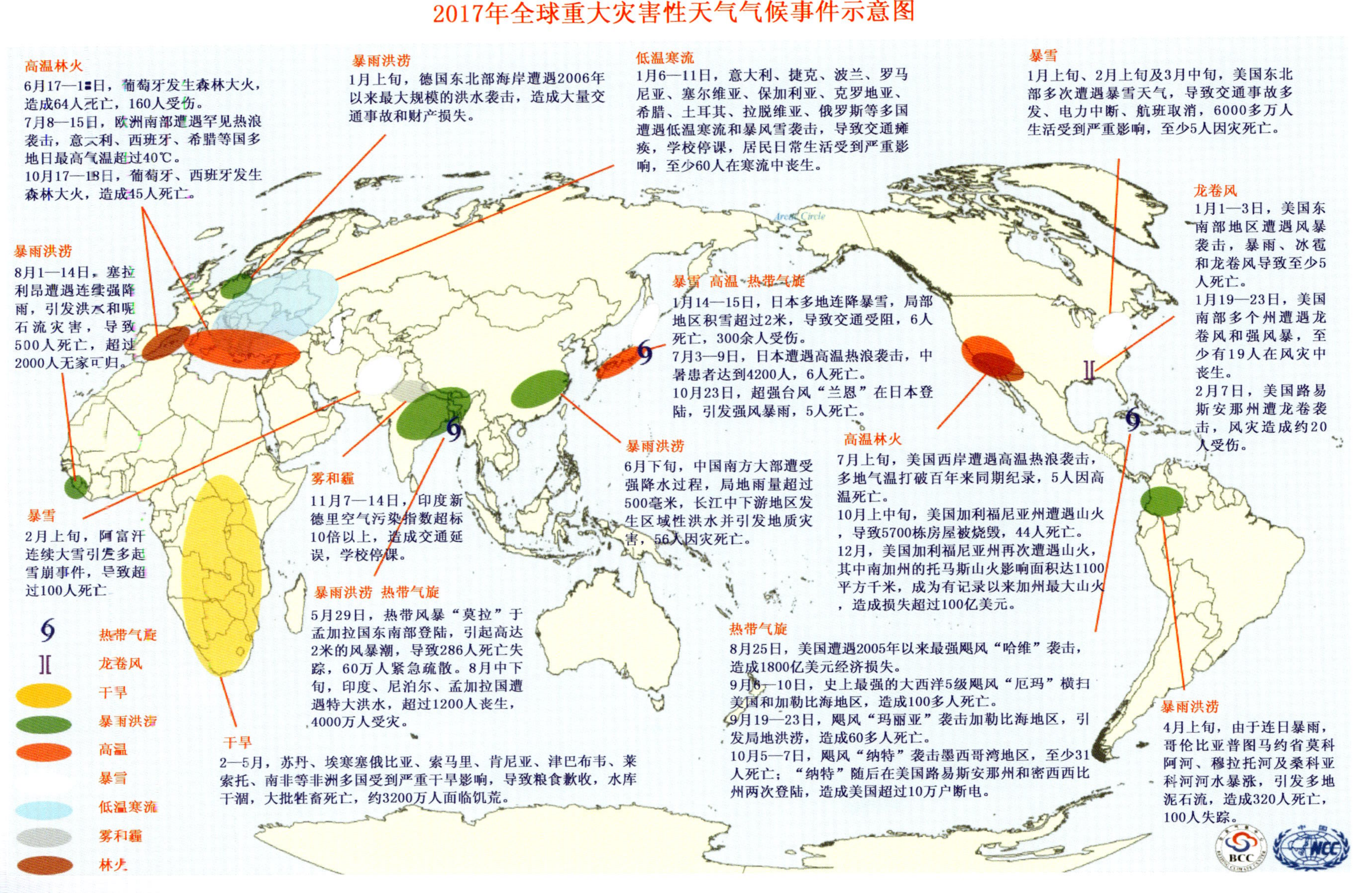

第 6 章　防灾减灾重大气象服务事例

2017 年，全国平均降水量较常年略偏多，暴雨过程频繁、时空分布不均、暴雨落区重叠度高，极端性强；气温较常年偏高，极端高温事件偏多，北方高温出现早、南方高温强度大；台风登陆个数偏多、生成时间集中、登陆点重叠，广东影响重；强对流天气频繁发生。总体来说，暴雨洪涝灾害偏重，台风、干旱、强对流等灾害相对较轻，气象防灾减灾工作繁重。在党中央、国务院的领导下，各级气象部门认真贯彻落实各项工作部署，主动服务、积极应对，在转折性、关键性、重大灾害性天气过程和重要活动中及时提供了准确的预报；站在公众的角度，从防灾减灾效益出发，进行全方位、多途径的气象服务工作，为防灾减灾工作做出了有力贡献，取得了显著的社会、经济效益。下面就 2017 年度几个重大气象服务案例做详细分析。

6.1　南方强降雨气象服务

2017 年，南方汛期暴雨过程多，全国共出现 33 次暴雨天气过程，较 2016 年同期偏多 3 次，其中主汛期(6—8 月)南方共出现 17 次暴雨过程。强降雨带摆动频繁，江南、华南地区多次强降雨过程落区重叠度高、雨量极端性强。暴雨诱发区域性洪水，西南、江南及华南多条河流发生超历史洪水，湖北、湖南、江西、广西、四川等地发生严重洪涝及地质灾害，多站日降水量突破历史极值或当月极值。针对南方多次强降雨过程及可能引发的洪水、城乡积涝及地质灾害等，气象部门密切监视，加强天气会商和研判、提前预报预警，各项气象服务保障工作有条不紊地开展。

预报预警信息发布及时、覆盖面广。2017 年中国气象局共启动重大气象灾害(暴雨)应急响应 6 次。5—9 月，中央气象台共发布暴雨预警 242 期，山洪灾害气象预警 125 期，地质灾害气象风险预警 124 期，渍涝风险气象预报 31 期。通过国家突发预警信息发布系统各级应急责任人发布预警信息 14 万余条；通过广播、电视、手机短信、基层大喇叭、显示屏等手段，做到预警信息进农村、进学校、进社区、进企事业单位、进工地。全国气象信息员超过 78.1 万名，与涉灾部门共建共用乡镇气象信息服务站 7.8 万余个，有效扩大了预警信息的覆盖面，提高了时效性。

决策服务提高科技含量，内容丰富。据统计，5—9 月，中国气象局决策气象服务中心共制作 46 期《重大气象信息专报》、91 期《气象灾害预警服务快报》报送党中央、国务院和各相关部门。在提高决策服务效率的同时，强化提高决策气象服务的科技含量，不断推进 MESIS 系统改进、监测分析平台建设以及影响预评估技术研发，服务内容从基本的天气预报纵深到天气影响预报和风险预报，层层递进、全面周到。数十份决策服务材料获得中央领导同志批示，服务效益显著。

公众服务手段多元化、影响力倍增。中国气象局网制作汛期大事件专题 20 个，聚焦汛期强降雨天气。充分利用微信、微博、手机 APP 等新媒体平台，服务更迅速；扩大了中国气象局官方微博、中国天气网、中央气象台、停课铃、知天气、e 天气等品牌影响力，有效拓宽宣传科普工作的覆盖面。中央气象台首席预报员接受中央电视台、中央人民广播电台等主流媒体采访，强化了气象服务宣传工作，提高了预警发布效益，公众服务影响力倍增。

6.2 中东部地区极端高温天气气象服务

2017 年，我国共出现 5 次区域性高温过程(5 月 17—19 日、6 月 27 日至 7 月 4 日、7 月 7 日至 8 月 25 日、8 月 27—31 日、9 月 24—28 日)。6 月下旬至 7 月中旬，北方出现近 12 年来最强高温天气；7 月中下旬，南方地区出现大范围持续高温天气，浙江、江苏、安徽、重庆、陕西、湖北、湖南的部分地区日最高气温超过 40℃；7 月 21 日上海徐家汇最高气温达 40.9℃，打破了徐家汇自 1873 年以来的历史纪录。针对南北方极端高温热浪天气，气象部门高度重视，通力合作，积极为政府做好各项气象服务工作，提供及时准确的决策信息。

紧跟事态发展，精准预报预警。6 月 26 日，中央气象台做出北方地区将出现持续性高温预报，并于 27 日发布高温预警；7 月 4 日，高温天气暂时缓解，高温预警解除；7 月 7 日，高温天气再次发展，中央气象台再度发布高温预警，之后随着高温强度进一步加重和范围扩大，7 月 11 日起高温预警由黄色提升为橙色，气象服务随即进入应急状态。面对日趋严峻的高温形势，高温服务也趋于多样化、深入化，每天监视高温天气发展动态。

加强数据深层次挖掘，做好监测评估工作。为更好地做好监测服务工作，中国气象局决策服务中心细致筹划，加强数据的挖掘分析。充分利用 MESIS 的统计功能和地理信息数据，对每天的高温面积、高温影响人口数据、高温极值等情况进行分析汇总，以便能及时追踪高温的发展演变和严重程度，并将相关信息通过短信以及各类决策材料等产品报送，起到了很好的服务效果。

公众服务加强科普宣传，通俗生动。针对此次持续性高温热浪天气，中央气象台、中国天气网、中国气象局网充分发挥数据和资源优势，通过制作高温专题、发表科普文章等手段积极为公众提供高温的成因、影响、预报、防御等方面内容，并在微博、微信等平台与公众进行科普和互动，为公众答疑释惑，公众气象服务收到了良好的服务效果。

6.3 台风“天鸽”气象服务

2017 年，西北太平洋和中国南海共有 27 个台风(中心附近最大风力≥8 级)生成，其中 8 个登陆我国。第 13 号台风“天鸽”于 8 月 23 日以强台风级强度在广东珠海登陆，为 2017 年登陆我国的最强台风，与 1991 年第 11 号台风“弗雷德”并列成为 1949 年以来 8 月登陆广东的最强台风。“天鸽”共造成 40 人死亡(其中澳门 8 人)，直接经济损失 289.1 亿元。

及时落实中央领导指示，精心部署防台服务。8 月 22 日，中国气象局迅速传达汪洋副总理重要指示精神，要求密切关注第 13 号台风“天鸽”的发展趋势及风雨影响，加强台风监测预报预警，关注强降雨引发的次生灾害，毫不松懈做好各项气象服务保障工作。22 日 10 时 30 分中国气象局启动了重大气象灾害(台风)四级应急响应，23 日 8 时 30 分又将应急响应提升为二级，广东省和广西壮族自治区气象局分别启动了Ⅰ级和Ⅱ级应急响应。

滚动发布台风预报预警，预报服务能力稳步提升。对于“天鸽”路径预报，中央气象台 24 小时路径预报误差为 66.7 千米，优于日本(72.8 千米)和美国(98.3 千米)；24 小时强度预报误差为 3.7 米/秒，也优于日本(6.1 米/秒)和美国(6.8 米/秒)；“天鸽”暴雨预报方面，24 小时时效暴雨和大暴雨预报 TS 评分分别达到了 0.424 和 0.28，准确率明显高于 2017 年的平均暴雨(0.19)和大暴雨(0.09)评分。针对台风“天鸽”，中央气象台共发布台风红色预警 2 期、橙色预警 4 期、黄色预警 1 期、蓝色预警 5 期及暴雨预警 10 期；广东、广西、云南及福建、海南、贵州等省(区)气象部门共发布预警信息 891 条(其中红色预警 38 条)，通过国家预警系统向有关责任人发送信息共 [illegible] 万人次。

提前做好决策服务，加强产品技术支持。在做好预报预警工作的同时加强决策服务。8月21日，中国气象局决策服务中心制作《重大气象信息专报》及时报送党中央、国务院，明确指出"天鸽"将于23日在广东沿海登陆，降雨持续时间长、局地累计雨量大，将会给广东、广西等省（区）造成较大影响。"天鸽"气象服务期间，中国气象局及时开展台风风雨监测和影响评估，制作台风暴雨灾害综合风险及影响预估产品，并将台风大风破坏力预估产品应用于决策服务材料中，为决策服务提供了有力技术支持。

实行联动联防，加强部门合作。气象部门加强与民政、国土资源、水利、农业、交通、林业等部门信息沟通、业务会商与联合预警；联合国土、水利等部门联合发布地质灾害气象风险预警和山洪、渍涝预警及中小河流洪水预警。广东省气象局与省三防办、应急办、国土厅、水文局、国家海洋局南海分局等建立了多部门预警联动、灾害联防机制。

多途径引导公众主动防台避台。多途径加强面向媒体和公众的台风信息和科普知识服务，预报服务与科普相得益彰，宣传生动风趣。对公众发布的内容覆盖"天鸽"生命周期全过程，不但预报信息全面，还增加了风雨实况播报和多角度、全方位的专家解读，使公众对"天鸽"的认识更为直观深入，有效引导社会公众的防台避台工作。深圳市气象局首次依托新媒体直播平台开展微博直播3次，在线查看人数超700万，互动反响强烈。

6.4 吉林永吉极端性强降雨气象服务

2017年7月中旬，吉林中部出现2次暴雨过程，降雨中心均出现在永吉，具有累计雨量大、强度强、强降雨区重叠度高等特点。永吉日降水量（7月13日171.3毫米；7月20日203.9毫米）两度破历史纪录。持续强降雨造成吉林和黑龙江12市（自治州）35个县（市、区）191.8万人受灾，紧急转移安置49.1万人；农作物受灾面积33.3万公顷，绝收面积7.6万公顷；直接经济损失359.2亿元。

快速响应，加强现场预报指导。针对强降雨过程，中央气象台专门成立应急保障组，派首席专家赶赴吉林省防汛指挥部协助指导预报服务工作，与吉林省预报员紧急会商后，提出"21日凌晨起降雨将逐渐减弱，过程结束"，并坚持驻守吉林省防汛指挥部直至过程结束，随时更新天气预报。期间，吉林省气象局启动暴雨Ⅱ级应急响应。实况结果表明，预报结论为吉林省领导做出正确决策提供了科学支撑。

连续作战，发挥气象预警消息树作用。针对两次强降雨天气过程，吉林省、市、县三级气象部门提前72小时以上开始密切关注并滚动预报，提前48小时做出精准预报，预报结果在落区、强度和时间上与实况高度吻合；提前10小时以上发布暴雨预警，并针对暴雨严重地区先后三次发布暴雨红色预警信号，红色预警信息比洪峰形成时间提前4小时以上，为提前转移群众、最大程度避免人员伤亡提供了重要的决策服务。吉林省、市、县党委政府领导充分肯定了气象预警在防汛抗洪抢险救灾工作中的"消息树"和"发令枪"作用，应对如此历史罕见的大灾害，将灾害损失降到最低限度，称赞气象部门功不可没。

部门合作力度加大，防灾力量拧成一股绳。吉林省气象部门深化与水利部门合作，充分利用其布设在河道和流域周围的监测站点，为预报分析研判提供更全面数据；建立专线与国土部门开展视频会商，在7月13日20时40分联合发布入汛以来首个地质灾害气象预警，为受灾地区转移人口抢出了时间；在各类预警信息的及时发布中，气象部门与吉林省通信管理局建立起的预警发布"绿色通道"发挥了重要作用。

6.5 四川九寨沟抗震救灾气象服务

2017 年 8 月 8 日 21 时 19 分，四川省阿坝藏族羌族自治州九寨沟县发生 7.0 级地震，造成 25 人死亡，525 人受伤，6 人失联。

及时启动应急措施，全面落实党中央精神。地震发生后，习近平主席高度重视，立即做出重要指示，指出正值主汛期，要进一步加强气象预警和地质监测，密切防范各类灾害，切实做好抗灾救灾工作，尽最大努力保障人民群众生命财产安全。国家减灾委、民政部于 8 日 22 时 30 分紧急启动国家三级救灾应急响应，中国气象局随即于 23 时 30 分启动地震灾害气象服务三级应急响应，8 月 9 日 0 时，四川省气象局启动了地震灾害气象服务一级应急响应。中国气象局在 9 日早间全国天气会商会上迅速传达落实中央领导同志重要指示批示精神，要求以高度政治责任感切实做好气象保障服务工作，各级气象部门、各有关单位要紧急行动，上下协同，全力做好气象保障。中国气象局副局长矫梅燕接连组织中央气象台与震区气象部门会商，组织召开气象服务工作领导小组会议，围绕抗震救灾气象服务关键环节深入研究并详尽部署。

国家级业务单位发挥龙头作用，助前线抗震救灾服务一臂之力。中国气象局启动三级应急响应后，各相关职能部门和业务单位立即进入应急响应状态。中央气象台启动应急岗位值班，增设领班和首席岗，加快信息的分析、组织制作。8 日 23 时，中国气象局决策气象服务中心紧急制作并报送 1 期《两办刊物信息》，随后密切关注震区天气形势及加密会商情况，准确及时地组织、制作、撰写《四川九寨沟震区气象服务专报》材料 8 期；中央气象台派出首席预报员第一时间前往四川开展预报援助；9 日 10 时起，国家卫星气象中心启动“风云二号”F 星区域加密观测，并积极与民政部国家减灾中心联系，实现国内外多源卫星遥感数据和灾情信息共享，开展震区卫星遥感监测服务；针对震区交通服务需求，公共气象服务中心迅速联系交通部路网中心，制作“四川九寨沟震区及周边区域公路交通气象预报”产品以及相关专报，并向路网中心及时提供震区及周边区域的公路沿线交通气象预报信息，为相关部门开展抗震救灾保障服务提供决策参考。

基层气象工作者克服困难，第一时间投入抗震救灾气象服务。在四川九寨沟震区，全县通信于 8 日晚震后一度中断，县气象部门立即启用北斗传输应急系统，保障气象资料正常传输；当晚，震后 1 个小时内，由县气象局制作的首份地震气象预报即送达全县各级党政及相关决策领导；9 日一早，县气象局工作人员已抵达受灾地区开展现场服务。阿坝州气象局派出移动雷达车，携带应急物资前往九寨沟增援。

6.6 厦门金砖气象保障服务

2017 年 9 月 3—5 日，金砖国家领导人第九次会晤在厦门举行，此次会晤是继杭州 G20 峰会后我国承办的又一项重大国际会议。在中国气象局和福建省委、省政府正确领导下，发挥垂直管理部门优势，举全国气象部门之力，精心谋划、上下联动、周密部署，有效应对台风“玛娃”风雨带来的不利影响，气象服务做到了精准、智慧，很好地展示了气象现代化建设的最新成果。福建省委书记尤权 5 日傍晚在总结会上特别称赞道：“气象预报给金砖会晤的准备和运行增加了底气，请代我感谢中国气象局的大力支持”。

提前筹划，形成工作合力。早在 2017 年 1 月中国气象局就组织成立了国家、省、市一体的金砖会晤气象保障领导机构，印发《2017 年厦门金砖国家领导人第九次会晤气象保障服务方案》。福建省气象局成立金砖会晤气象保障服务工作运行指挥组，组建了由 6 名国家级首席预报员、12 名省级专家和87名业务骨干组成的完全“去行政化”的金砖气象台，明确岗位职责，细化预报服务流程，全面对接地方党委政府、筹委会及各工作机构，实行统一指挥、统一把关，确保气象服务及时高效。

上下联动，领导坐镇指挥。8月31日，矫梅燕副局长签发命令，中国气象局进入金砖国家领导人第九次会晤气象保障服务特别工作状态。中国气象局各相关直属单位和职能机构以及福建省气象局积极行动，实行负责人24小时领班、专人值班制，全力做好加密观测、滚动预报、及时预警、跟进服务等工作。9月2日，金砖会晤气象保障服务领导小组组长矫梅燕率队进驻厦门，现场组织开展气象保障服务工作，通过指挥部气象服务业务平台为筹委会指挥部提供科学及时有效的气象保障服务。

软硬兼施，提升核心能力。新建厦门环岛路沿线等重要区域共27套区域自动气象站；配备了移动风廓线雷达和海上气象移动观测系统；建立1千米×1千米的精细化预报服务业务系统，开展精细化短时临近预警和数值预报产品释用关键技术研发；自主研发多普勒雷达三维风场反演技术，实现了闽南粤东6部多普勒雷达组网三维风场拼图以及涡度、散度等物理量计算；建成基于移动互联数据的全省一体化、上下协同的人工影响天气指挥和人工影响天气安全管理系统；专门为会晤气象保障服务研制“金砖气象”APP；将气象保障系统接入金砖会晤应急保障总指挥部应急指挥平台，实时显示气象信息，现场开展直观决策服务，此举得到了筹委会指挥部领导的高度肯定，收获了良好的服务效果，更集中展示了气象现代化成果。

突出重点，全力保障服务。会晤举办期间，恰逢台风“玛娃”影响福建。金砖气象台8月28日明确指出需关注南海热带低压对会晤活动的影响；特别是9月2日，台风“玛娃”逼近厦门，面对“确保客人如期到达，会议如期举行”的要求，金砖气象台为航班降落“量身定制”了定点逐小时预报。准确预报了3日19—23时有中雨量级降水，机场人员及时调整航班计划，并启动飞机雨中降落预案，确保嘉宾乘坐的飞机安全着陆。9月3日晚上，正值会晤活动举行及重要航班陆续抵厦，金砖气象台通过厦门双偏振天气雷达监测到有一个中气旋生成，立即加密会商，及时发布二级暴雨风险预警，各保障工作部门据此启动相应的应急预案，分别采取了应对措施，保障会晤顺利举行。据统计，金砖气象台共为各级党委政府、筹委会及有关部门单位提供各类决策气象服务产品342期，发送短信140多条，接收近10万人次。

附　录

附录 A　气象灾害统计年表

表 A1 2017 年气象灾害总受灾情况统计

Table A1　Summary of total meteorological disaster in China in 2017

地区	农作物受灾情况		人口受灾情况			直接经济损失（亿元）
	受灾面积（万公顷）	绝收面积（万公顷）	受灾人口（万人次）	死亡人口（人）	失踪人口（人）	
北　京	0.7	0	4.6	7	0	0.8
天　津	0	0	0	0	0	0
河　北	71.8	4.3	722.0	6	0	46.0
山　西	82.1	5.4	658.0	5	0	58.0
内蒙古	391.7	37.6	722.6	16	2	126.2
辽　宁	95.0	5.8	599.4	5	0	108.5
吉　林	98.3	10.0	362.2	25	13	393.5
黑龙江	155.1	11.1	241.5	7	0	54.7
上　海	0	0	0	0	0	0
江　苏	9.1	0.8	77	11	0	7.9
浙　江	10.7	0.7	112.7	0	0	46.1
安　徽	40.0	3.5	347.6	7	0	21.2
福　建	5.8	0.6	61.4	8	0	17.0
江　西	44.1	5.5	665.5	18	2	118.2
山　东	85.7	8.6	785.7	2	0	83.1
河　南	124.7	10.9	1538.5	20	1	58.2
湖　北	143.7	20.1	1254.2	39	1	149.0
湖　南	121.8	13.8	1716.3	95	3	588.0
广　东	28.3	1.1	326.4	25	0	316.2
广　西	19.6	1.7	357.4	82	8	99.0
海　南	1.1	0.1	88.4	0	0	4.0
重　庆	12.6	0.7	251.0	47	4	24.1
四　川	21.4	3.2	393.1	143	12	69.6
贵　州	26.7	4.1	531.4	56	12	57.6
云　南	40.7	5.0	626.2	95	20	72.3
西　藏	1.3	0.3	27.7	9	1	15.5
陕　西	65.1	9.3	687.3	66	3	162.9
甘　肃	77.3	6.6	660.8	20	2	86.3
青　海	27.2	3.1	205.5	17	0	17.4
宁　夏	17.4	3.0	227.1	0	0	12.0
新疆（含兵团）	28.8	6.0	131.7	2	1	37.2
全国总计	1847.6	182.7	14383.2	833	85	2850.4

表 A2　2017 年干旱灾害情况统计

Table A2　Summary of drought disaster in China in 2017

地区	农作物受灾情况		人员受灾情况		直接经济损失（亿元）
	受灾面积（万公顷）	绝收面积（万公顷）	受灾人口（万人）	饮水困难人口（万人）	
北　京	0	0	0	0	0
天　津	0	0	0	0	0
河　北	36.7	3.0	208.6	4.7	8.8
山　西	49.7	2.1	399.3	20.8	27.4
内蒙古	323.9	24.7	537.7	73.6	87.7
辽　宁	77.8	3.0	472.7	8.6	34.2
吉　林	47.5	0.9	85.0	0.1	15.3
黑龙江	99.7	4.1	62.1	0	9.9
上　海	0	0	0	0	0
江　苏	3.7	0.4	13.1	0	0.4
浙　江	0	0	0	0	0
安　徽	21.7	1.6	164.1	0	7.6
福　建	2.0	0.2	0.1	0	0
江　西	4.1	0.3	46.0	1.6	2.3
山　东	53.1	8.1	367.1	28.9	50.3
河　南	21.9	4.4	248.8	1.2	12.6
湖　北	62.7	3.4	439.6	9.7	20.8
湖　南	22.2	1.7	208.4	17.7	19.5
广　东	0	0	0	0	0
广　西	0	0	0	0	0
海　南	0	0	0	0	0
重　庆	8.0	0.3	64.7	13.1	2.6
四　川	3.5	0.6	42.8	5.8	4.6
贵　州	5.7	0.9	96.9	11.3	3.7
云　南	10.2	0.5	101.8	14.0	4.5
西　藏	0	0	0	0	0
陕　西	43.4	6.4	403.5	15.1	19.5
甘　肃	52.7	4.2	388.2	1.9	20.5
青　海	22.5	1.7	172.9	0	13.5
宁　夏	13.1	2.3	188.6	53.1	8.0
新疆（含兵团）	1.7	0.4	5.0	0	1.3
全国总计	987.5	75.2	4717.0	281.2	375.0

表 A3 2017 年暴雨洪涝(滑坡、泥石流)灾害情况统计

Table A3 Summary of rainstorm induced flood (landslide and mud－rock flow) disaster in China in 2017

地区	农作物受灾情况		人员受灾情况		房屋倒损情况		直接经济损失(亿元)
	受灾面积(万公顷)	绝收面积(万公顷)	受灾人口(万人)	死亡人口(人)	倒塌房屋(万间)	损坏房屋(万间)	
北　京	0	0	0.9	0	0	0	0
天　津	0	0	0	0	0	0	0
河　北	5.8	0.3	130.3	2	0	0.2	14.1
山　西	5.3	0.5	117.1	3	0.2	1.7	14.1
内蒙古	21.2	4.4	78.1	6	0	0.9	19.5
辽　宁	11.3	2.2	87.9	4	0.1	1.3	65.9
吉　林	45.2	8.3	231.3	23	0.6	10.7	370.8
黑龙江	18.8	3.1	97.1	3	0.2	1.5	31.7
上　海	0	0	0	0	0	0	0
江　苏	0.1	0	1.2	0	0	0.1	0.8
浙　江	8.7	0.6	86.9	0	0.2	0.4	33.6
安　徽	15.7	1.7	148.1	1	0	0.1	11.2
福　建	1.3	0.2	21.2	7	0	0.1	7.5
江　西	38.7	5.2	606.2	14	0.9	6.9	113.9
山　东	6.7	0.2	93.5	0	0	0.6	8.6
河　南	92.5	6.3	1024.5	11	0.1	0.5	34.8
湖　北	69.3	16.0	747.5	38	0.9	4.8	116.6
湖　南	99.0	12.0	1498.6	85	5.7	39.1	566.8
广　东	8.5	0.4	77.0	4	0.2	0.2	21.7
广　西	17.3	1.6	317.2	71	0.9	2.8	95.2
海　南	0	0	13.0	0	0	0	1.7
重　庆	3.8	0.3	164.3	43	1.0	2.4	20.3
四　川	14.3	2.4	335.2	141	0.4	4.6	62.6
贵　州	16.4	2.5	365.7	54	0.3	4.5	48.6
云　南	18.6	2.3	333.0	68	0.4	3.4	42.1
西　藏	1.1	0.2	21.7	6	0.2	1.1	14.8
陕　西	8.2	1.7	160.7	60	0.6	5.5	128.4
甘　肃	8.3	1.1	111.7	16	0.3	4.9	52.5
青　海	0.5	0.1	4.9	12	0	0.1	0.9
宁　夏	0.7	0.2	24.7	0	0.1	0.3	2.2
新疆(含兵团)	4.4	0.5	51.7	2	0.1	2.2	9.2
全国总计	541.5	74.5	6951.2	674	13.4	100.9	1909.9

表 A4　2017 年大风、冰雹及雷电灾害情况统计

Table A4　Summary of gale, hail and lightning disaster in China in 2017

地区	农作物受灾情况		人员受灾情况		房屋倒损情况		直接经济损失（亿元）
	受灾面积（万公顷）	绝收面积（万公顷）	受灾人口（万人次）	死亡人口（人）	倒塌房屋（万间）	损坏房屋（万间）	
北　京	0.7	0	3.7	7	0	0	0.8
天　津	0	0	0	0	0	0	0
河　北	21.8	0.8	332.6	4	0	0.5	18.2
山　西	21.8	2.4	140.2	2	0	0.2	15.9
内蒙古	25.5	2.9	67.5	10	0	0.3	11.4
辽　宁	5.9	0.6	38.4	1	0	0.2	8.3
吉　林	5.5	0.8	45.4	2	0	2.2	7.2
黑龙江	32.5	3.2	67.1	4	0	0.6	11.3
上　海	0	0	0	0	0	0	0
江　苏	5.3	0.4	62.7	11	0.1	2.2	6.7
浙　江	0.1	0	1.6	0	0	0.3	0.9
安　徽	2.6	0.1	33.9	6	0	0.5	2.2
福　建	0	0	0.1	1	0	0	0
江　西	0.5	0	6.5	4	0	0.6	0.8
山　东	22.7	0.1	293.5	2	0	0.3	18.7
河　南	9.4	0.3	253.6	9	0	0.3	10.2
湖　北	4.1	0.6	59.7	1	0.1	1.0	11.3
湖　南	0.6	0.1	9.1	10	0	0.6	1.4
广　东	0	0	0.1	8	0	0	0.1
广　西	0.2	0.1	2.8	7	0	0	1.1
海　南	0	0	0	0	0	0	0
重　庆	0.8	0.1	22.0	4	0	0.5	1.3
四　川	1.2	0.2	11.2	2	0	0.1	1.9
贵　州	3.6	0.7	68.1	2	0	1.2	5.1
云　南	6.5	1.3	83.4	9	0	0.8	9.6
西　藏	0.2	0	1.6	3	0	0	0.4
陕　西	12.8	1.2	117.4	6	0	0.4	14.4
甘　肃	14.5	1.3	134.3	4	0	0.1	11.1
青　海	4.2	1.3	26.9	5	0	0	2.9
宁　夏	3.4	0.4	13.2	0	0	0	1.7
新疆（含兵团）	20.5	4.0	68.8	0	0	0.3	25.8
全国总计	226.8	22.5	1965.4	124	0.2	13.2	200.4

表 A5　2017 年热带气旋灾害情况统计

Table A5　Summary of tropical cyclone disaster in China in 2017

地区	农作物受灾情况		人口受灾情况			倒塌房屋（万间）	直接经济损失（亿元）
	受灾面积（万公顷）	绝收面积（万公顷）	受灾人口（万人次）	死亡人口（人）	紧急转移安置人口（万人次）		
北　京	0	0	0	0	0	0	0
天　津	0	0	0	0	0	0	0
河　北	3.4	0.2	38.9	0	0.7	0	4.1
山　西	0	0	0	0	0	0	0
内蒙古	0	0	0	0	0	0	0
辽　宁	0	0	0	0	0	0	0
吉　林	0	0	0	0	0	0	0
黑龙江	0	0	0	0	0	0	0
上　海	0	0	0	0	0	0	0
江　苏	0	0	0	0	0	0	0
浙　江	1.9	0.1	23.9	0	0.6	0	11.5
安　徽	0	0	0	0	0	0	0
福　建	2.5	0.1	40.0	0	22.4	0.1	9.5
江　西	0.8	0	6.8	0	0.1	0	1.3
山　东	3.0	0.2	29.7	0	0.3	0.1	5.3
河　南	0.7	0	11.0	0	0	0	0.3
湖　北	0	0	0	0	0	0	0
湖　南	0	0	0.2	0	0	0	0.3
广　东	19.8	0.7	249.3	13	52.7	0.1	294.5
广　西	2.0	0	37.4	4	1.0	0	2.8
海　南	1.1	0.1	75.4	0	29.9	0	2.2
重　庆	0	0	0	0	0	0	0
四　川	0	0	0	0	0	0	0
贵　州	0.1	0	0.6	0	0	0	0.1
云　南	4.1	0.8	74.7	18	1.4	0.1	14.4
西　藏	0	0	0	0	0	0	0
陕　西	0	0	0	0	0	0	0
甘　肃	0	0	0	0	0	0	0
青　海	0	0	0	0	0	0	0
宁　夏	0	0	0	0	0	0	0
新疆（含兵团）	0	0	0	0	0	0	0
全国总计	39.4	2.2	587.9	35	109.1	0.4	346.0

表 A6 2017 年低温冷冻灾害和雪灾情况统计

Table A6 Summary of low－temperature and frost disaster in China in 2017

地区	农作物受灾情况		人员受灾情况		房屋倒损情况		直接经济损失（亿元）
	受灾面积（万公顷）	绝收面积（万公顷）	受灾人口（万人次）	死亡人口（人）	倒塌房屋（万间）	损坏房屋（万间）	
北　京	0	0	0	0	0	0	0
天　津	0	0	0	0	0	0	0
河　北	4.1	0	11.6	0	0	0	0.9
山　西	5.3	0.4	1.4	0	0	0	0.6
内蒙古	21.2	5.6	39.3	0	0	0	7.6
辽　宁	0	0	0.4	0	0	0	0
吉　林	0.1	0	0.5	0	0	0	0.2
黑龙江	4.0	0.7	15.2	0	0	0	1.9
上　海	0	0	0	0	0	0	0
江　苏	0	0	0	0	0	0	0
浙　江	0.1	0	0.3	0	0	0	0.1
安　徽	0	0	1.5	0	0	0	0.2
福　建	0	0	0	0	0	0	0
江　西	0	0	0	0	0	0	0
山　东	0.1	0	1.9	0	0	0	0.3
河　南	0.1	0	0.6	0	0	0	0.3
湖　北	7.7	0.1	7.4	0	0	0	0.3
湖　南	0	0	0	0	0	0	0
广　东	0	0	0	0	0	0	0
广　西	0	0	0	0	0	0	0
海　南	0	0	0	0	0	0	0
重　庆	0	0	0	0	0	0	0
四　川	2.4	0.1	3.9	0	0	0	0.5
贵　州	1.0	0.1	0.1	0	0	0	0
云　南	1.3	0.1	33.3	0	0	0	1.9
西　藏	0	0	4.4	0	0	0	0.4
陕　西	0.6	0.1	5.7	0	0	0	0.6
甘　肃	1.9	0	26.6	0	0	0	2.3
青　海	0	0	0.8	0	0	0	0.2
宁　夏	0.3	0	0.6	0	0	0	0.1
新疆（含兵团）	2.2	1.2	6.2	0	0	0.1	0.8
全国总计	52.5	8.3	161.7	0	0	0.1	18.9

附录 B　主要气象灾害分布图

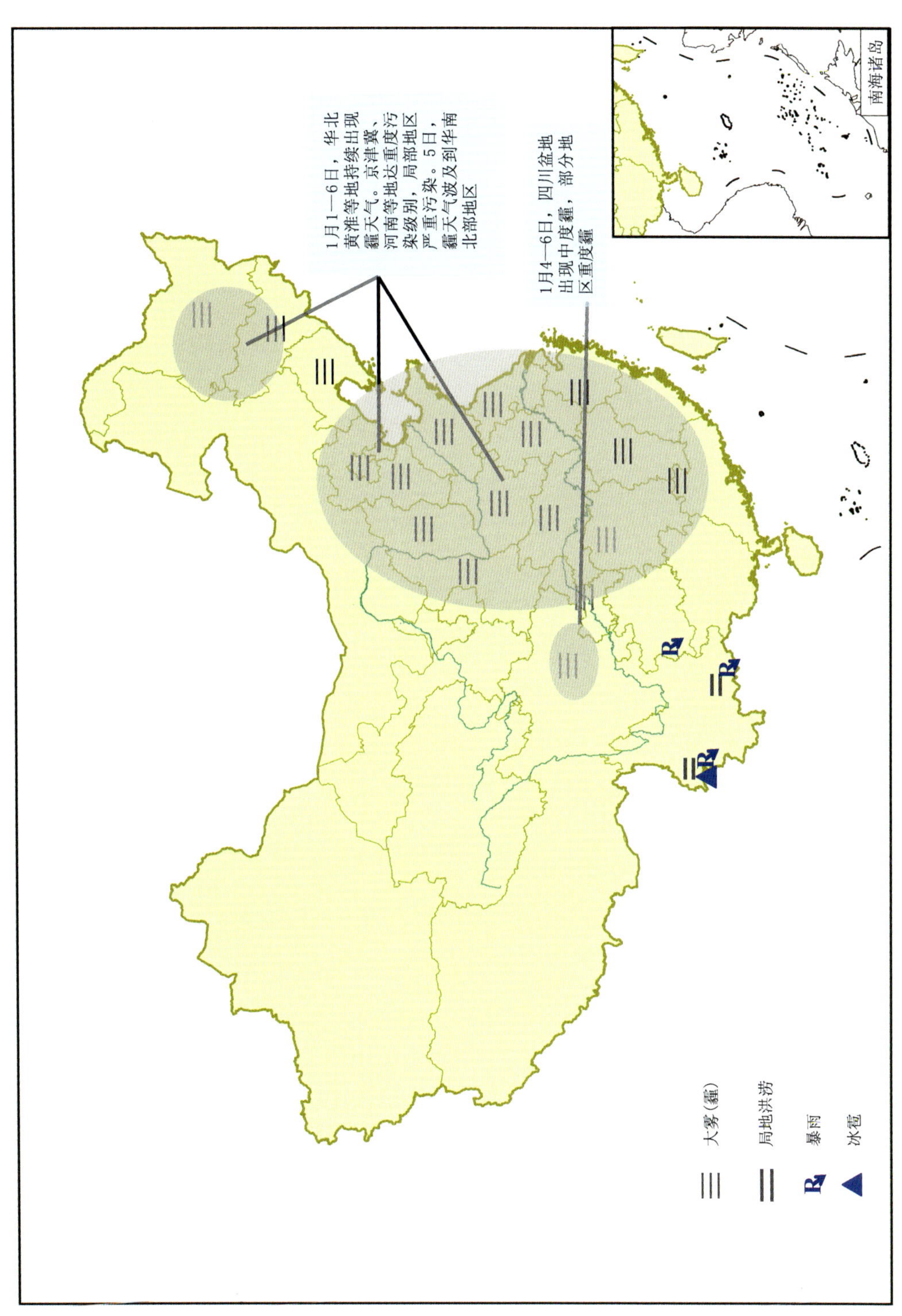

图 B1　2017 年 1 月全国主要气象灾害分布

Fig. B1　The distribution of major meteorological disasters over China in January 2017

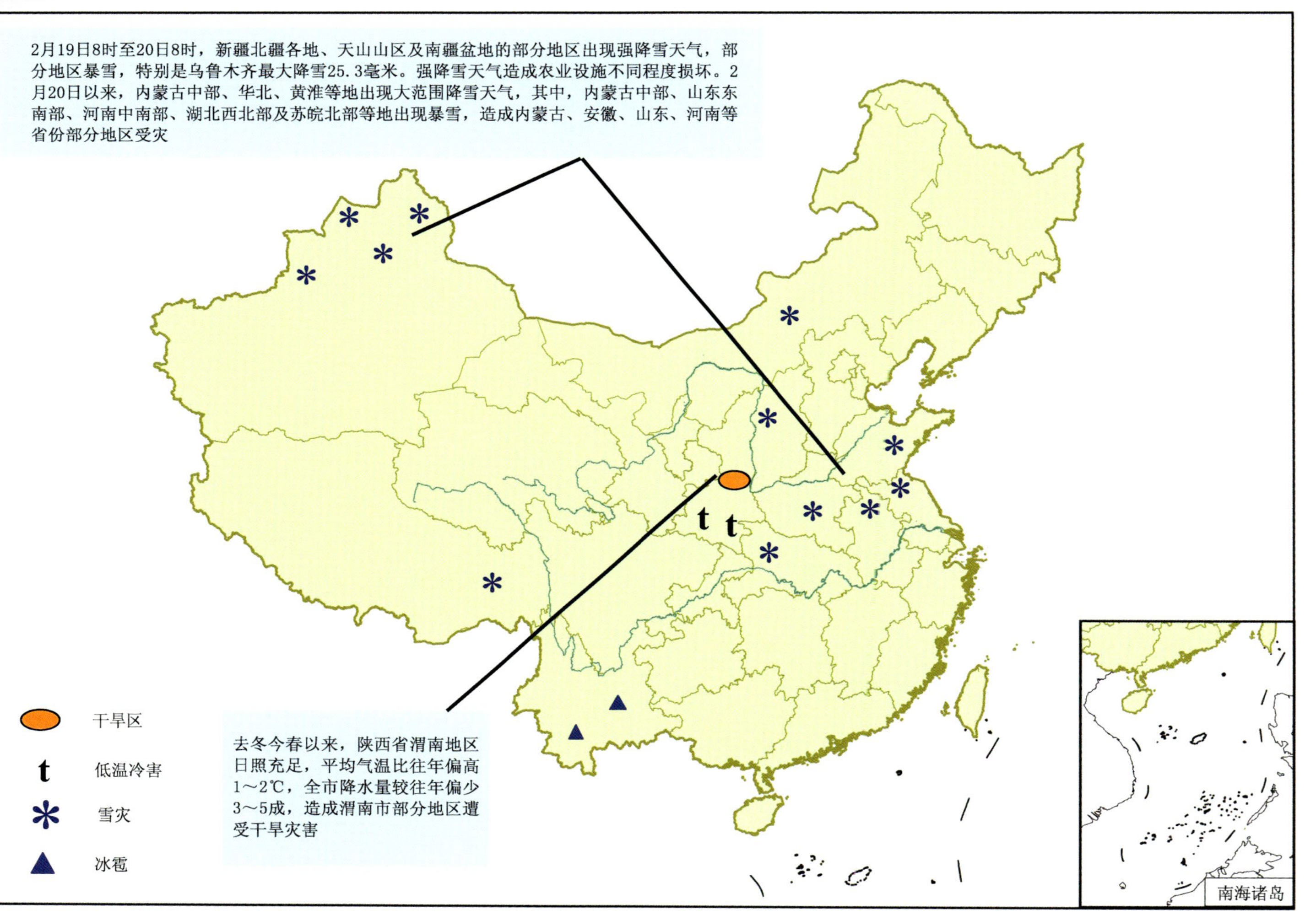

图 B2　2017 年 2 月全国主要气象灾害分布

Fig. B2　The distribution of major meteorological disasters over China in February 2017

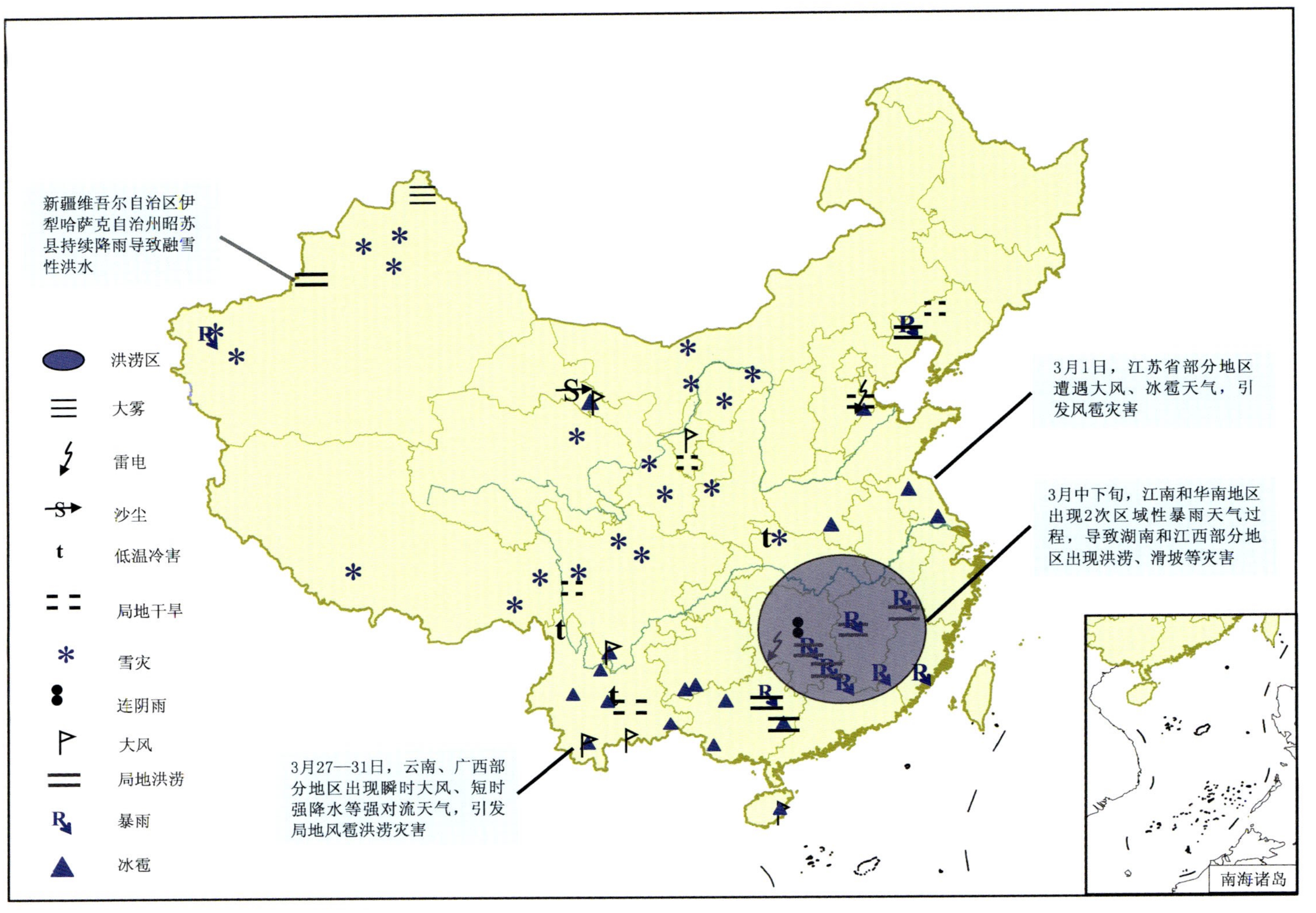

图 B3　2017 年 3 月全国主要气象灾害分布

Fig. B3　The distribution of major meteorological disasters over China in March 2017

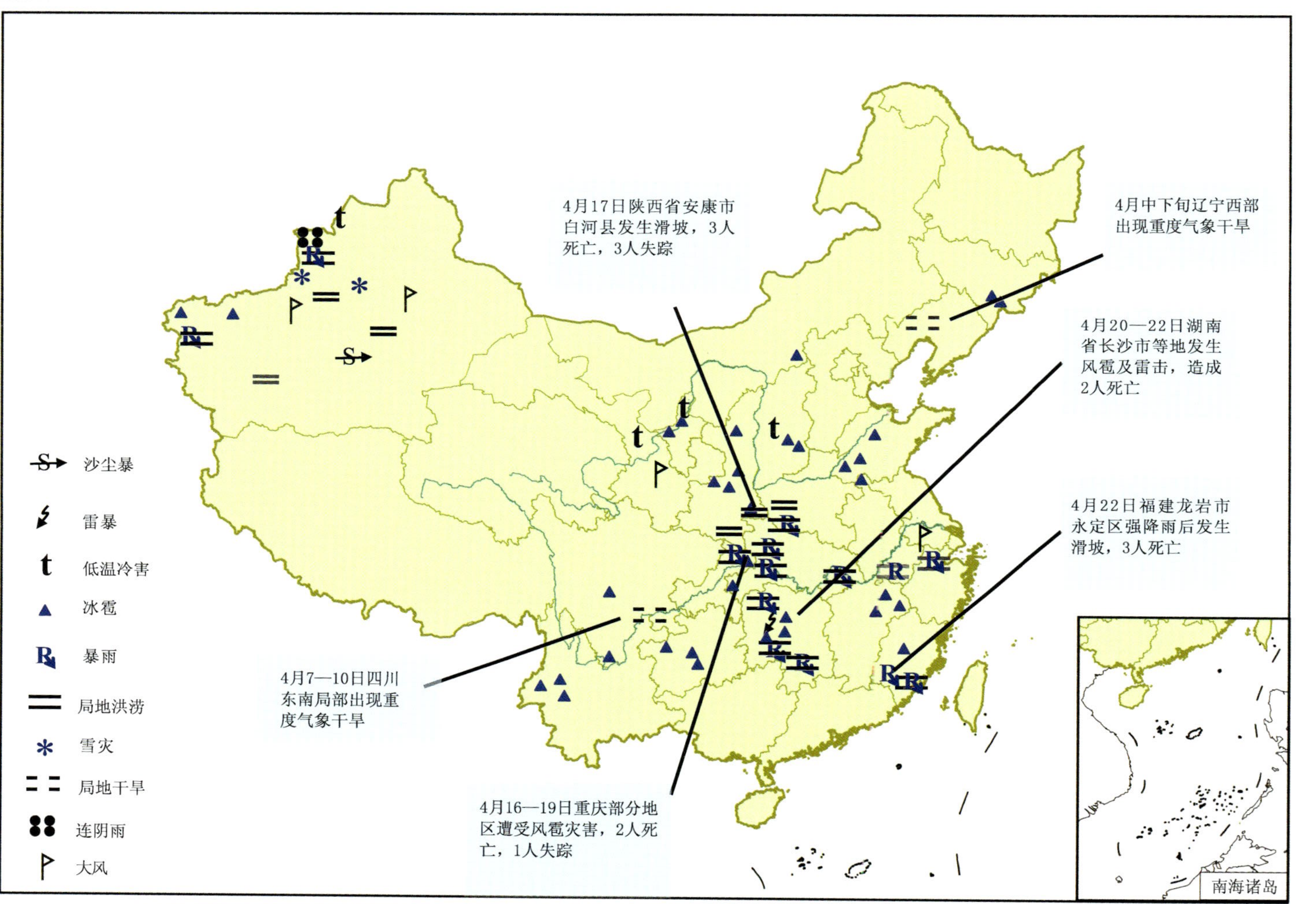

图 B4　2017 年 4 月全国主要气象灾害分布

Fig. B4　The distribution of major meteorological disasters over China in April 2017

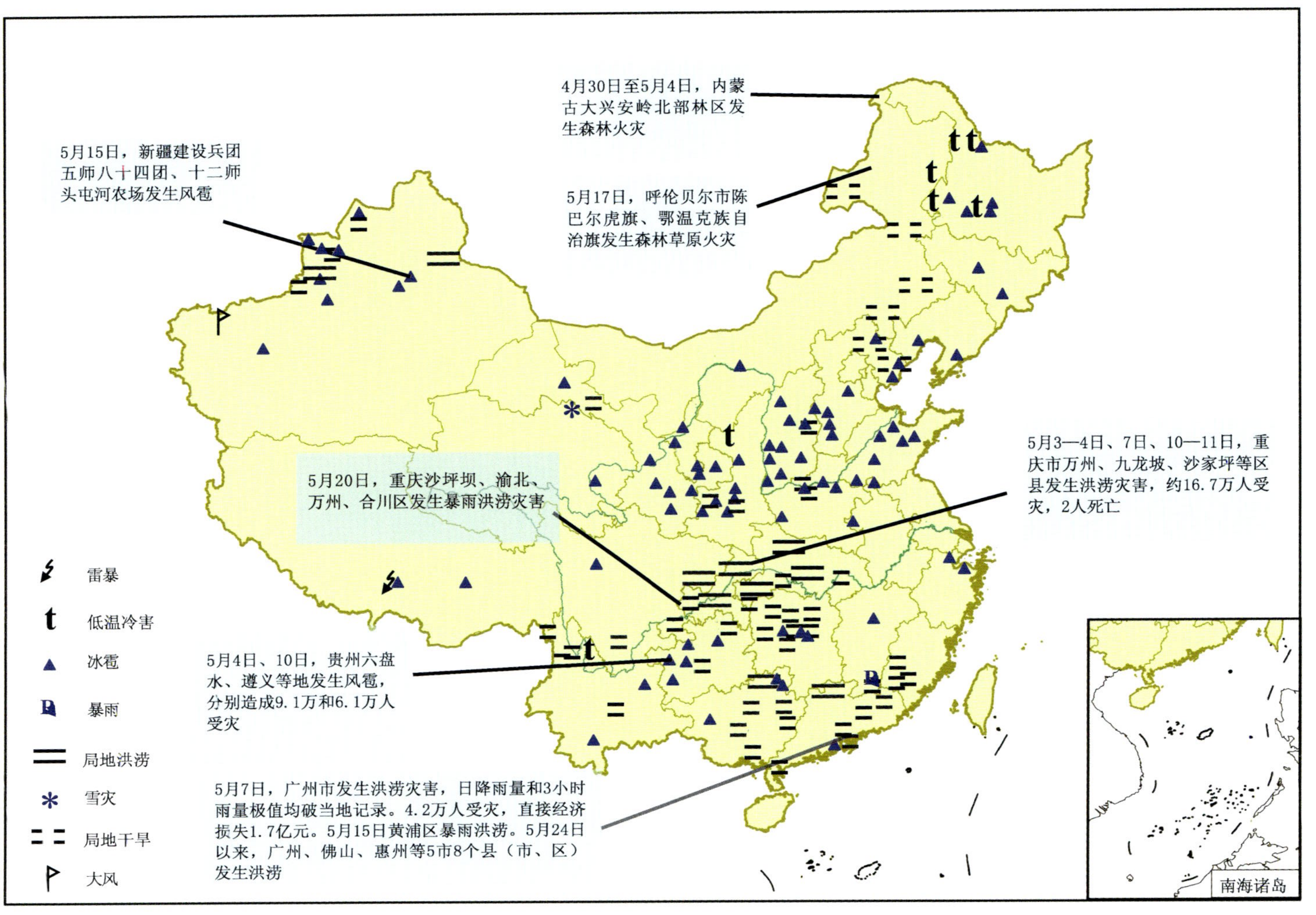

图 B5　2017 年 5 月全国主要气象灾害分布

Fig. B5　The distribution of major meteorological disasters over China in May 2017

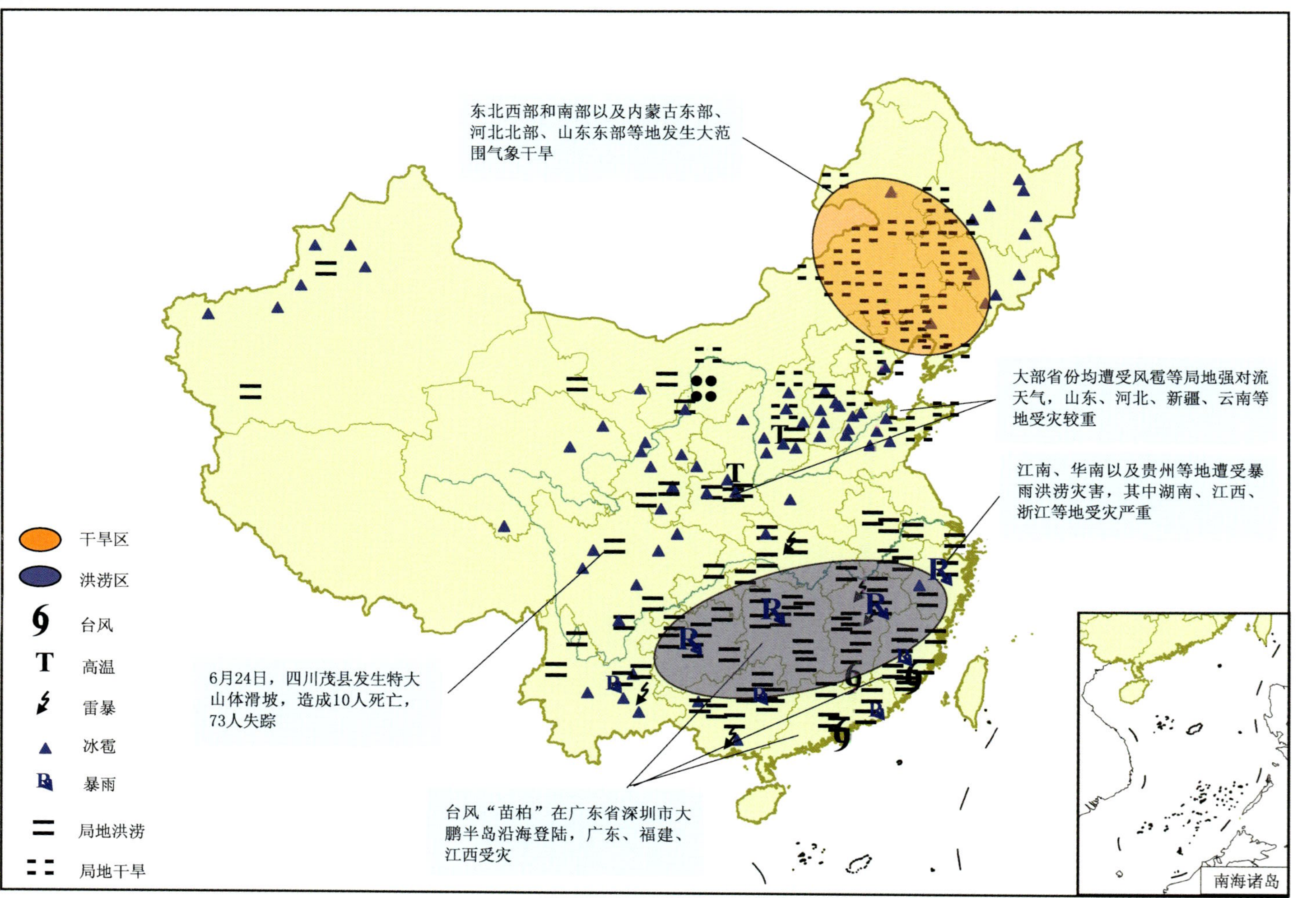

图 B6　2017 年 6 月全国主要气象灾害分布

Fig. B6　The distribution of major meteorological disasters over China in June 2017

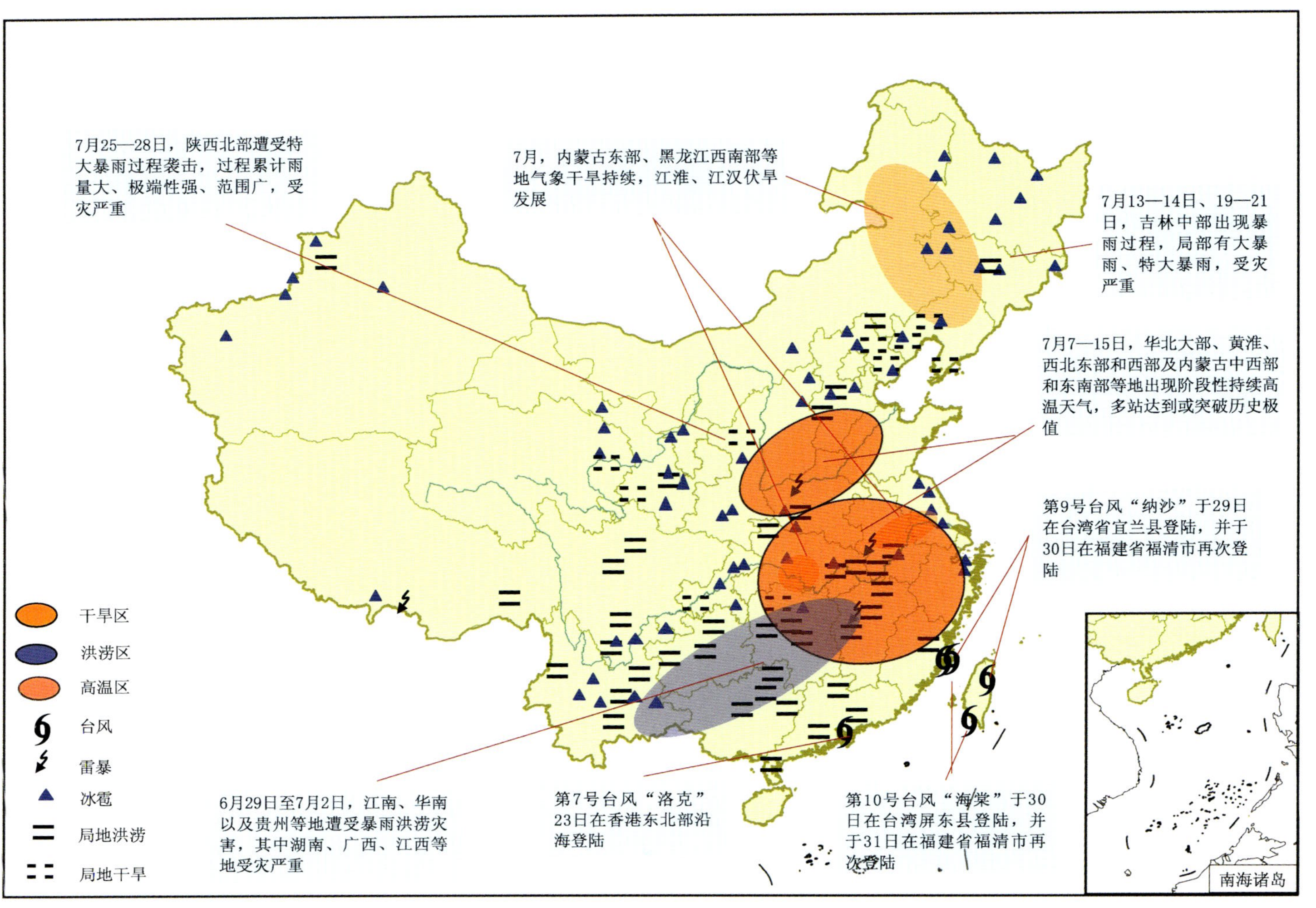

图 B7　2017 年 7 月全国主要气象灾害分布

Fig. B7　The distribution of major meteorological disasters over China in July 2017

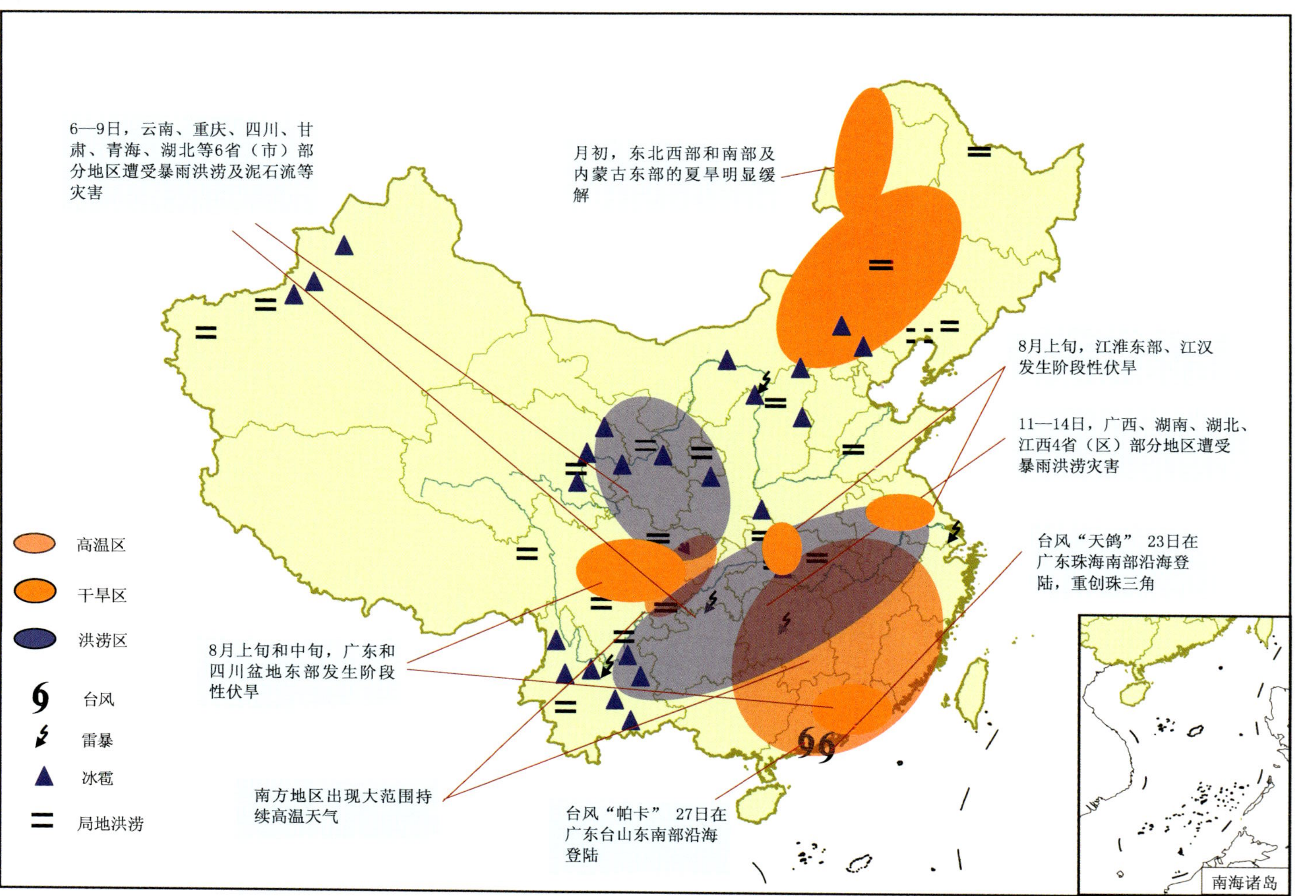

图 B8　2017 年 8 月全国主要气象灾害分布

Fig. B8　The distribution of major meteorological disasters over China in August 2017

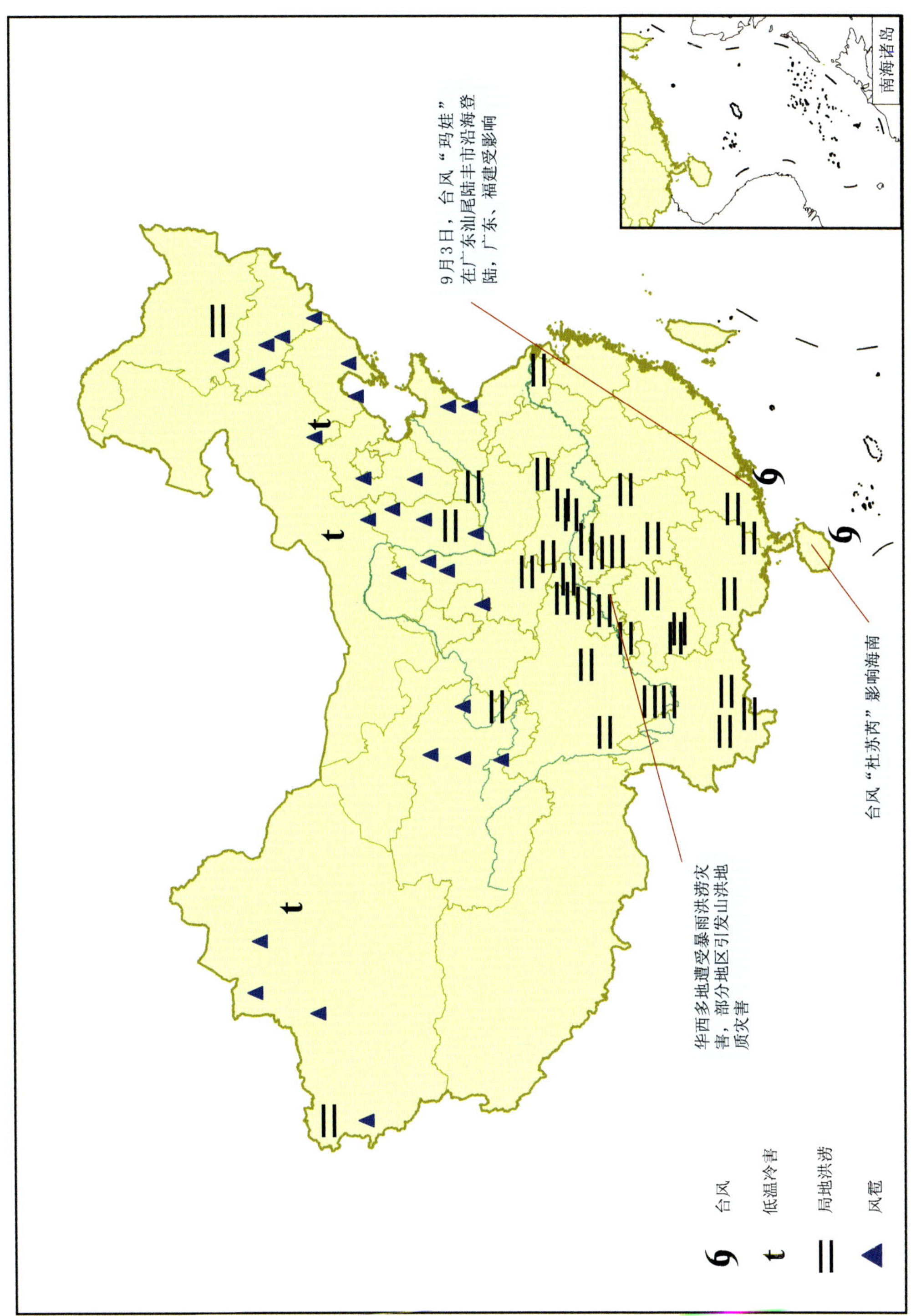

图 B9　2017 年 9 月全国主要气象灾害分布

Fig. B9　The distribution of major meteorological disasters over China in September 2017

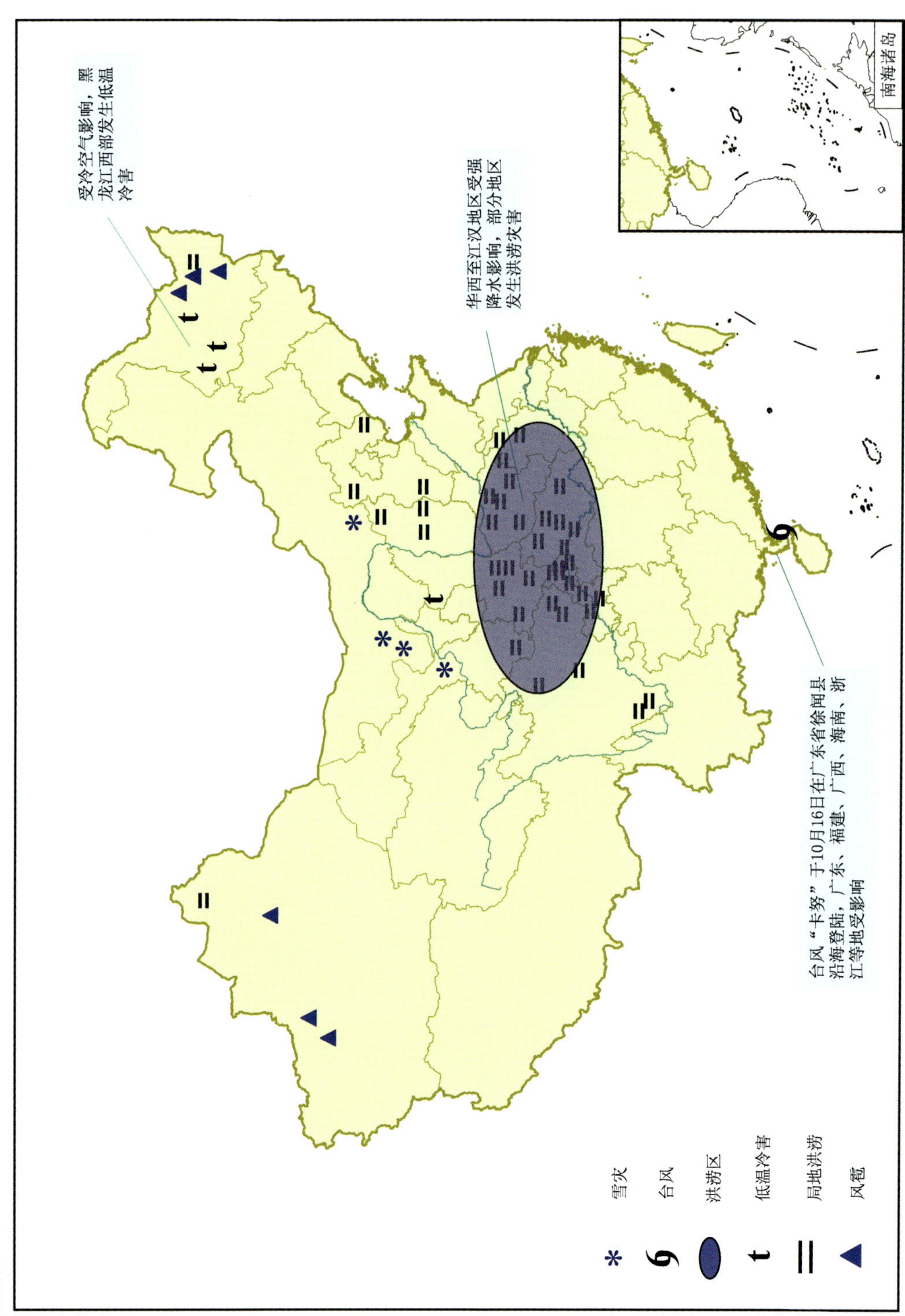

图 B10　2017 年 10 月全国主要气象灾害分布

Fig. B10　The distribution of major meteorological disasters over China in October 2017

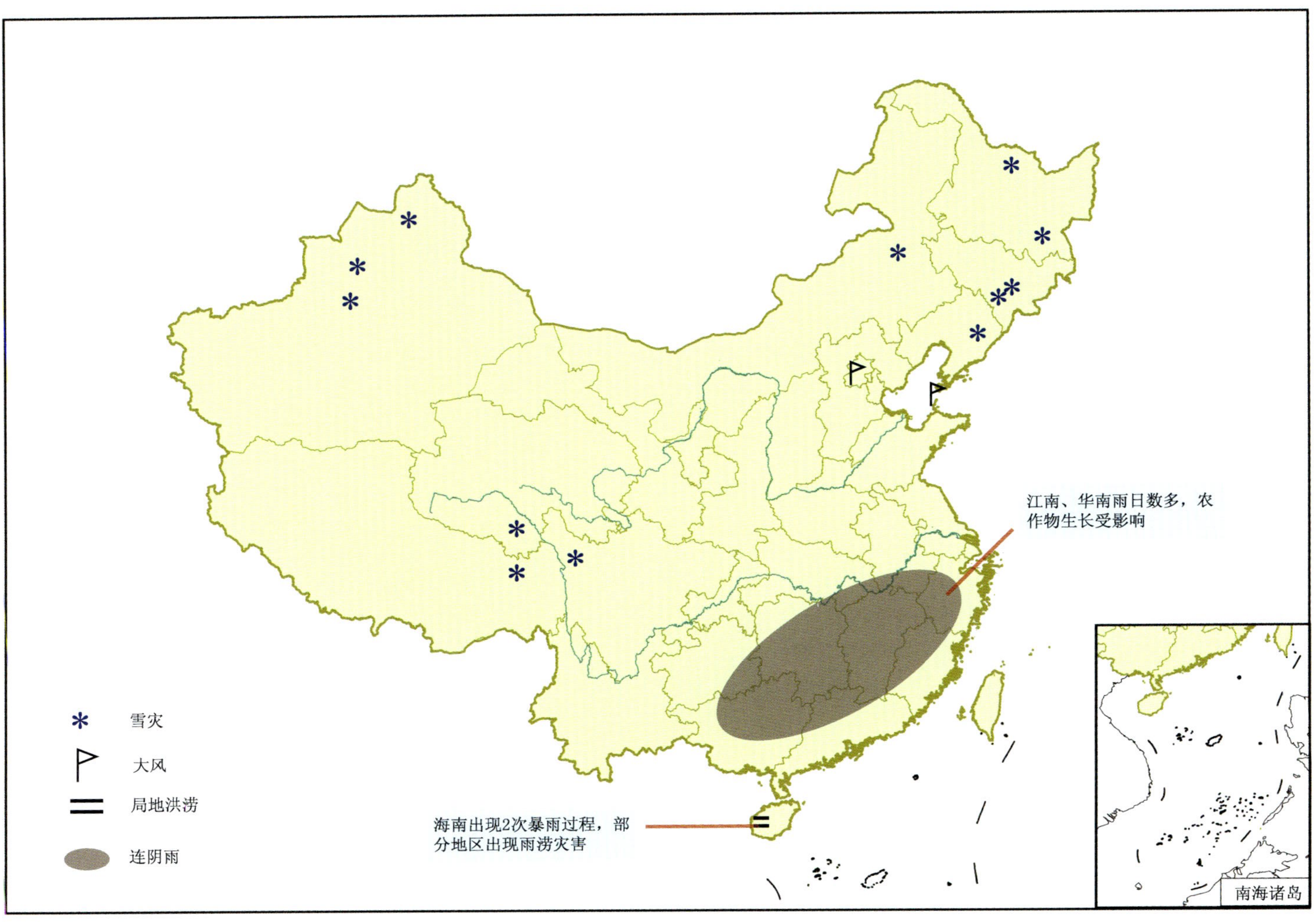

图 B11　2017 年 11 月全国主要气象灾害分布

Fig. B11　The distribution of major meteorological disasters over China in November 2017

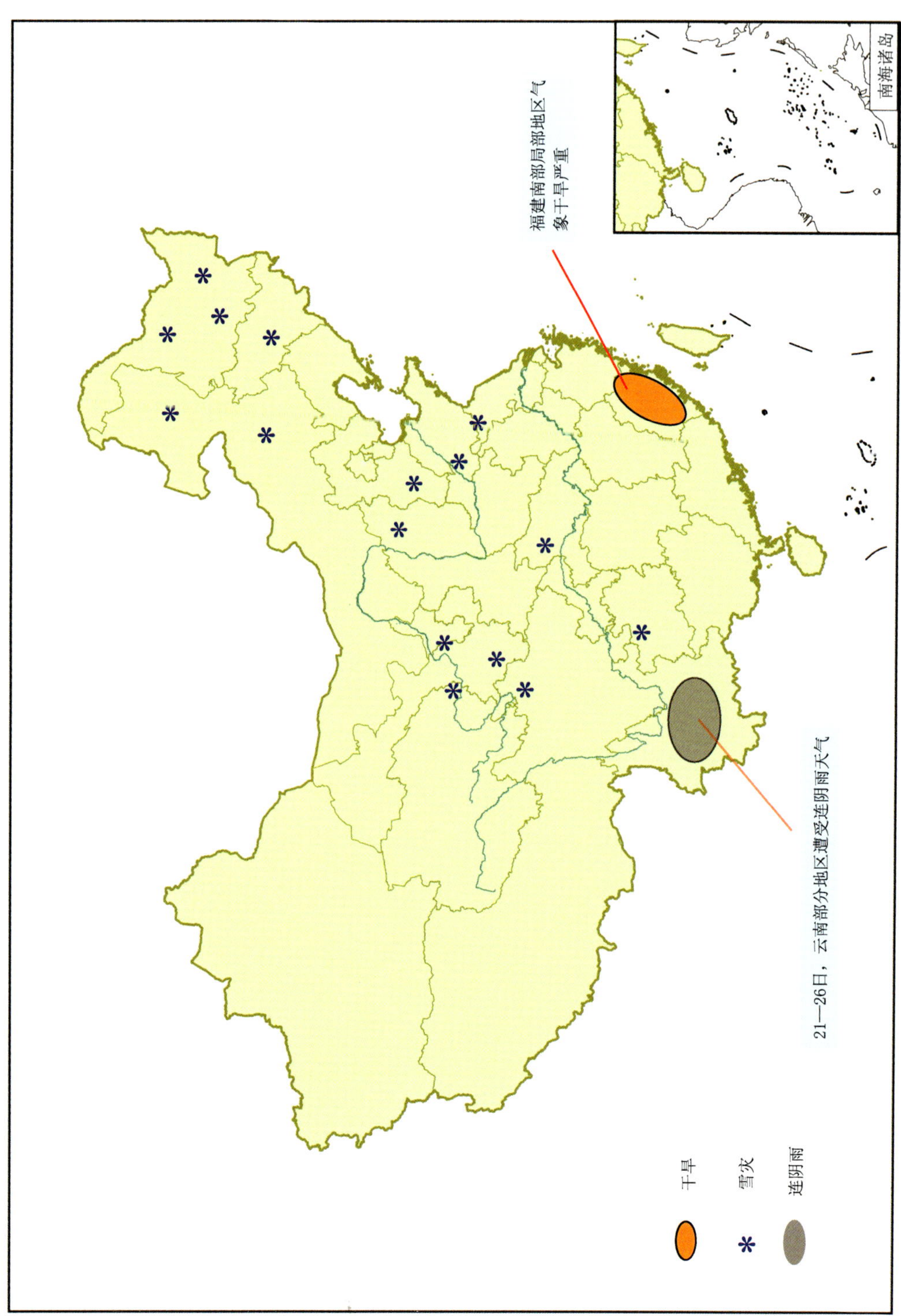

图 B12　2017 年 12 月全国主要气象灾害分布

Fig. B12　The distribution of major meteorological disasters over China in December 2017

附录C 气温特征分布图

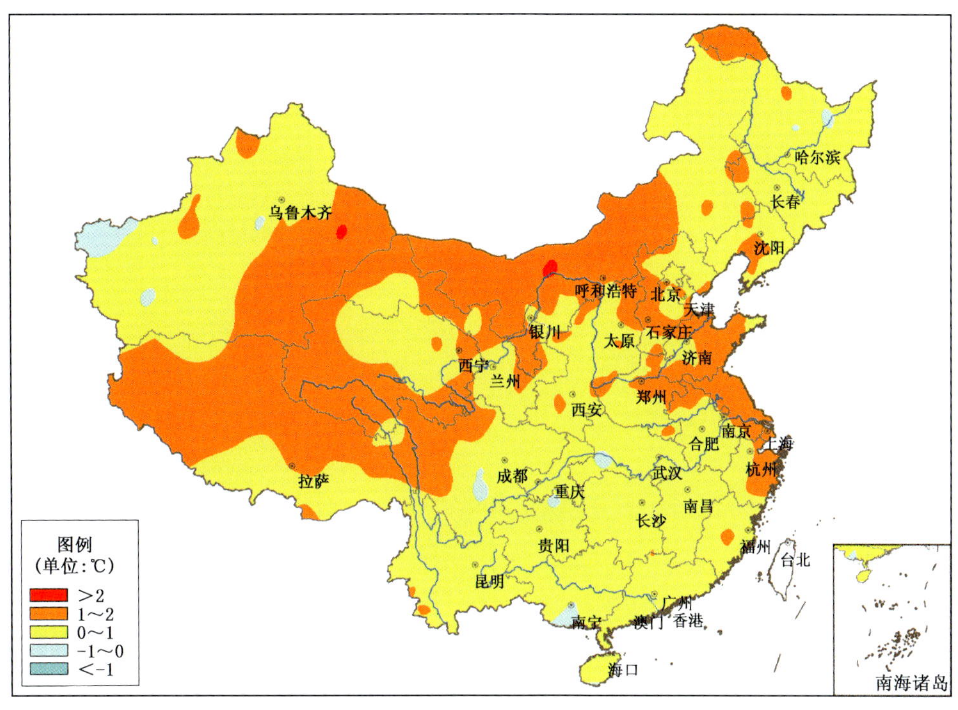

图C1 2017年全国年平均气温距平分布

Fig. C1 Distribution of annual mean temperature anomalies over China in 2017 (unit:℃)

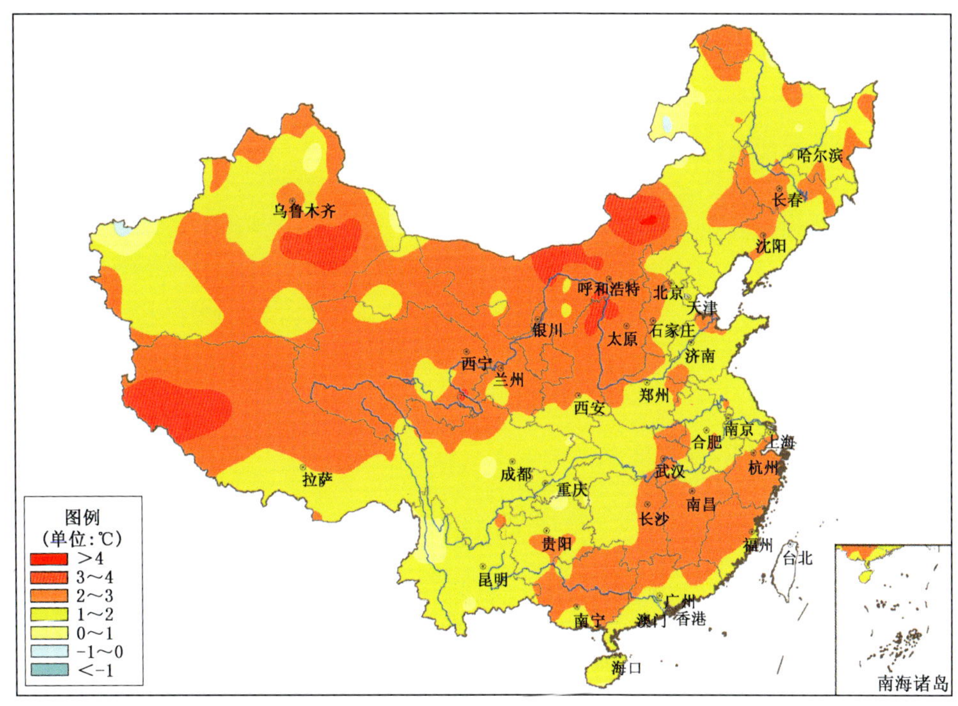

图C2 2017年全国冬季平均气温距平分布

Fig. C2 Distribution of annual mean temperature anomalies over China in winter of 2017 (unit:℃)

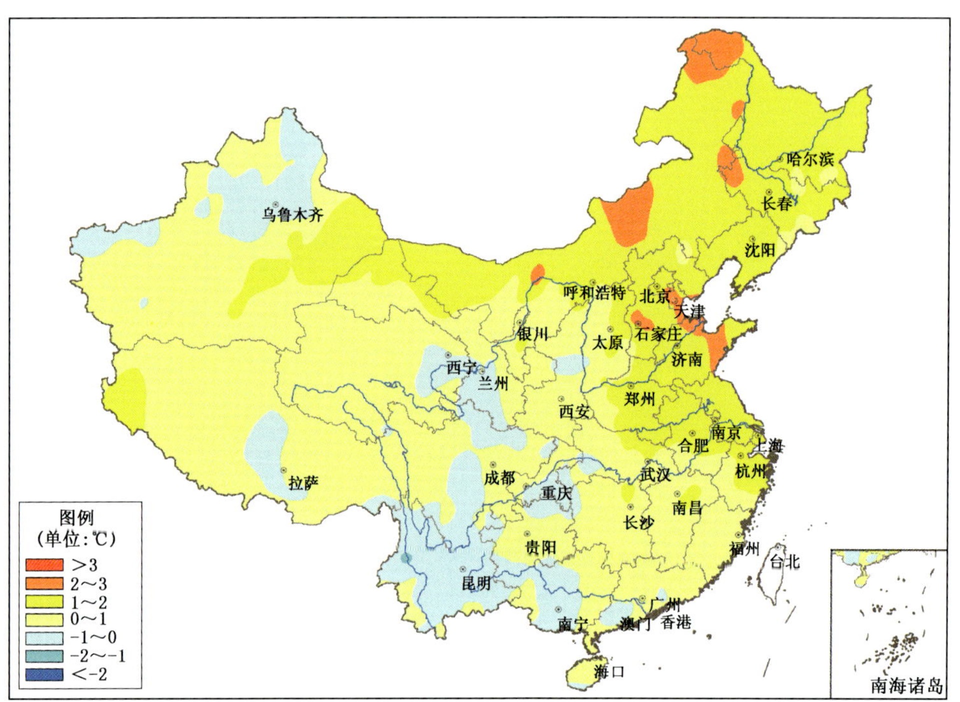

图 C3 2017 年全国春季平均气温距平分布

Fig. C3 Distribution of annual mean temperature anomalies over China in spring of 2017 (unit:℃)

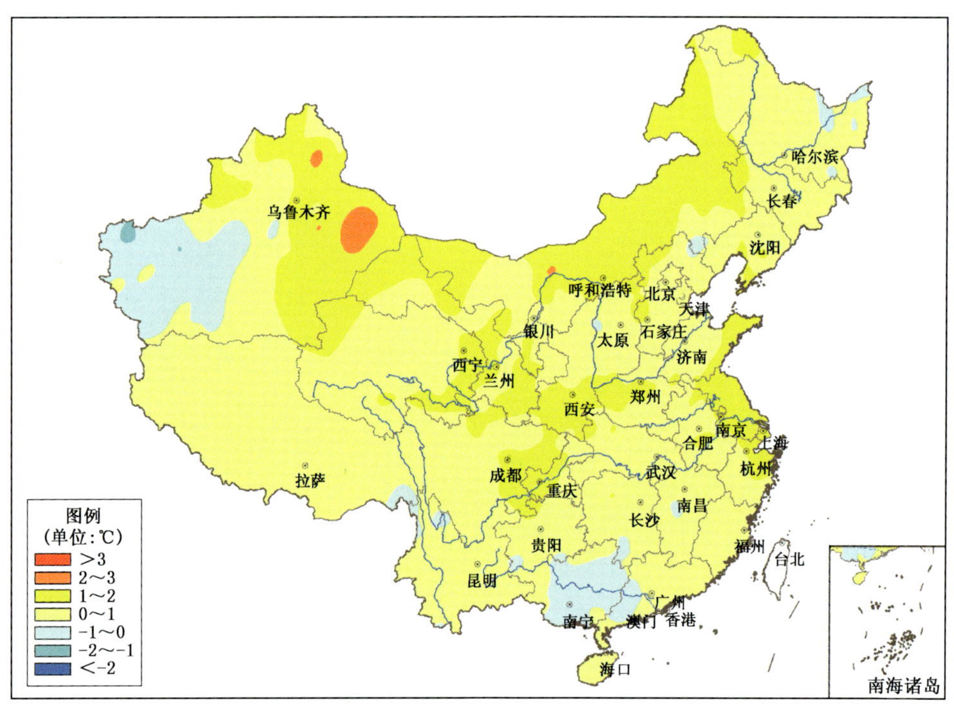

图 C4 2017 年全国夏季平均气温距平分布

Fig. C4 Distribution of annual mean temperature anomalies over China in summer of 2017 (unit:℃)

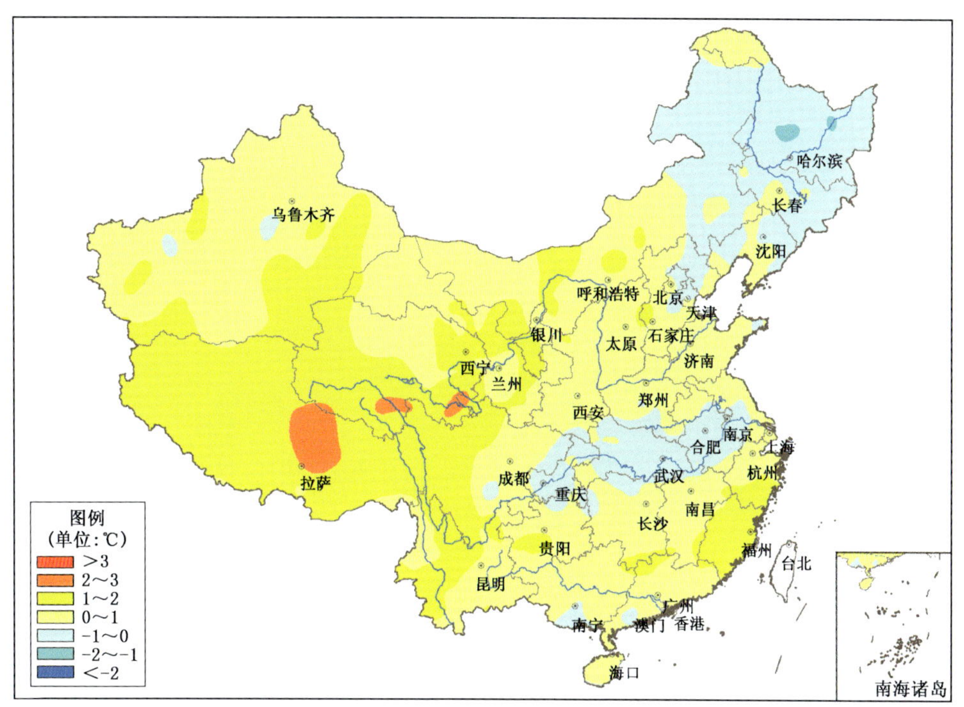

图 C5　2017 年全国秋季平均气温距平分布

Fig. C5　Distribution of annual mean temperature anomalies over China in autumn of 2017 (unit:℃)

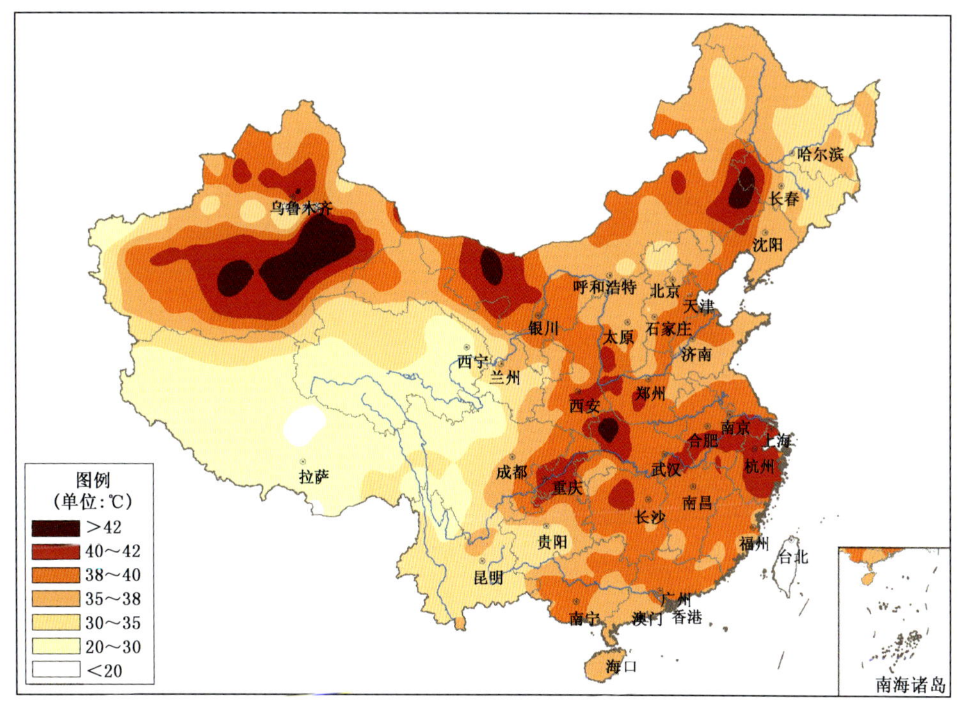

图 C6　2017 年全国极端最高气温分布

Fig. C6　Distribution of annual extreme maximum temperature over China in 2017 (unit:℃)

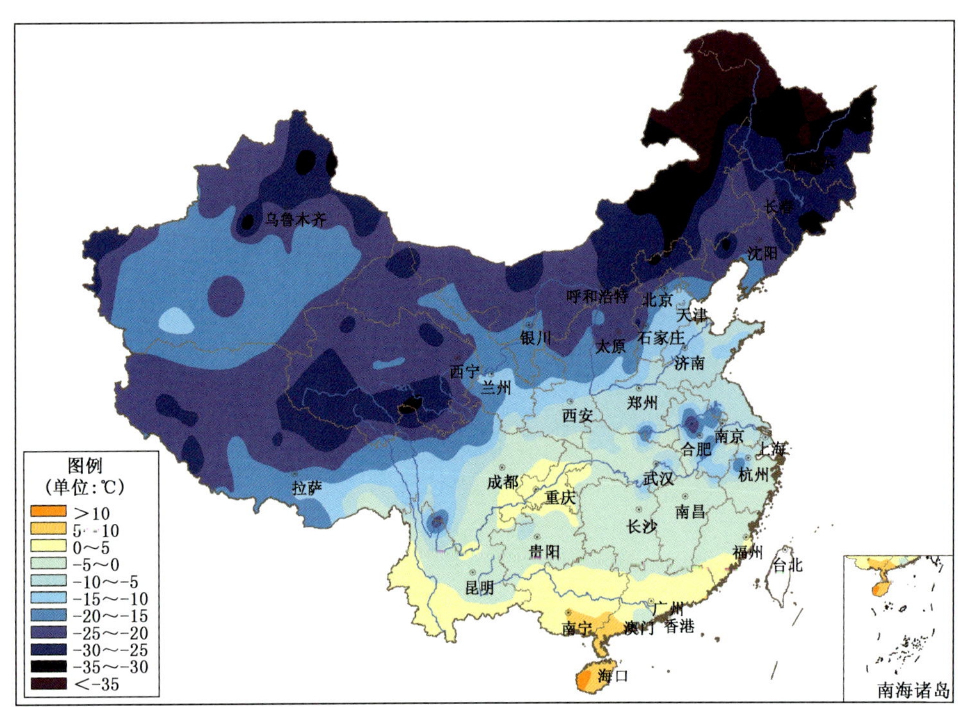

图 C7　2017 年全国极端最低气温分布

Fig. C7　Distribution of annual extreme minimum temperature over China in 2017 (unit: ℃)

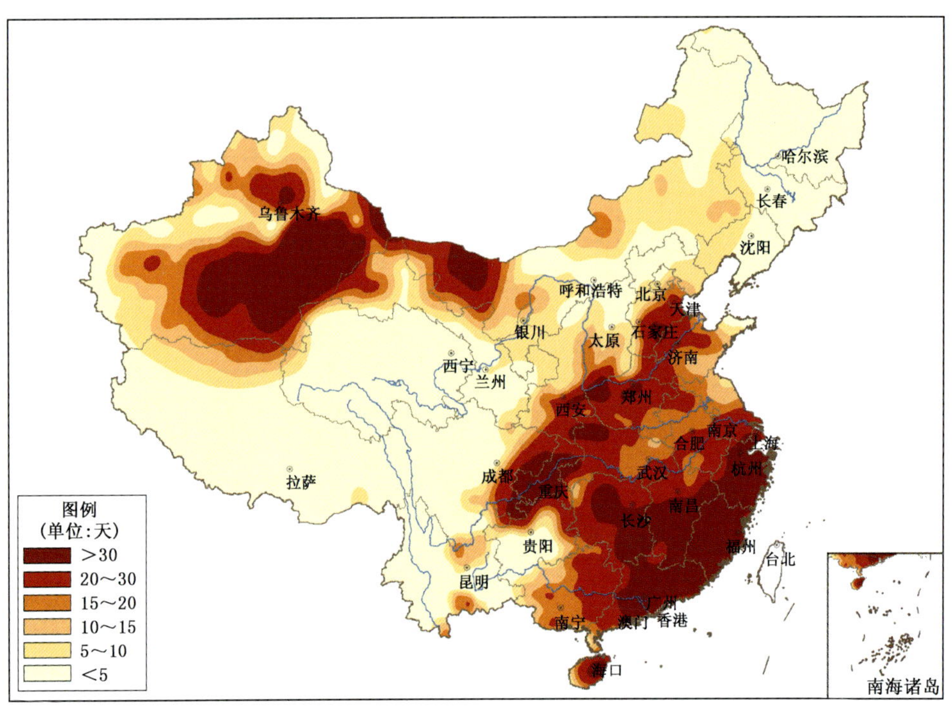

图 C8　2017 年全国高温(日最高气温≥35℃)日数分布

Fig. C8　Distribution of hot days (daily maximum temperature ≥35℃) over China in 2017 (unit: d)

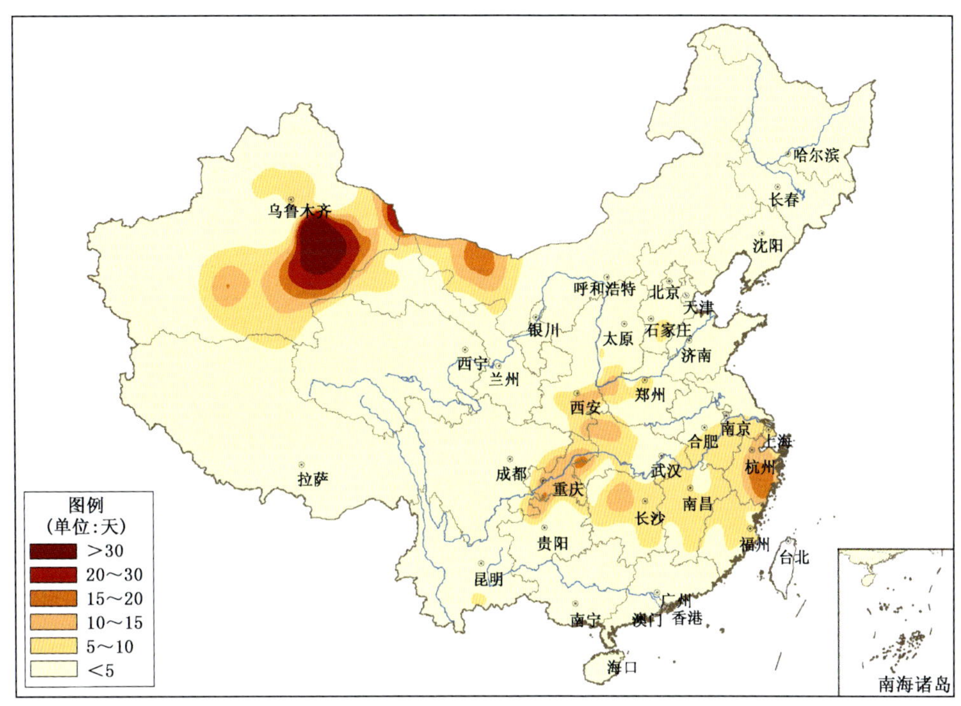

图 C9　2017 年全国高温(日最高气温≥38℃)日数分布

Fig. C9　Distribution of hot days (daily maximum temperature ≥38℃) over China in 2017 (unit: d)

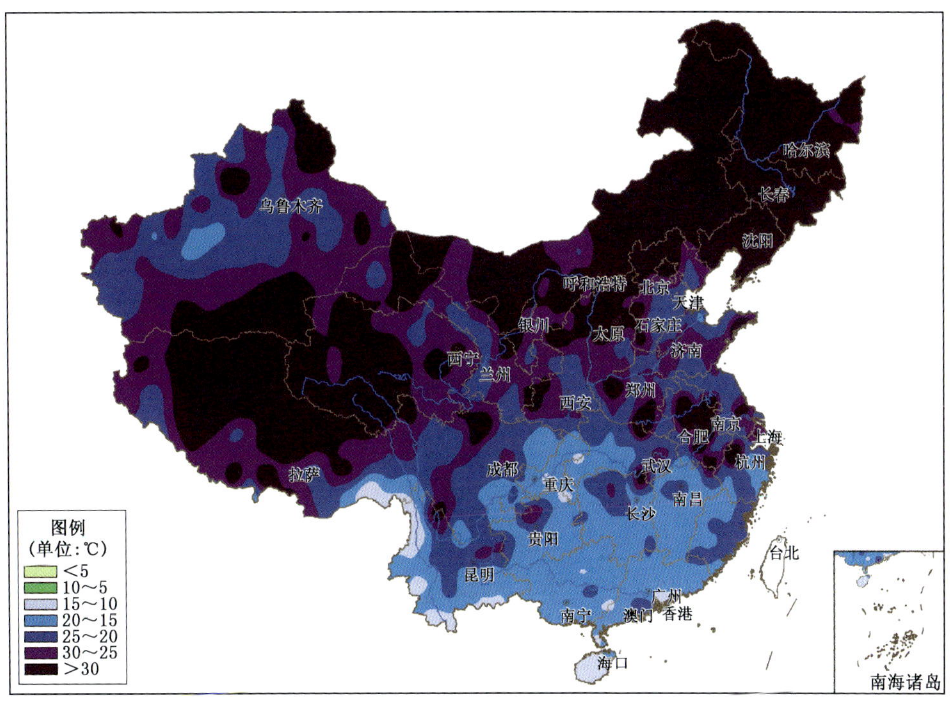

图 C10　2017 年全国最大过程降温幅度分布

Fig. C10　Distribution of the maximum amplitude of temperature dropping over China in 2017 (unit: ℃)

附录 D 降水特征分布图

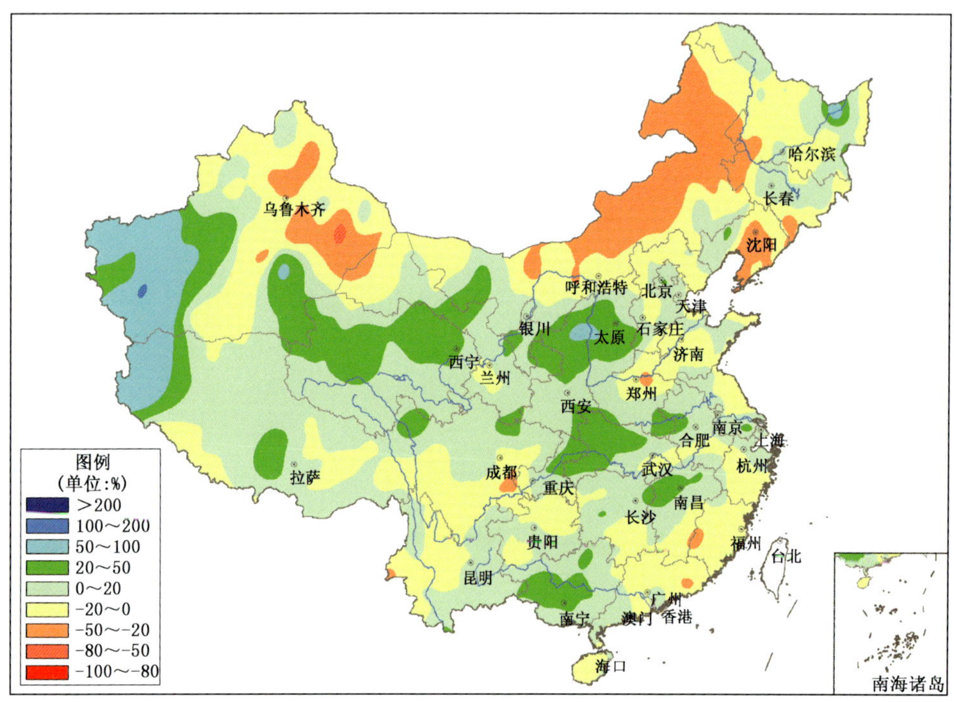

图 D1 2017 年全国降水量距平百分率分布

Fig. D1 Distribution of annual precipitation anomalies over China in 2017 (unit: %)

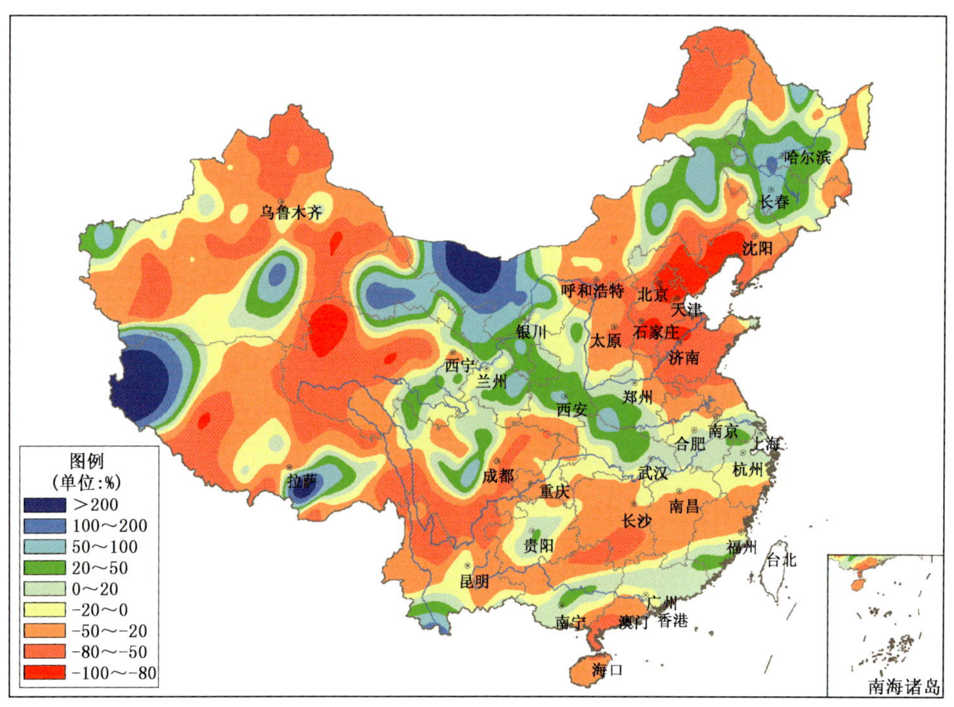

图 D2 2017 年全国冬季降水量距平百分率分布

Fig. D2 Distribution of precipitation anomalies over China in winter of 2017 (unit: %)

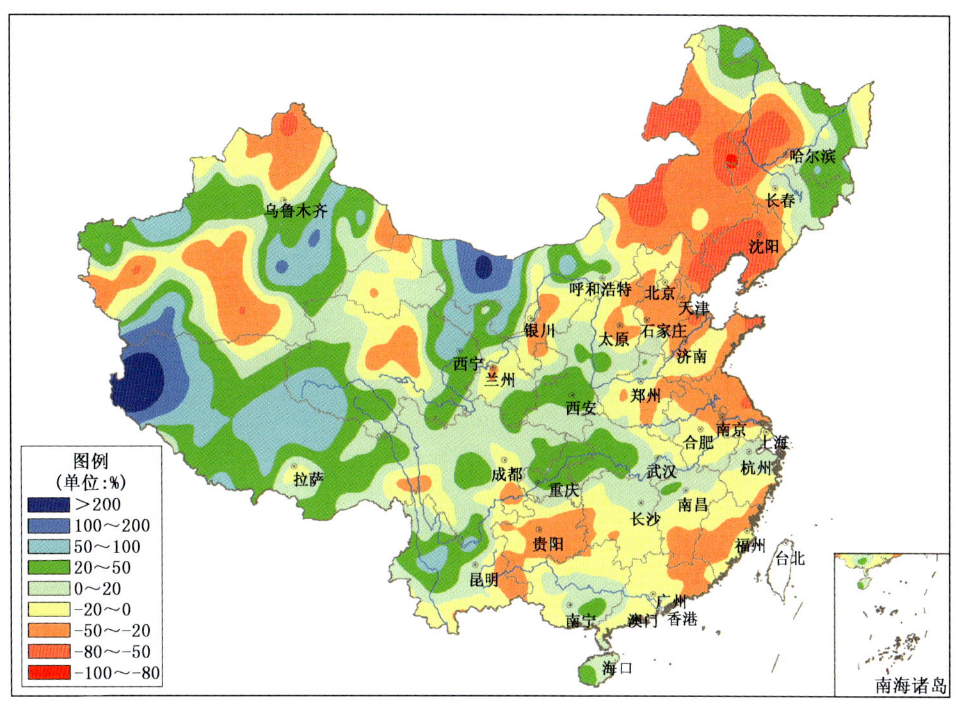

图 D3　2017 年全国春季降水量距平百分率分布

Fig. D3　Distribution of precipitation anomalies over China in spring of 2017 (unit: %)

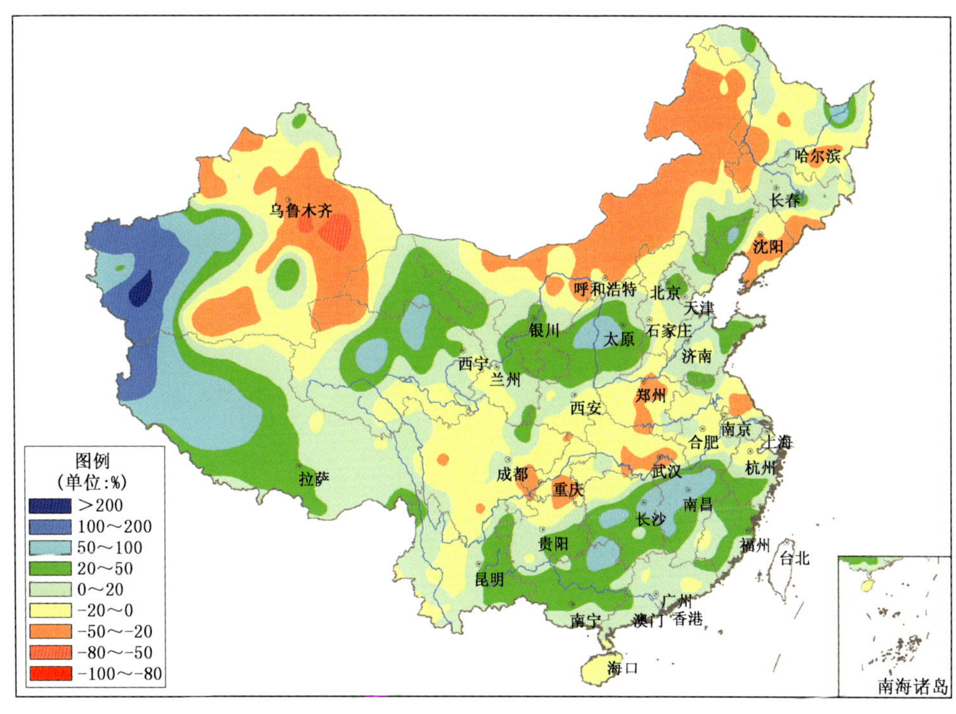

图 D4　2017 年全国夏季降水量距平百分率分布

Fig. D4　Distribution of precipitation anomalies over China in summer of 2017 (unit: %)

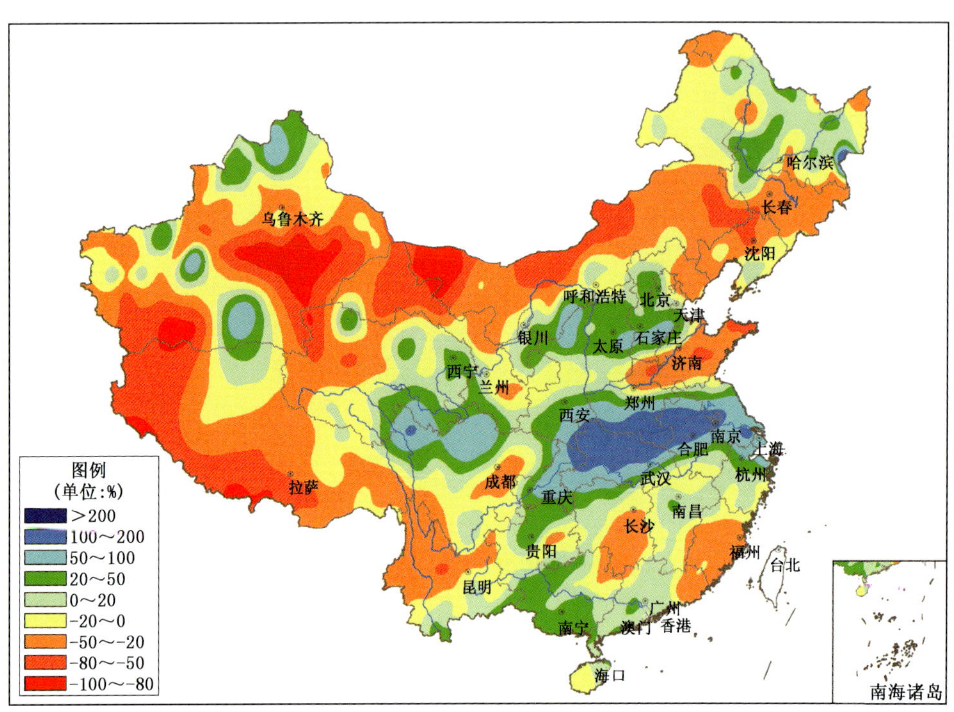

图 D5 2017 年全国秋季降水量距平百分率分布

Fig. D5 Distribution of precipitation anomalies over China in autumn of 2017 (unit: %)

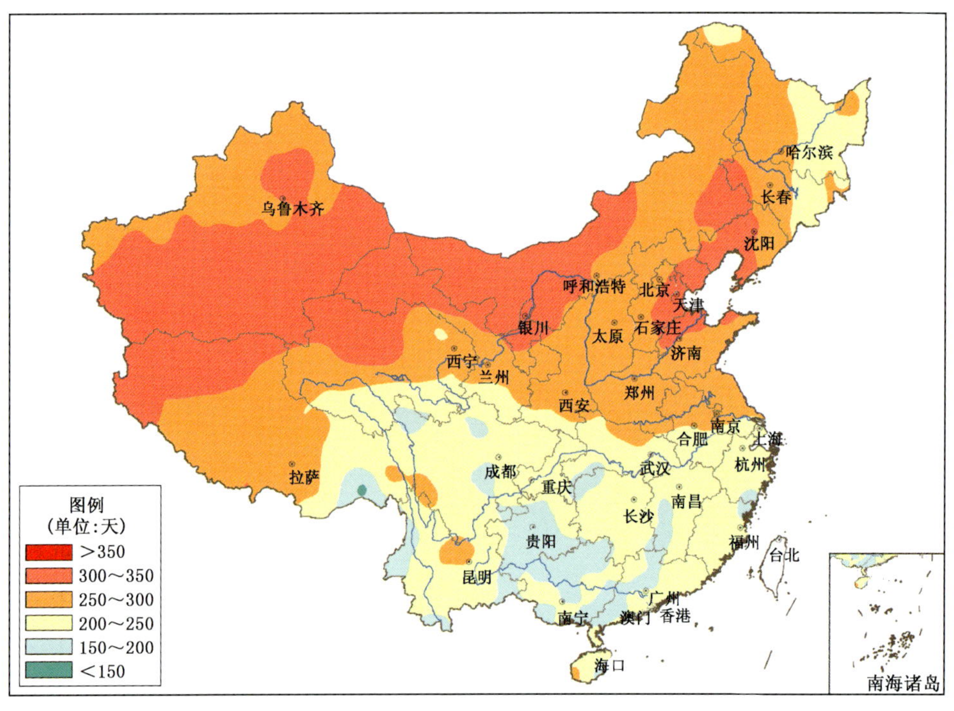

图 D6 2017 年全国无降水日数分布

Fig. D6 Distribution of non-precipitation days over China in 2017 (unit: d)

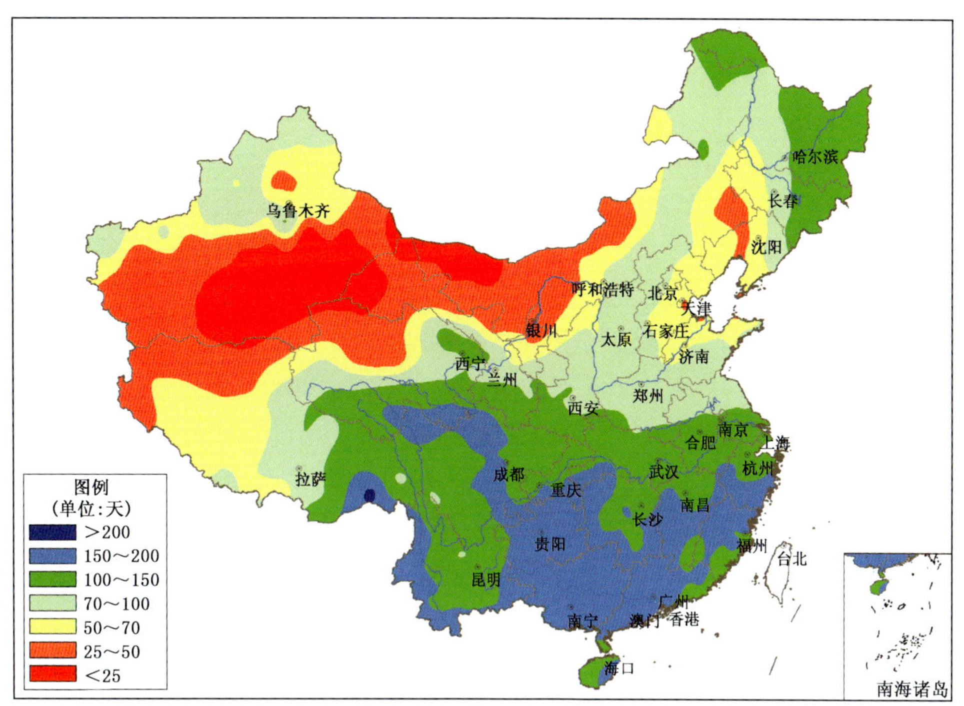

图 D7 2017 年全国降水(日降水量≥0.1 毫米)日数分布

Fig. D7 Distribution of the number of days with daily precipitation ≥0.1 mm over China in 2017 (unit:d)

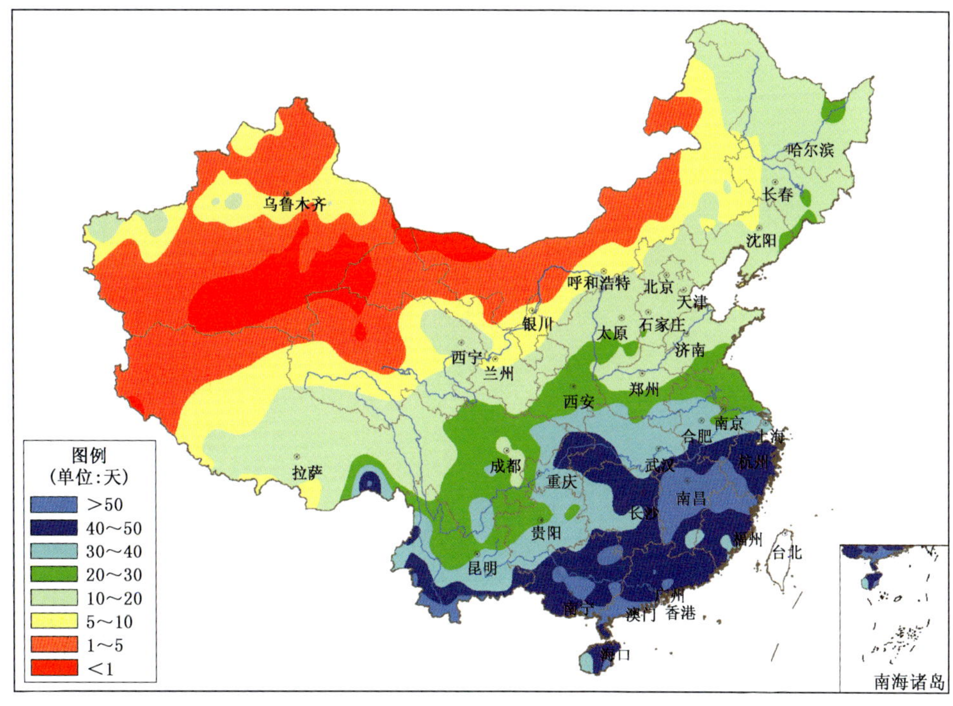

图 D8 2017 年全国降水(日降水量≥10.0 毫米)日数分布

Fig. D8 Distribution of the number of days with daily precipitation ≥10.0 mm over China in 2017 (unit:d)

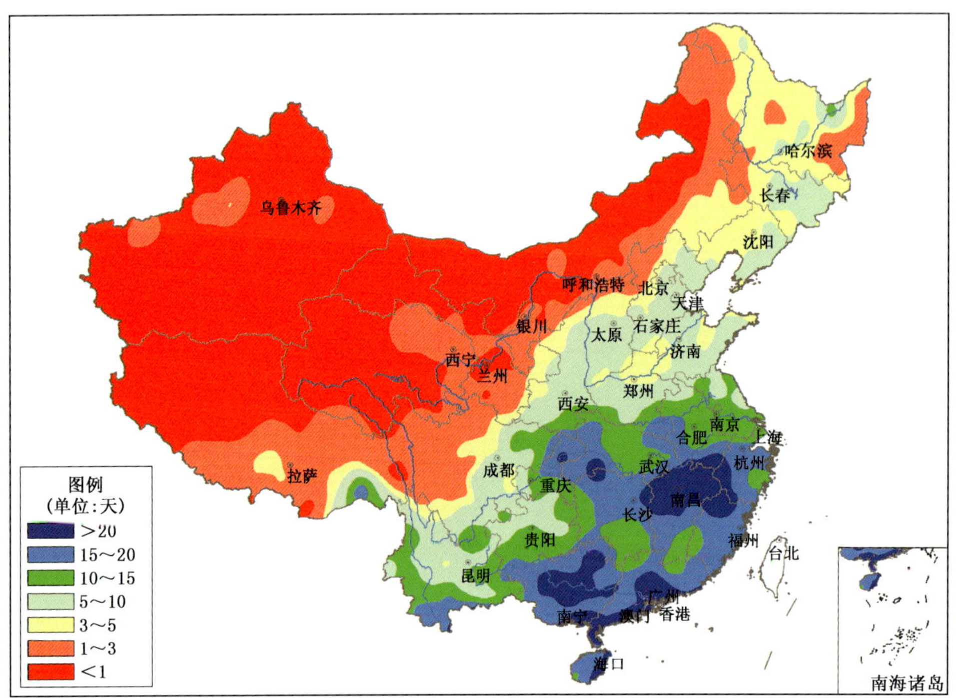

图 D9　2017 年全国降水(日降水量≥25.0 毫米)日数分布

Fig. D9　Distribution of the number of days with daily precipitation ≥25.0 mm over China in 2017 (unit:d)

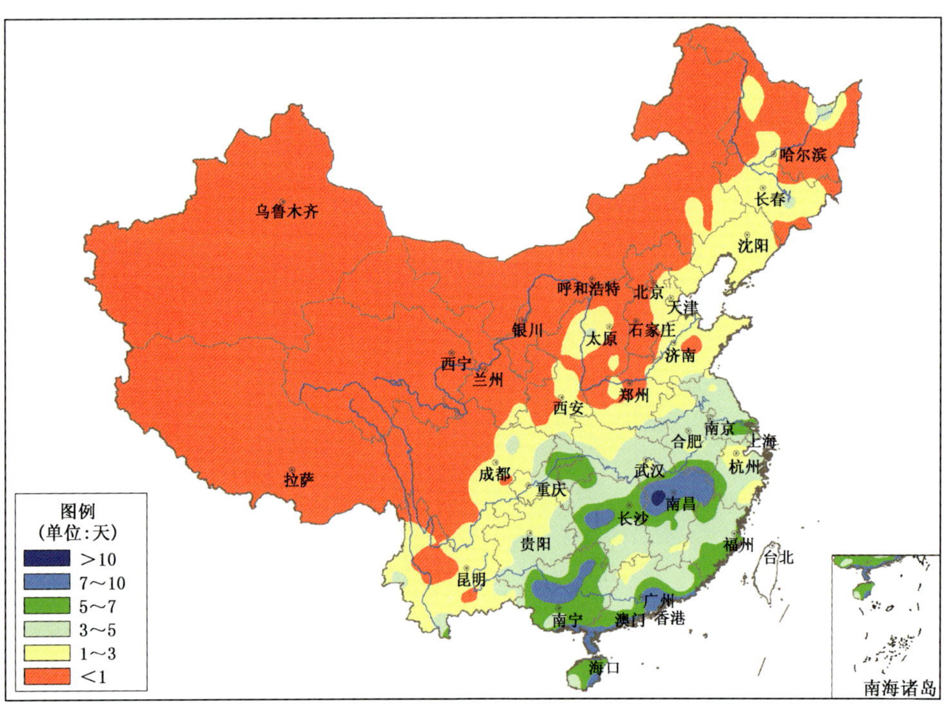

图 D10　2017 年全国降水(日降水量≥50.0 毫米)日数分布

Fig. D10　Distribution of the number of days with daily precipitation ≥50.0 mm over China in 2017 (unit:d)

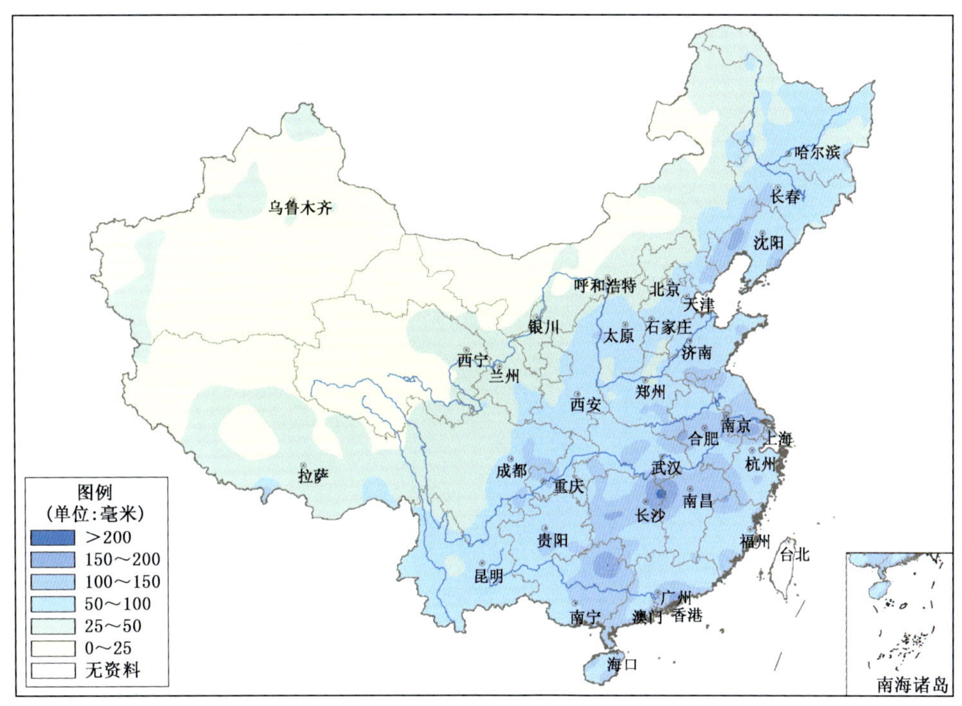

图 D11 2017 年全国日最大降水量分布

Fig. D11 Distribution of maximum daily precipitation amount over China in 2017 (unit:mm)

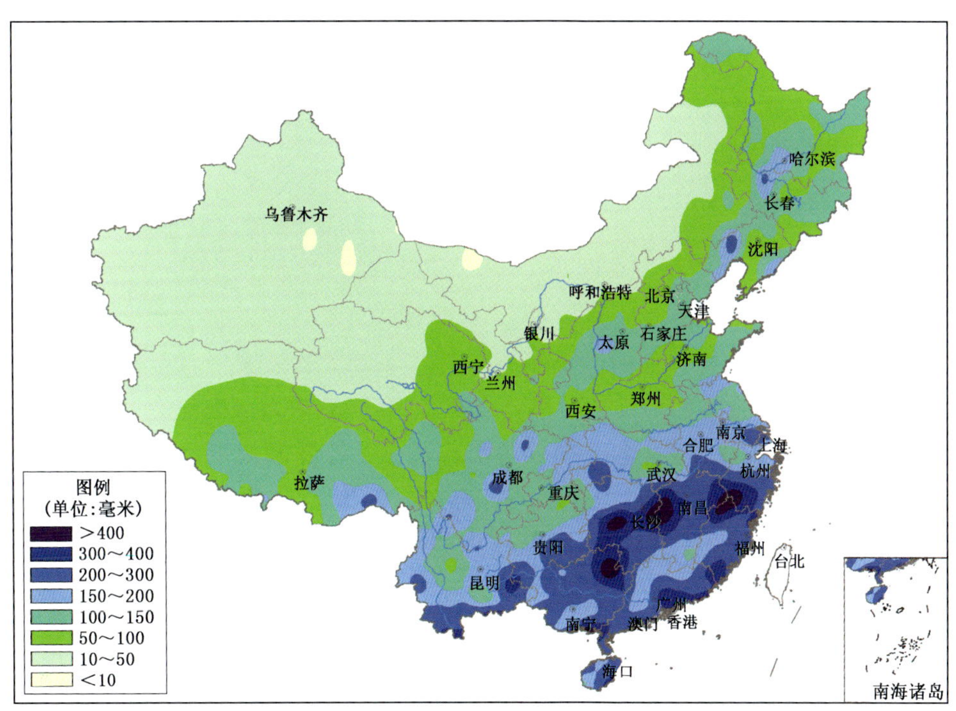

图 D12 2017 年全国最大连续降水量分布

Fig. D12 Distribution of maximum consecutive precipitation amount over China in 2017 (unit:mm)

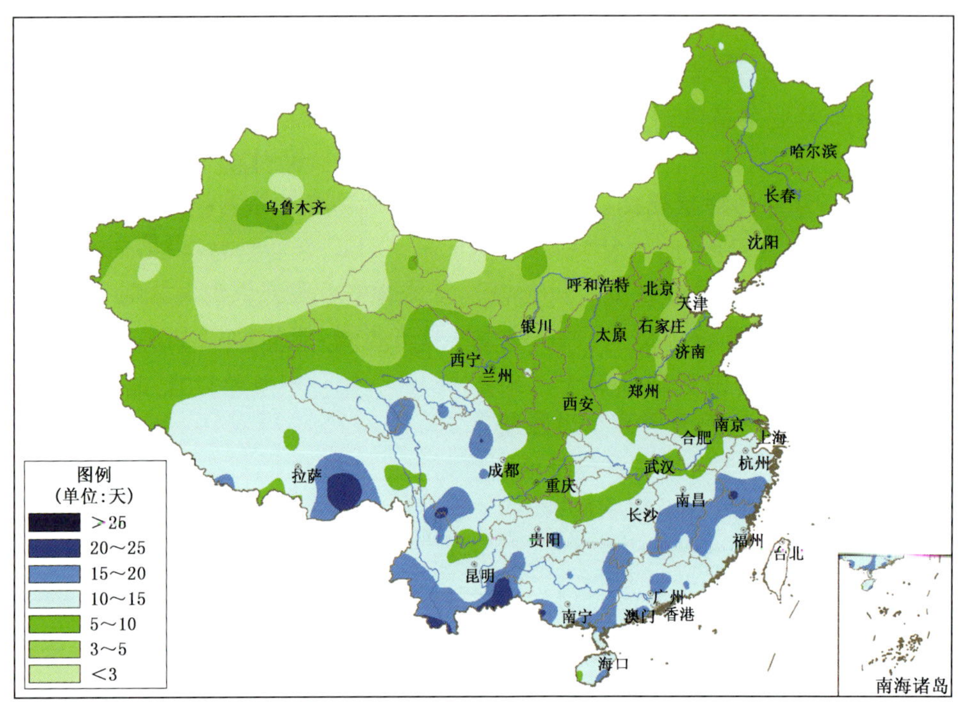

图 D13　2017 年全国最长连续降水日数分布

Fig. D13　Distribution of the maximum consecutive precipitation days over China in 2017 (unit:d)

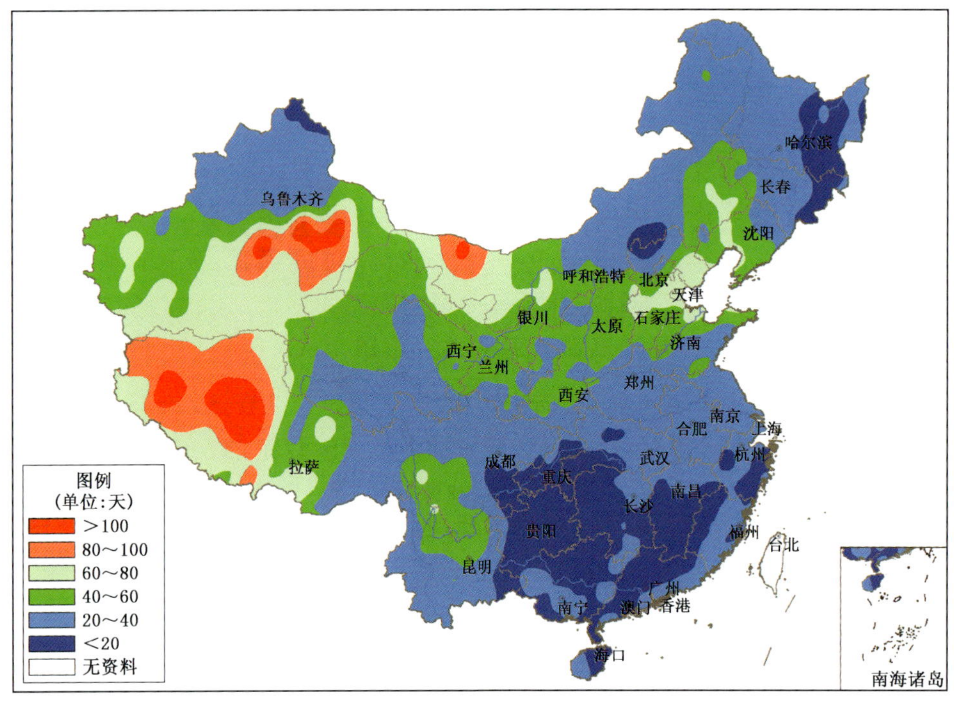

图 D14　2017 年全国最长连续无降水日数分布

Fig. D14　Distribution of the maximum consecutive non-precipitation days over China in 2017 (unit:d)

附录 E　天气现象特征分布图

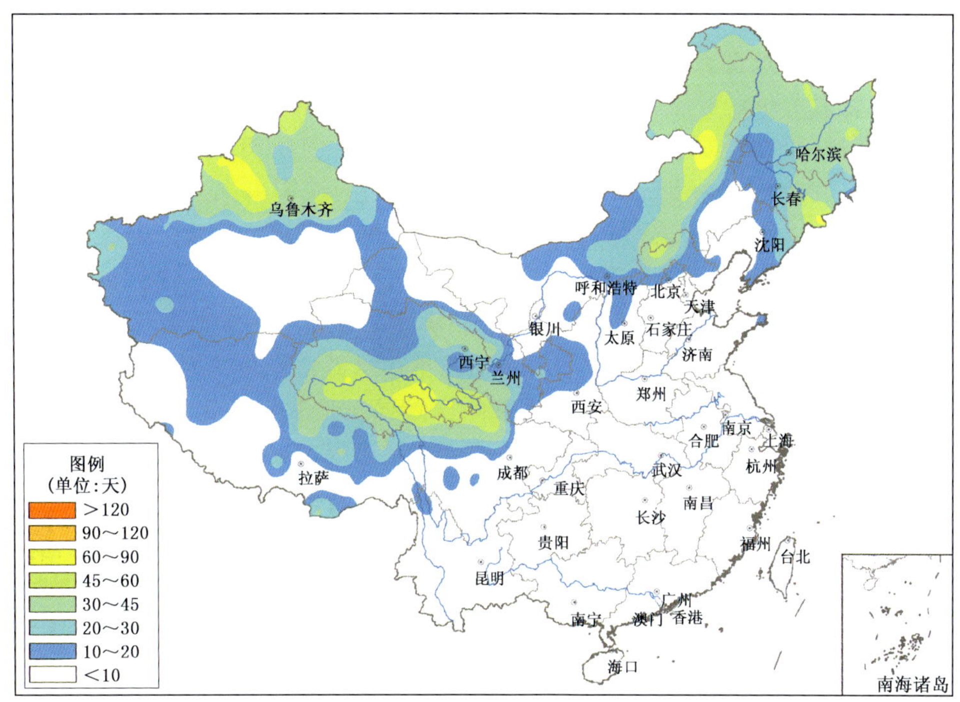

图 E1　2017 年全国降雪日数分布

Fig. E1　Distribution of snow days over China in 2017 (unit:d)

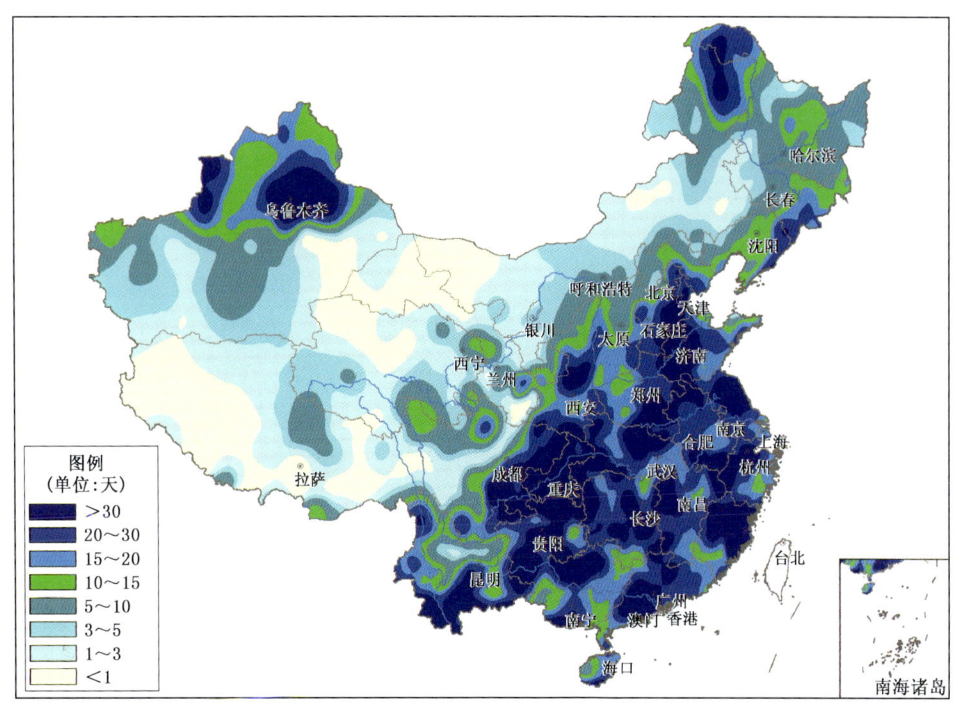

图 E2　2017 年全国雾日数分布

Fig. E2　Distribution of fog days over China in 2017 (unit:d)

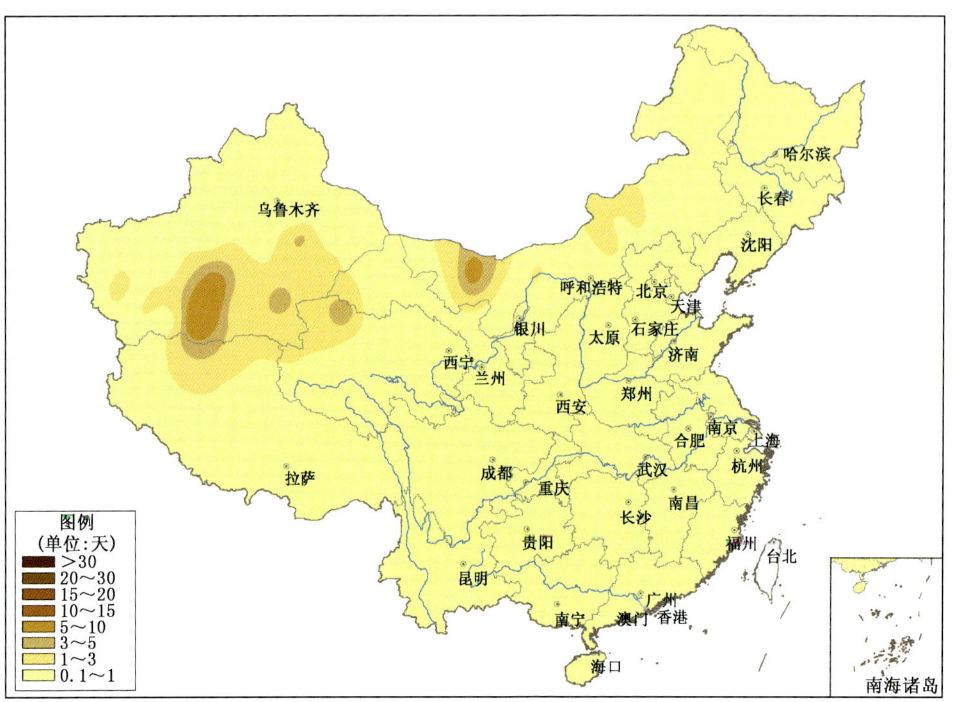

图 E3　2017 年全国沙尘暴日数分布

Fig. E3　Distribution of sand and dust storm days over China in 2017 (unit:d)

附录 F　2017 年香港、澳门、台湾部分气象灾害选编

香港

● 6 月 13 日，受台风“苗柏”影响，新界及香港岛等地出现暴雨，1 小时降雨量超过 100 毫米。香港共发生 21 宗水浸、山泥倾泻及 20 宗塌树事件。九龙红磡公主道遭大水淹没，变成“河流”，造成有的汽车抛锚；香港岛赤柱大潭道发生山泥倾泻，山泥堆起来约 3～4 米高。暴雨期间，香港所有幼稚园及部分特殊学校一度停课。共 239 人入住民政事务总署开设的临时庇护中心，10 名市民在风暴期间受伤。此外，狂风暴雨令海陆交通大受影响，香港机场共 26 班航班取消及 475 班航班延误。

●7 月 23 日，2017 年第 7 号台风“洛克”在香港东部沿海登陆，登陆时中心附近最大风力有 8 级(20 米/秒)，中心最低气压 995 百帕。受“洛克”影响，屯门客运码头和上环港澳客运码头暂时关闭。陆路交通方面，电车公司各路线服务陆续停止服务。同时，香港迪斯尼乐园度假区、迪欣湖活动中心、海洋公园以及湿地公园等几家公园暂停开放。香港所有学校和幼稚园一度停课，公立医院普通科门诊全部关闭，社会上多项活动取消，正在会展中心举行的香港书展暂时关闭。台风影响期间，特区政府共收到 2 宗塌树报告；共有 92 人入住临时庇护中心。

● 7 月下旬，香港连续数日天气酷热，空气质量不佳。7 月 30 日未到中午时分，香港天文台已录得元朗公园、大埔大美督、屯门、天水围、湿地公园、荃湾城门谷、九龙城和跑马地等多个地区气温逾 35℃，刷新 7 月 26 日所录得的 34.4℃最热纪录。至傍晚，香港有 23 个气温监测地点录得 36℃或以上高温，最酷热的地区赤鱲角气温更达到 37.7℃。香港民政事务总署 7 月 30 日晚开放 15 间夜间临时避暑中心，供有需要的市民入住。受闷热天气影响，香港特区当局共接获 10 多宗市民郊游爬山或野外活动时中暑报告。

●8 月 23 日，台风“天鸽”掠过香港，香港平均风力达 12 级以上，并伴有暴雨、雷暴，海上有巨浪及涌浪。天文台发出最高级别的热带气旋警告信号，香港 5 年来首次挂“十号风球”。受“天鸽”影响，香港多个方面公共服务相继暂停。8 月 23 日香港工商大部分停业，学校停课，公共场所停止开放，股市停市，银行等停业，证券交易市场亦暂停交易。除公立医院急症室照常服务外，各医院停止门诊。海陆空交通几近全部停运，当天共有 480 班往来香港的航班取消，机场其后实施航班重新编配。此外，所有渡轮服务，包括天星小轮、新渡轮、港九小轮等均已停航。海洋公园、昂坪 360 缆车等景点暂时关闭。上午应在湾仔金紫荆广场举行的升旗仪式取消。在台风影响期间，民政事务总署为有需要临时住宿者开放 26 个庇护中心，共有 380 人入住。市政部门接获近 700 宗树木倒伏、8 宗水浸和 1 宗山泥倾泻报告，共有 121 名市民受伤去医院急诊。

●8 月 27 日，受台风“帕卡”影响，香港出现狂风大雨，导致 62 人不同程度受伤，有 429 人入住特区政府民政事务总署的临时庇护中心，特区政府共收到 236 宗塌树和 16 宗水浸报告。截至 8 月 27 日 16 时，机场有 206 班航班取消，471 班航班延误。航运方面，港澳客运码头、屯门码头以及中国客运码头均一度关闭，天星小轮、港九小轮也停止所有航线运营。此外，1 艘货船在香港以东 64 海里水域沉没。特区政府飞行服务队接报后，随即飞往肇事海面搜救，成功救起全部 11 名船员。

●10 月 12 日，香港如夏季般炎热，多区最高气温逾 30℃，跑马地更高达 35℃。香港天文台一度发出酷热天气警告，打破 17 年来天气警告最迟发出纪录。

●10 月 15 日，受台风“卡努”影响，香港特区政府共接获 80 宗塌树报告，共有 22 名市民在风灾中受伤(大部分为轻伤)。

澳门

● 8 月 23 日，强台风“天鸽”袭击澳门，最大阵风达 17 级，是自 1953 年有台风气象记录以来对澳门影响最强的台风，沿海出现风暴潮，是自 1925 年澳门有相关记录以来潮位最高的一次。暴雨倾

盆，海水倒灌，导致澳门近三分之一的城区顿成汪洋，不少民宅商铺、地下车库进水被淹，低洼地段水深将近2米，上千台车辆被水浸，万余棵大树折断倒伏。“天鸽”使素有“东方拉斯维加斯”之称的澳门遭受严重损失。据澳门民防行动中心消息，截至8月24日11时，共收到405宗事故报告，包括广告牌、铁片、窗户坠落，天线及树木倒塌，建筑外墙脱落及电梯被困等。澳门停班停课，机场、船班、公共交通全部停摆，机场90多个航班取消或延误。澳门与氹仔之间的3座跨海大桥、西湾大桥下层行车道全部封闭，澳门与珠海之间的3个口岸也暂停运作。澳门一度大面积停水、停电。各医院、电讯部门及其他重要机构纷纷启用备用电力，维持基本运作。风灾共造成澳门10人死亡，244人受伤，直接和间接经济损失达114.7亿澳门元。台风过后，澳门满目疮痍，应澳门特区政府请求，经中央人民政府批准，解放军驻澳部队于8月25日出动约千名官兵，协助特区政府及市民一起参加灾后重建和恢复秩序工作。

● 8月27日，受“帕卡”影响，澳门的海陆空交通大受影响，造成3条澳凼跨海大桥及莲花大桥一度封闭，往来澳门的航船停航，公共汽车停运，当天有35个航班不同程度延误。“帕卡”袭澳期间，澳门民防行动中心共收到95宗水浸、坠物、电力中断、树木倒塌等事故报告，共造成6男2女受伤。

● 10月15日，受台风“卡努”影响，来往港澳码头的航班陆续全部停航，数百名旅客滞留；澳门公交巴士也同时停运，大批旅客经关闸抵澳，关闸的士站大排长龙；澳门国际机场有90个航班被迫取消，还有部分航班延误；3条澳凼跨海大桥及连通珠海横琴的莲花大桥一度封闭。截至10月15日16时，澳门民防行动中心共收到50宗事故报告，包括2宗建筑物损毁、外墙脱落，34宗招牌广告、檐篷、窗扇坠落，4宗棚架欲坠及倒塌，7宗天线及树木倒塌事故。

台湾

● 2月9—14日，寒潮袭扰台湾，台湾中北部连续多日清晨出现10℃以下低温，人体体感温度低至2～3℃，沿海与空旷地区体感温度甚至在0℃以下。台湾各地共有9个观测站出现入冬以来最低气温，新北市淡水区2月9日晚间气温一度低至6.7℃。气温骤降诱发心脑血管等疾病以至酿成悲剧，综合媒体报道，2月9—12日台湾共有154人因天冷导致猝死，死者大部分年龄在50岁以上，最年轻的仅23岁。

● 2—3月，台湾降雨不够充沛，以致部分地区河水流量减少，水库进水量不足，供水受到影响。除台湾北部市(县)实行限水措施和适时进行人工降雨外，中部的台中市及彰化县北部地区，南部的嘉义县(市)、台南市以及高雄市也都呈现水情吃紧状况。

● 6月2日凌晨起，受滞留锋面及西南气流影响，台湾各地遭受暴雨袭击，新北市三芝区截至2日10时累计雨量达617毫米，石门地区达597毫米，金山地区为517毫米；阿里山气象观测站截至3日6时累计雨量达555毫米；高雄市山区接连两天持续降雨逾1500毫米。受暴雨影响，台湾水利设施受损10处，淹水1152处，新北市金山区三界坛路水淹及膝，云林县大埤乡丰田村一度水深及胸，成为水乡泽国；省道中断7处，预警性封闭3处；阿里山森林铁路3日全天停驶，游乐区自2日22时起休园；民航共有137班航班取消或延误；台电1座输电塔倾倒，使得第一核能发电厂2号机电力无法输送而跳机。据台有关部门统计，截至6月4日15时，此次暴雨共造成2人死亡，5人受伤，2人失踪。岛内受灾最严重的作物是水稻，农业产物及民间设施估计损失共计5752万元(新台币，后同)，其中云林县损失2421万元、新北市损失1333万元、南投县损失958万元、嘉义县损失423万元，灾情较为严重。因蔬菜主要产区严重受灾，台北果菜市场4日平均每千克的价格升至35.9元，大涨34%。新北市、苗栗县、台中市、云林县、南投县、嘉义县、高雄市、花莲县的部分地区3日停止上班、上课。台湾共计有149所学校受灾，灾损金额累计约4728万元，以新北市2032万元居多。此外，台湾因灾停电户数一度超过3万户，新北市有1万户停水。

● 7—8月，台湾气温偏高，炎热天数明显偏多。台北最高气温达37℃以上的天数有19天，创

1897 年台北设观测站以来同期 37℃以上高温天数最多的纪录。台南 8 月平均气温达 29.9℃，为 1897 年台南开始观测气温以来同期最高；8 月降雨天数只有 9 天，是 1897 年台南开始观测降雨以来同期第五少值。高温引发用电负载升高，台湾电力公司于 8 月 7 日发布 2017 年首个限电警戒红灯。高温天气还导致河流鱼群死亡，台湾环保部门称，7 月 30 日及 8 月 12 日基隆河上游出现的鱼群死亡事件，与高温造成的水溶氧不足有关。此外，8 月中旬起，宜兰冬山河、桃园老街溪及新北碧潭、汐止等，也都发生高温形成低溶氧造成的死鱼事件。

● 7 月 29—30 日，台风“纳沙”“海棠”先后正面袭击台湾。“纳沙”登陆宜兰时，近中心最大风力达 13 级；“海棠”登陆屏东时，近中心最大风力有 9 级。受这两个台风影响，台湾各地出现强降雨。7 月 29 日，屏东多处雨量超过 100 毫米；7 月 31 日，台南市部分地区雨量达 300 毫米，造成安中、同安、长溪、安吉等许多道路积水超过 30 厘米。受强风豪雨影响，台湾有 280 处淹水，多集中在台南、屏东；因多处电线扯断或电杆断裂，导致累计 66.3 万户一度停电；宜兰、花莲、台东等地 29 日午后至 30 日停班停课；台湾公路部门宣布，29 日预警封闭中横公路等道路；多处旅游景区宣布暂停开放；台铁西部干线、东部干线和南回线一度全部停驶；桃园机场截至 29 日 16 时，共取消航班 108 架次，延误航班 49 架次；澎湖海上交通全线停航；恶劣天气导致台北果菜市场菜价上扬，29 日蔬菜价格平均每千克 42.7 元，单日涨幅高达 22%。此外，7 月 29 日夜间，停泊在基隆港的客货轮“丽娜”因缆绳断裂，撞坏旁边的“兰阳”“淮阳”军舰，造成“兰阳”舰左舷裂痕进水，“淮阳”舰尾凹陷变形、主甲板左舷后段栏杆 5 根折断。据台湾“农委会”7 月 31 日统计，宜兰、屏东、花莲、新北等地农林渔牧业产物及民间设施共计损失计 0.39 亿元。其中，农产损失估计金额 1.4840 亿元，农作物被害面积 1834 公顷，受损作物主要为葱、香蕉、番石榴、文旦柚及太空包香菇等；畜产损失估计 1168 万元，主要是鸡、鸭及猪等受损所致；渔产损失估计 1529 万元，主要是赤鳍笛鲷、青斑及午仔鱼受损所致；民间设施损失估计 64 万元，主要是宜兰县农业设施受损所致。另据台湾灾害应变中心 7 月 31 日统计，“纳沙”“海棠”共造成 131 人受伤（宜兰县 52 人、台北市 54 人、新北市 3 人、桃园市 10 人、台中市 11 人、新竹县 1 人），1 人失踪（屏东县）。

● 10 月中旬前期，受台风“卡努”和东北季风共同影响，台湾部分地区持续降雨，多地发生小规模滑坡，宜兰、花莲及台东多处主要道路因灾封闭，台东境内山区多处道路发生坍塌、泥石流，90 多名登山客受困，另有 38 名登山客暂时失联。因持续暴雨导致泥石流掩埋铁轨，台东太麻里至知本间铁路 10 月 15 日早晨中断通行，近 2000 名旅客受到影响。台“农委会”截至 10 月 16 日 11 时统计，农业产物及民间设施估计损失金额 1256 万元，其中花莲县损失 624 万元（占 50%）、台东县损失 555 万元（占 44%）、宜兰县损失 77 万元（占 6%），灾情较为严重。农产方面，估计损失金额 486 万元，农作物受害面积 167 公顷，受损作物主要为二期水稻，其次为蔬菜、食用玉米及木瓜等；畜产估计损失金额 346 万元，主要为鸡和鸭受损；渔产估计损失金额 184 万元，主要为吴郭鱼及蚬受损；民间设施估计损失金额 240 万元，包括农田流失及埋没以及畜禽设施损失。此外，连江、澎湖、花莲、台北等县（市）共计 24 所学校受灾，估计灾损金额 64 万元。

附录 G　2017 年国内外十大天气气候事件

国内十大天气气候事件

1. 8 月内蒙古赤峰龙卷风逞能显威
2. 华西秋雨降水量为 1984 年以来最多
3. 台风“天鸽”重创粤港澳大湾区
4. 6 月南方 6 轮暴雨 橘子洲头被淹
5. 两台风一天内创造多项纪录
6. 北方高温过程出现早范围广极端性强
7. 风云四号卫星和碳卫星监测数据全球共享
8. 徐家汇持续高温破百年纪录
9. 4 月全国 18 省份频遭风雹袭击
10. 5 月初我国遭遇大面积沙尘天气

国外十大天气气候事件

1. 飓风接连重创北美和加勒比海
2. 史上最强飓风“厄玛”横扫美国等地
3. 全球二氧化碳浓度再创新高
4. 南亚多国暴雨频繁洪水肆虐
5. 暴风雪致欧洲多国交通瘫痪
6. 罕见热浪开启欧洲南部“烧烤”模式
7. 新德里遭遇严重霾 官员自嘲“毒气室”
8. 美国西岸遭受“地狱热浪”袭击
9. 美国暴风雪致大面积航班取消
10. 强风暴“多丽丝”席卷英国全境

Summary

Annual mean temperature over China was 10.4℃ in 2017, which was 0.8℃ warmer than the climatic normal(9.6℃)as the third highest since 1961 and ranked after 2015 and 2007 (Fig. 1). Except for the slightly lower temperature in October than in the same period of 1981 to 2010, the temperature in other months were higher. Among them, the temperatures in January and February were 1.6 °C and 1.7 °C, respectively, and July and September were the highest in the same period since 1961. In 2017, the annual precipitation over China was 641.3 mm, which was 1.8% more than the normal (629.9 mm) and 12.0% less than that in 2016 (730.0 mm) (Fig. 2). The precipitation was less in February, May, November and December, with 49% less in December. However, the precipitation was more in March, June, August and October. Besides, the precipitation in other months was close to the normal.

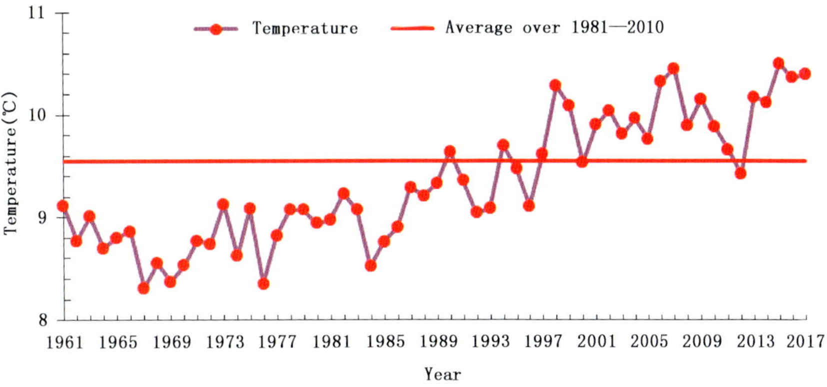

Fig. 1 Annual mean temperature over China during 1961—2017 (unit :℃)

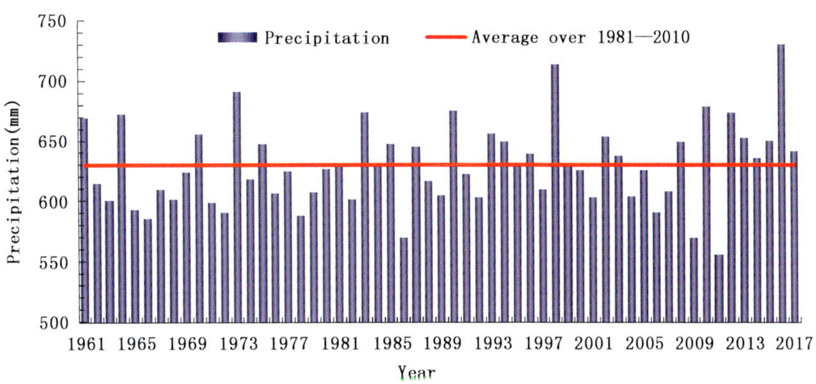

Fig. 2 Annual precipitation over China during 1961—2017 (unit: mm)

In 2017, rainstorm processes presented frequently, highly overlap and extremely severe. There were more landing typhoons, which were more frequent, concentrated and regionally overlapping. High temperature occurred for more days in China, appearing early in northern China but more intense in southern China. The effects of other disasters such as drought, freezing, snowstorms and dust in spring were relatively light. As for drought, its regional and periodic characteristics were obvious. The events of severe convection weather were more but losses were less. Haze weather lasted for a long time in the early stage of this year, which had a great impact on air quality and human health.

Statistics indicated that meteorological disasters and their secondary and derivative disasters in 2017 affected about 140 million people, and caused 918 deaths or missing. According to the final statistics, 833 of them died. Disasters also influenced 1.85×10^7 hm^2 crop lands with 1.82×10^6 hm^2 farmlands without harvest. The direct economic loss (DEL) reached 285 billion RMB (Fig. 3). In general, the DEL caused by meteorological disasters in 2017 slightly more than the average level of the 1990—2016. While the death toll and affected areas in 2017 were obviously less than the average values of 1990—2016. Overall, the damage of meteorological disaster in 2017 was relatively lighter.

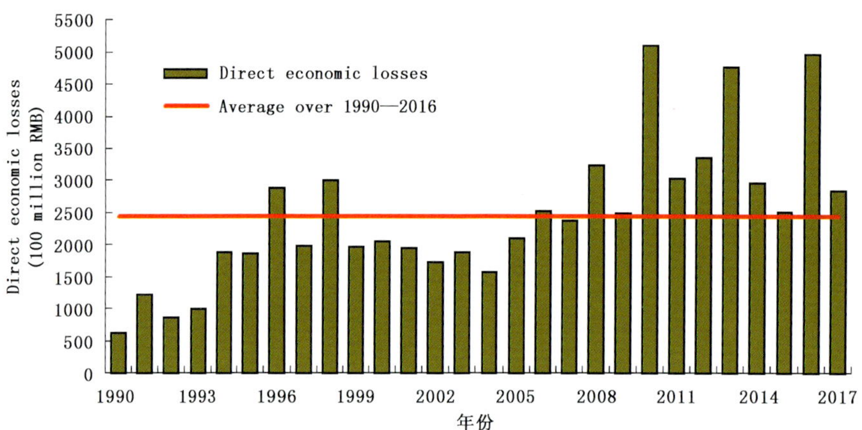

Fig. 3 Direct economic losses (DEL) caused by meteorological disasters over China during 1990—2017

Fig. 4 exhibited the relative proportions of loss indices for major meteorological disasters over China in 2017. Regarding to the direct economic losses, rainstorm and flood disaster had the highest percentage (67.0%), then followed by the tropical cyclones and local strong convections. Regarding to the affected population death toll and collapsed houses, rainstorm and flood disaster still had the highest percentage, reached at 48.3%, 81.4% and 95.8%, respectively. As for the areas of affected and failed crop, the drought had the highest percentage (53.4% and 41.2%, respectively) followed by rainstorm and flood disaster.

Compared to 2016, the direct economic losses and death toll induced by meteorological disasters were less in 2017 (Fig. 5 right).

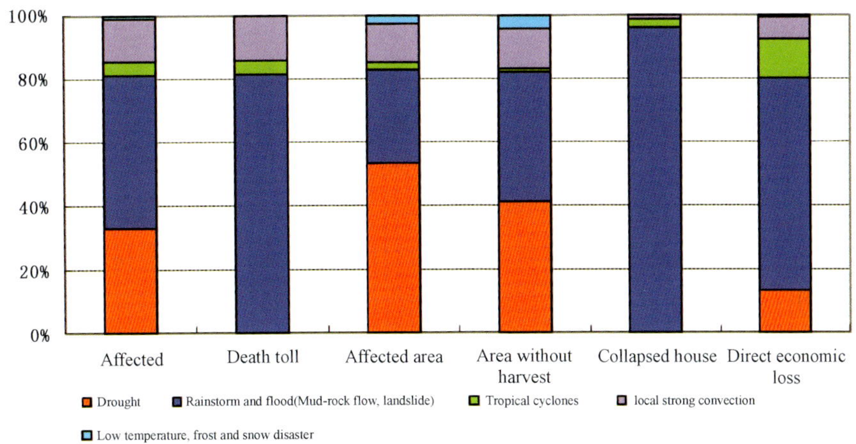

Fig. 4 Relative proportions of loss indices for five major meteorological disasters over China in 2017

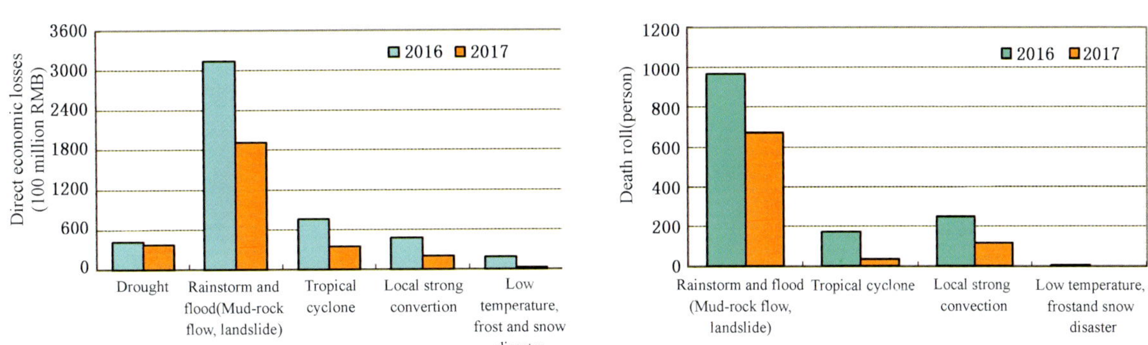

Fig. 5 Direct economic losses (left) and death toll (right) caused by main meteorological disasters over China in 2016 and 2017

General Review of Main Meteorological Disasters in 2017

Droughts In 2017, the affected agriculture area by droughts is about 9.87×10^6 hm^2, which was obviously less than the average over 1990—2016 and was the third least since 1990 (Fig. 6). In this year, drought situation was relatively slight, while it showed an obviously regional and periodic characteristic. During this year, successive droughts occurred in the northern part of North China, the western part of Northeast China and the eastern part of Inner Mongolia, and autumn droughts occurred in Jiang-Huai and Jiang-Han etc.

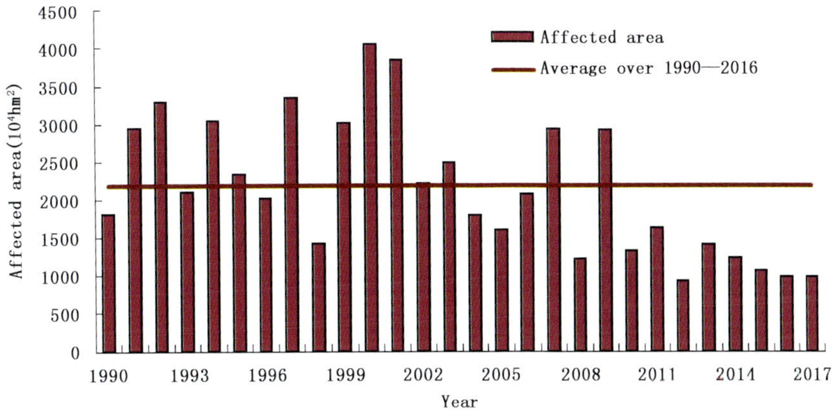

Fig. 6 Histogram of drought-affected areas over China during 1990—2017

Rainstorm and Associated Flood, Mud-rock Flow and Landslides In 2017, there were 36 rainstorms over China in rain season. The overlapping location of rainstorms was high frequency and the rainstorm events were extreme. The direct economic losses of heavy rains and geological disasters were light during this year. In the summer, the continuous heavy rains in the south caused flooding and regional flooding. During June 22 to July 2, most of the southern part suffered two large-scale heavy precipitation processes in succession. During mid-late July to early August, there were successive heavy precipitation processes in northeast, northwest, etc. From September to October, the autumn rains in the upper part of the Jiang-Huai and Jiang-Han watersheds were obviously heavy intensity, long duration and the great impact. Rainstorm and floods affected about 5.42 $\times 10^6$ hm^2, caused death toll of 674 persons and direct economic losses of about 191 billion RMB. The affected areas (Fig. 7) and death toll in 2017 were less but direct economic losses obviously more than those of averaged level over 1990—2016. In general, rainstorms and their related disasters was relatively slight in 2017.

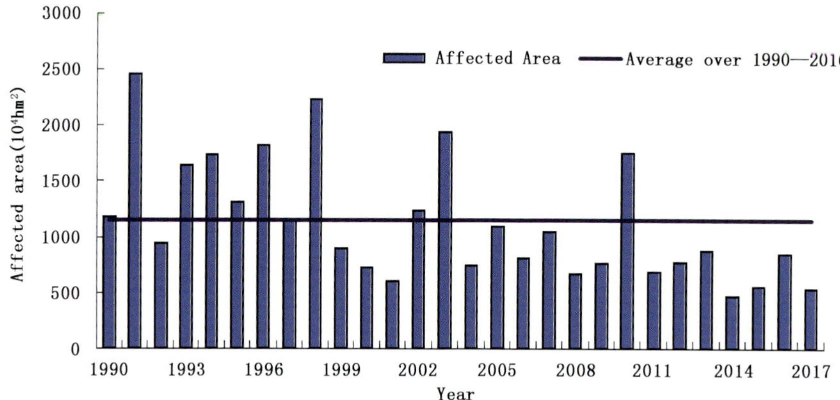

Fig. 7 Histogram of rainstorm and floods affected area over China during 1990—2017

Tropical cyclones (typhoons) In 2017, there were 27 tropical cyclones formed in the northwest Pacific and the South China sea, which was more 1.5 times than the climatic normal (25.5). Nine of them landed in the mainland, which are 1.8 more than the climatic normal (7.2). The first landing time of the tropical cyclone was 13 days earlier and the last landing time was ten days later than the normal. Typhoon generated and landing concentrated and landing location overlapped. These tropical cyclones caused 35 deaths (including the missing) and direct economic losses of 34.6 billion RMB. The death toll was obviously less than the average level over 1990—2016, while the direct economic loss was higher than the average. As a whole, tropical cyclone disasters was the relatively slight in 2017 (Fig. 8).

Local strong convections (gale, hail, tornado, lightning stroke, etc.) In 2017, gale and hail disasters affected crop areas of 2.27$\times 10^6$ hm^2, caused 124 deaths and direct economic losses of 20 billion RMB. Compared with nearly ten years, all of the affected crop area, death toll and the direct economic loss were less than the normal.

Low Temperature, Frost Injury and Snow Disasters In 2017, the low temperature, frost injury and snow disaster affected crop area of 5.3$\times 10^6$ hm^2 and caused a direct economic loss of about 19 billion RMB. The low temperature, frost and snow disaster were relatively slight.

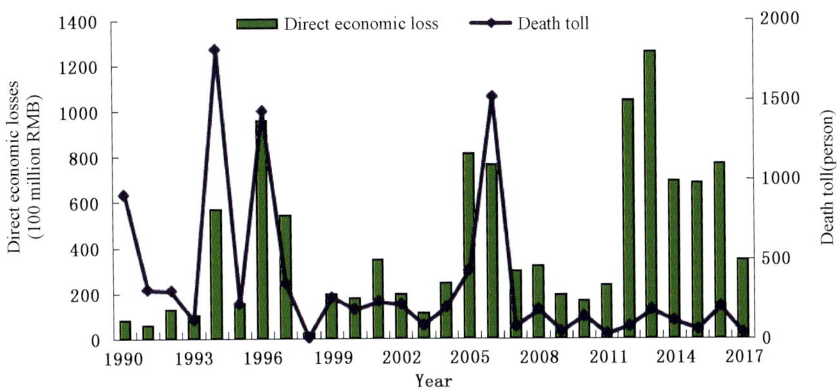

Fig. 8 Histogram of direct economic losses and death toll caused by tropical cyclones over China during 1990—2017

Sand Storms There were 8 dust weather processes in 2017. The first sand storm event happened earlier than the normal. In the spring, there were 6 dust weather processes, which were 11 times less than the normal (17) being the least year since 2000. The average dust days in the northern region was 1.9 days, which was less 3.2 days than that in the same period of the normal year, as the fewest since 1961. The sand storm weather process during May 3 to 7 was the strongest in this year. Consequently, the sand storm disasters was relatively slight in 2017.